¿De qué nos sirve ser tan listos?

Biografía

Manuel Martín-Loeches (Alcalá de Henares, 1964) es catedrático de Psicobiología en la Universidad Complutense de Madrid y doctor en Psicobiología por dicha universidad. Sus líneas de investigación siempre han girado en torno al cerebro y la cognición humana. Realizó una estancia posdoctoral en la Universidad de Konstanz (Alemania) y en la Universidad Humboldt de Berlín, y posteriormente en el Welcome Laboratory of Neurobiology del University College de Londres, entre otras. Es autor de los libros *¿Qué es la actividad cerebral? Técnicas para su estudio* (2001) y *La mente del 'Homo sapiens'. El cerebro y la evolución humana* (2008). Junto con Juan Luis Arsuaga publicó en 2013 *El sello indeleble. Pasado, presente y futuro del ser humano*, con mucho éxito. Colabora regularmente con diversos medios de comunicación, tanto en radio y televisión como en prensa escrita.

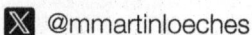 @mmartinloeches

Manuel Martín-Loeches
¿De qué nos sirve ser tan listos?
Descubre cómo piensa y se emociona nuestro cerebro

DESTINO

La lectura abre horizontes, iguala oportunidades y construye una sociedad mejor.
La propiedad intelectual es clave en la creación de contenidos culturales porque
sostiene el ecosistema de quienes escriben y de nuestras librerías.
Al comprar este libro estarás contribuyendo a mantener dicho ecosistema vivo y
en crecimiento.
En **Grupo Planeta** agradecemos que nos ayudes a apoyar así la autonomía creativa
de autoras y autores para que puedan seguir desempeñando su labor.
Dirígete a CEDRO (Centro Español de Derechos Reprográficos) si necesitas fotocopiar
o escanear algún fragmento de esta obra. Puedes contactar con CEDRO a través de la
web www.conlicencia.com o por teléfono en el 91 702 19 70 / 93 272 04 47.
Queda expresamente prohibida la utilización o reproducción de este libro o de
cualquiera de sus partes con el propósito de entrenar o alimentar sistemas
o tecnologías de inteligencia artificial.

© Manuel Martín-Loeches, 2023
   por mediación de MB Agencia Literaria, S.L.
© de las ilustraciones: Juan Francisco Rodríguez García, 2023
© Editorial Planeta, S. A., 2023
   Ediciones Destino, un sello editorial de Editorial Planeta, S. A.
   Avda. Diagonal, 662-664, 08034 Barcelona (España)
   www.edestino.es
   www.planetadelibros.com

Adaptación de la cubierta: Booket / Área Editorial Grupo Planeta a partir de la idea
   original de © Diego Piccininno
Imágenes de la cubierta: © Anna Kucherova y Betelejze / Shutterstock
Primera edición en Colección Booket: junio de 2025

Depósito legal: B. 8.577-2025
ISBN: 978-84-233-6797-9
Impreso en España

A la memoria de mi padre,
gran inteligencia injustamente desaprovechada

Una inteligencia completamente lógica es como un cuchillo sin mango, que hiere a quien lo toca.

RABINDRANATH TAGORE

ÍNDICE

I

¿REALMENTE SOMOS TAN LISTOS?
¿QUÉ ES LA INTELIGENCIA HUMANA?

II

Si somos tan listos, ¿por qué cometemos tantos errores?

III
LOS RELATOS QUE NOS CONTAMOS
A NOSOTROS MISMOS

INTRODUCCIÓN

Cuando estudiaba Psicología, allá por la década de 1980, la gran mayoría de mis compañeros, si no todos, solo tenían un interés por el que querían hacer la carrera: poner una clínica, trabajar como psicólogos clínicos. Querían dedicar su vida al tratamiento de las alteraciones de conducta, a aliviar los trastornos mentales de la gente. Yo no. Yo solo concebía la psicología como una forma de conocer al ser humano, de entender su mente, sus anhelos, su pensamiento, sus mecanismos para pensar. Deseaba entenderme a mí mismo, aunque creo que en esto no era muy original, ya que también era bastante común en los demás estudiantes de Psicología. Pero yo al menos no tenía la intención de dedicarme a la clínica, sino la de consagrar mi vida a la investigación sobre la mente del ser humano.

Enseguida me di cuenta de que buena parte de las respuestas que andaba buscando podrían encontrarse en la biología; la biología del comportamiento, que me estaban enseñando en las asignaturas de Psicobiología. Lo llamaban los «fundamentos biológicos de la conducta», de manera quizá un tanto ostentosa, pero muy vehemente, y a mí el campo me cautivó. Los mecanismos hormonales, genéticos y neuronales del comportamiento me parecieron fascinantes, todo un mundo por conocer y un conocimiento con un tremendo poder explicativo. Todo parecía estar ahí. Al menos lo que más me interesaba. En consonancia con aquellas sensaciones, ya en el cuarto curso de la carrera, que en aquel entonces constaba de cinco, fui aceptado como alumno interno en un laboratorio de la facultad que se dedicaba a la psicofarmacología. Y ahí comencé a inyectar sustancias químicas, como la fisostigmina y la escopolamina, en el peritoneo de ratas blancas a las que había entrenado previamente para ver cómo esas inyecciones podían influir en su memoria y aprendizaje. Aprendí a tomar datos meticulosamente, a apuntar todo en un cuaderno de laboratorio, a elaborar tablas y gráficas y a aplicar la estadística a datos reales obtenidos con mis propias manos. Yo, con mi bata blanca limpia y bien planchada, no podía sentirme más orgulloso y contento. La psicobiología habría de ser mi futuro.

Y no me equivoqué. Al poco de terminar mis estudios de licenciatura dejé las ratas y me pasé a los humanos. Comencé una tesis doctoral en el Departamento de Fisiología de una Facultad de Medicina, donde tenían una tecnología que por aquel entonces era muy puntera, la llamada *cartografía cerebral*. Esta, que sigo utilizando treinta años después, consistía básicamente en hacer mapas de colores de la cabeza de las personas, en función de la cantidad de voltaje que habían generado las neuronas que se encontraban en las distintas partes del cerebro. Son los conocidos como mapas de actividad eléctrica cerebral, y se obtenían gracias a los por aquel entonces incipientemente popularizados ordenadores, que analizaban la señal electroencefalográfica de manera precisa y permitían su tratamiento estadístico. Metido ya de lleno en esta tecnología, se había cumplido uno de mis sueños desde bien pequeño. De niño, plasmaba en curiosos dibujos un *invento* de mi entera creación que consistía en que a un ser humano se le colocaba un casco metálico con unas antenas. De los extremos de estas antenas salían sendos cables que iban directamente a una máquina. El caso es que esta máquina, por no sé qué desconocidos mecanismos, permitía ver con nitidez los pensamientos del individuo registrado. Se parecía mucho a lo que yo estaba haciendo en mi tesis doctoral, salvando las distancias.

Haber elegido la psicobiología como camino para conocer al ser humano fue quizá uno de los pocos verdaderos aciertos que he tenido en mi vida. No en vano, al poco de comenzar mis estudios de doctorado, allá por el curso 1988-1989, la década de 1990 fue declarada la Década del Cerebro por resolución del presidente George Bush el 25 de julio de 1989. El cerebro se puso de moda, y se invirtió muchísimo en su conocimiento. Fruto de estos esfuerzos, se avanzó bastante en el desarrollo de tecnología que permitiera estudiar el cerebro humano vivo de personas sanas, a las que, por tanto, no había que abrirles la cabeza. Nacieron técnicas que permitían ver la actividad del cerebro de una persona mientras esta realizaba cualquier tipo de tareas. El lenguaje, la memoria o la atención, entre otros procesos cognitivos, comenzaron a conocerse mejor y en mayor profundidad. Pero la disponibilidad y versatilidad de estas técnicas es tal que enseguida se empezaron a estudiar todo tipo de fenómenos mentales, algunos muy poco conocidos hasta entonces y un tanto *fronterizos*, tanto que incluso habían sido considerados tabú. Así, empezaron a estudiarse con fruición los «fundamentos biológicos» de fenómenos tan humanos y fascinantes como las creencias religiosas, el arte, la estética, la consciencia, la meditación, las ideas políticas o las decisiones morales. También se abrió el campo a investigar qué ocurre cuando sentimos emociones, incluso emociones que en el humano presentan características muy peculiares, más allá de las más básicas y compartidas con muchos otros mamíferos. La culpa, la vergüenza, el amor, los celos, el odio, la compasión... pasaron a ser objeto de estudio científico. En las décadas que han transcurrido desde que comencé mi doctorado se ha producido toda una revolución en el estudio y el conocimiento acerca de la naturaleza esencial del ser humano, de su mente. He tenido la gran suerte de ser testigo de este cambio, y ya no hay vuelta atrás.

Los avances se produjeron no solo en la tecnología para estudiar el cerebro, sino también en la proliferación de estudios experimentales de la psicología cognitiva y social que se adentraban en esos mismos temas tan fronterizos. El conocimiento sobre nosotros mismos aumentó exponencialmente. Y así, la idea que ha surgido en estas últimas décadas acerca de cómo es la mente humana es muy diferente de la que se tenía cuando yo estudiaba Psicología. Por aquel entonces, la mente humana era considerada algo frío, maquinal, muy propia del señor Spock de la serie *Star Trek*. Las decisiones las tomaba calculadamente y, sobre todo, no necesitaba de emociones. Estas eran más bien un estorbo, fruto de nuestro pasado animal, y podían desaparecer sin que pasara nada. Lo cognitivo y lo emocional eran dos mundos distintos, y el interés por lo emocional era mínimo.

En el año 2002, el psicólogo Daniel Kahneman, un autor del que tendremos que hablar en este libro, recibió el Premio Nobel de Economía por haber demostrado que las decisiones humanas están lejos de estar basadas en el cálculo matemático, y que estas se mueven la mayoría de las veces por razones un tanto sorprendentes. Y que cometemos errores, muchísimos errores; muchos más de los que debiéramos, dado nuestro potencial. Pero cometerlos, al parecer, es intrínseco a la naturaleza humana. Perdóneseme esta expresión, pero no, el ser humano no parece que piense como pensábamos que pensaba hace décadas. Hoy en día, además, las emociones han recobrado su protagonismo. Nos hemos dado cuenta de que son el motor de todo, una de las verdaderas razones por las que hacer las cosas, y que, sin ellas, quizá no merecería la pena vivir. Y la inteligencia, eso en lo que tanto parece que destacamos los humanos, no es más que una herramienta que utilizamos para generar emociones positivas y evitar las negativas. Para esto nos sirve ser tan listos. Podríamos decir, sin temor a equivocarnos, que la inteligencia es una esclava al servicio de nuestras emociones.

Después de que el comandante de la misión Apolo 11, Neil Armstrong, pisara la Luna el 20 de julio de 1969 y dijera su famosa frase «Un pequeño paso para un hombre, un gran paso para la humanidad», el segundo de la misión, *Buzz* Aldrin, descendió del módulo lunar. Al pisar este la superficie de nuestro satélite, continuó la conversación que había mantenido con su comandante desde el interior de la nave:

Aldrin: Hermosa vista.

Armstrong: ¿Qué te parece? Unas vistas magníficas... ¿A que es divertido?

Estas fueron las primeras palabras que intercambiaron dos seres humanos al pisar la Luna.

A mí me parece que dicen mucho sobre cómo es el ser humano, un ser en el cual las emociones tienen un papel protagonista. Armstrong y Aldrin están a 400.000 kilómetros de su casa, de sus familias, y se están jugando la vida, pero hablan de diversión y de lo bonito que es el paisaje. Que las emociones protagonizaron incluso la primera misión que llevó al hombre a la Luna quedaría aún más patente en una breve conversación que los dos astronautas mantuvieron unos minutos después con el presidente Richard Nixon, tras realizar algunos de los trabajos que se les había encomendado, como recoger muestras o situar sensores, colocar una placa y clavar una bandera de Estados Unidos:

Presidente Nixon: Hola, Neil y Buzz, os estoy hablando desde el Despacho Oval de la Casa Blanca, y seguramente esta será la llamada telefónica de mayor relevancia histórica que haré desde la Casa Blanca. No puedo llegar a expresar el inmenso orgullo que sentimos todos por lo que acabáis de lograr. Para cualquier americano, este tiene que ser el día de mayor orgullo en nuestras vidas; y también para la gente de todo el mundo. Estoy seguro de que se unen a los americanos y reconocen la enorme gesta que esto supone. Gracias a lo que habéis hecho, desde ahora el cielo forma parte del mundo de los hombres. Y como nos habláis desde el mar de la Tranquilidad, ello nos inspira a esforzarnos todavía más para traer paz y tranquilidad a la Tierra. En este momento único en toda la historia de la humanidad, todos los pueblos de la Tierra forman uno solo. Uno solo por el orgullo que sentimos ante lo que habéis hecho. Y uno solo en nuestras oraciones para que regreséis sanos y salvos a la Tierra.

Armstrong: Gracias, señor presidente. Es un gran honor y un privilegio para nosotros estar aquí en representación no solo de los Estados Unidos, sino de la gente de bien de todas las naciones. Y con interés, curiosidad y visión de futuro. Es un honor poder participar en lo que está ocurriendo hoy aquí.[1]

1. Los datos sobre los detalles y conversaciones de la misión Apolo 11 los he obtenido de: <https://www.nationalgeographic.com.es/

Aquí están las claves para entender por qué Armstrong y Aldrin se encontraban en la Luna. El programa Apolo fue parte de una lucha encarnizada entre dos países, entre dos potencias mundiales que por aquel entonces protagonizaban una de las mayores rivalidades de la historia, los Estados Unidos de América y la Unión Soviética. Necesitó del esfuerzo de cientos de miles de personas de multitud de lugares del planeta, y una inversión de muchos miles de millones de dólares. Fue un buen ejemplo de que el ser humano es capaz de crear gestas y odiseas increíbles, de que le mueven otras cosas, más allá de comer, dormir o reproducirse. En el programa Apolo encontramos ambición, rivalidad, orgullo, honor, interés, curiosidad, visión de futuro, diversión..., incluso religión (el presidente Nixon habla de oraciones). Y también encontramos inteligencia, muchísima inteligencia. Pero toda ella puesta al servicio de todo lo demás.

Teníamos las evidencias delante de nuestras narices y, aun así, y durante bastante tiempo, existió en los círculos académicos una cierta resistencia a admitir esta concepción de la mente humana que ahora vamos descubriendo. Nuestro conocimiento reciente sobre ella ha supuesto toda una revolución.

En este libro he querido plasmar una visión actual del ser humano, fruto de décadas de estudio. He tenido la inmensa suerte de que mi trabajo ha consistido en investigar acerca del comportamiento y el cerebro humanos. Junto con otros miles de investigadores en todo el mundo, he podido contribuir, aunque muy modestamente, a la visión

llegada-del-hombre-a-la-luna/conversacion-historica-llegada-a-luna-es
-pequeno-paso-para-hombre-pero-gran-salto-para-humanidad_14354>.

más actual que tenemos sobre la mente de nuestra especie. Aunque es un trabajo en curso y aún no hemos terminado, lo que expongo en estas páginas es básicamente lo que vamos descubriendo. Creo que ya podemos entender por qué siendo una especie que destaca por su gran inteligencia, también cometemos algunos de los más incalificables errores.

Lo que vamos a ver aquí, no obstante, es mi visión personal. En ciencia siempre cabe el debate y no hay nada cerrado ni definitivo. Yo me he decantado por algunas posturas y visiones en detrimento de otras, y son aquellas las que en estas páginas cobrarán más protagonismo. Siempre que caben otras interpretaciones, sin embargo, también he procurado hacerlo notar. Pero aún hay muchos cabos sueltos. Y ahí es donde más he podido aportar ideas personales, intentando completar un panorama aún incompleto. En cualquier caso, tenga el lector fe en que en su gran mayoría lo que aquí se dice está respaldado por la ciencia.

En este libro hablaré largo y tendido sobre la inteligencia en sí. Qué es o qué puede ser y cómo se presenta en otras especies. E incluso sobre la inteligencia en el género *Homo*. Aunque ya no quede nadie de esta estirpe, salvo nosotros, tenemos indicios que nos ayudan a entender cómo pudieron pensar otros humanos. Y nos podremos plantear preguntas tan interesantes como si realmente hemos sido más inteligentes que ellos; y, si ha sido así, si esto se debió a que teníamos más capacidad intelectual o a que acumulamos más cultura y conocimiento. La inteligencia, especialmente la humana, tiene muchos recovecos, consecuencias, anomalías y extravagancias. Conviene conocerlos para entender por qué y para qué somos tan listos. Además de cómo es nuestra inteligencia y de sus diferencias respecto a la de otras especies del planeta, presentes y pasadas, tendré que hablar de qué hace que, con más frecuencia de la que estaríamos dispuestos a admitir, cometamos errores, incluso errores de bulto. Qué factores impiden que no siempre mostremos todo nuestro potencial. Y para poder entenderlo mostraré qué nos mueve y cómo nos movemos realmente. Lo necesitaremos para completar el retrato de cómo somos los seres humanos. Porque, a veces, parecemos muy raros, incluso un tanto absurdos. Tener muy presentes tanto nuestras posibilidades como nuestras limitaciones nos permitirá entender algunas de las más importantes creaciones del ser humano: sus narrativas. El ser humano se mueve por y para las narrativas que se ha contado y que se cuenta a sí mismo. Vive en ellas y por ellas, y gracias a ellas florece toda su conducta y aparecen nuestros mayores logros y grandezas. La carrera espacial y la llegada del hombre a la Luna son solo un ejemplo, fueron consecuencia de algunas de estas narrativas. Sin narrativas no habríamos salido de las cavernas, y tendremos ocasión de ver que son fruto indiscutible de la gran inteligencia humana puesta al servicio de nuestras más trascendentes emociones. Pero a veces las narrativas pueden ser peligrosas, nocivas, y creo que debemos estar atentos a sus peligros.

Espero que el libro permita entender un poco mejor al ser humano. No es fácil; somos la especie más impredecible de la Tierra. Pero, hasta donde hemos podido llegar hoy en día, estará en buena parte reflejado en estas páginas.

I

¿REALMENTE SOMOS TAN LISTOS?
¿QUÉ ES LA INTELIGENCIA HUMANA?

No podremos responder a la pregunta de para qué nos sirve ser tan listos si antes no aclaramos dos cosas: qué es eso de ser listo y si realmente lo somos tanto. Por eso, comenzaremos comentando cuán listos somos como especie en comparación con otras que nos han precedido en nuestra evolución, en nuestro mismo árbol genealógico. Primates muy sociales y evolucionados, capaces de fabricar herramientas y dominar el fuego. Ahí es nada. Quizá una de las razones por las que somos tan listos sea el lenguaje, que nos da términos sobre los que pensar y nos permite transmitir nuestras ideas y conclusiones a los demás. Por eso, tendremos que hablar de esta capacidad de nuestro comportamiento tan llamativa y reflexionar sobre ella: ¿hablaban ya los seres humanos de hace dos millones de años? Esto, sin duda, marcaría una gran diferencia, como la que hay, supuestamente, entre otras especies no humanas y nosotros. Lo descubriremos a lo largo de la lectura de este libro. La inteligencia, sin embargo, no parece patrimonio exclusivo de la humanidad. Además de en otros primates, como los grandes simios, nos vamos a encontrar inteligencia materializada en mamíferos como los elefantes o las orcas, e incluso en miembros de otras clases más alejadas del reino animal, como los cuervos o los pulpos. Pero antes tenemos que ver si es cierto que ser tan listos puede tener su lado oscuro, haciéndonos por ejemplo conscientes de aspectos de la realidad que no nos gustan o más vulnerables a trastornos mentales. Quizá no sea más que un mito. ¿La inteligencia es una o existen distintos tipos? Este es un tema controvertido, pero que conviene conocer, siquiera sea para entendernos a nosotros mismos y saber por qué, según parece, somos tan listos. Tan listos, pero a la vez tan emocionales y sociales. Y también seres con una memoria prodigiosa; de hecho, todo lo que somos se lo debemos a nuestra memoria. Aunque esta se equivoque estrepitosamente más de lo que creemos.

I

ÚNICOS EN NUESTRO GÉNERO

Los humanos siempre nos hemos sabido distintos, desde la noche de los tiempos, desde más allá de lo que abarca la memoria de nuestra especie. Sobresalimos de las demás criaturas, somos únicos: nuestra mente las contiene a todas y las nombra. Y cuando la ciencia nos puso nombre, escogió precisamente nuestra característica más singular. Fue Carlos Linneo en 1758. Nos llamó *Homo sapiens*. Pertenecemos al género *Homo* (hombre en latín) y además somos *sapiens*: sabios. Sabemos muchísimas cosas porque somos muy inteligentes. Somos singularmente listos. Pero además somos los únicos *Homo* que quedan en el planeta, nos hemos quedado solos dentro de este género, lo que es una curiosidad, una rareza dentro del reino animal. No existen más especies que se hayan quedado sin congéneres.

A ver si al final no vamos a ser tan listos. O lo somos demasiado, puesto que hemos acabado con la competencia.

El caso es que sabemos más que ninguna otra especie del planeta, especialmente de un tiempo a esta parte, desde que nos enfrentamos al mundo con actitud científica. Pero puede que en algún momento nuestros conocimientos no fueran muy diferentes de los de otras especies del género *Homo* con las que compartimos el planeta durante un tiempo. Pensemos, por ejemplo, en los neandertales. A esta especie de primos hermanos nuestros se los llegó a llamar *Homo sapiens neanderthalensis*, pues se consideró tan parecida a nosotros que podía considerarse una subespecie de la nuestra, incluso uno de nuestros antecesores. Así, nosotros habríamos sido *Homo sapiens sapiens*: dos veces sabios; es decir, de alguna manera, algo más listos que la subespecie de los neandertales. Así parecían indicarlo los primeros datos: habría dos subespecies de *Homo sapiens*, una algo más lista y sabia que la otra. Pero con el tiempo se demostró que esto no era concluyente, sino que más bien parecía que, en aquellos primeros tiempos, nuestras mentes y las de los neandertales no eran tan diferentes, es decir, que, a pesar de ser dos especies distintas, nuestra forma de pensar y de ver el mundo era muy similar. Como los lobos y los coyotes, por ejemplo, o los leones y los tigres. Claro que hablar de neandertales supone hacernos varias preguntas de partida respecto a nuestra singularidad intelectual. El límite difuso entre su mente y la nuestra supone que esta singularidad que tanto nos caracteriza no está tan clara. Cuando éramos muy parecidos, ¿los neandertales y nosotros éramos los más listos del planeta, también respecto a otras especies del género *Homo*? Y pasado un tiempo, ¿llegó un momento en que nos hicimos más listos que los neandertales y por eso ellos se extinguieron y nosotros ganamos la batalla de la supervivencia?

PASO A PASO

La evolución es un proceso generalmente gradual. Pequeñas modificaciones de algo ya existente irían llevando poco a poco a nuevos rasgos. Así lo vio el propio Darwin, aunque hoy día no todos los autores estarían de acuerdo, al menos para algunos rasgos. La postura bípeda, por ejemplo, podría haber surgido tras una sola mutación genética importante, y lo mismo podría haber ocurrido con nuestro lenguaje según algunas propuestas que veremos más adelante. Pero con respecto a la capacidad intelectual de nuestra especie, es muy probable que en efecto se haya seguido un camino gradual.

Cuando una especie desaparece no es fácil determinar la complejidad intelectual de su cerebro, pero podemos encontrar pistas en la industria lítica: en la fabricación de herramientas o utensilios de piedra. Su presencia y su forma de producción son un dato de incalculable valor para estimar los logros cognitivos de una especie. Aquí es importante distinguir entre fabricar y utilizar herramientas. Varios primates, especialmente del grupo de los grandes simios (chimpancé, bonobo, orangután, gorila), utilizan herramientas con cierta frecuencia: piedras para abrir cáscaras de frutos secos o ramitas con las que extraen termitas de sus termiteros. Pero no las fabrican; a lo sumo modifican parcialmente un objeto natural, como cuando limpian las ramas con las que *cazan* termitas. Fabricar herramientas supone un reto mental diferente. Aunque en cautividad se ha observado que algún chimpancé es capaz de fabricar toscas herramientas de piedra para cortar, esto deberíamos considerarlo anecdótico. En otros grupos evolutivos sí se ha podido observar cierta capacidad para fabricar herramientas, o al menos para hacer modificaciones relativamente complejas y precisas de determinados objetos. Por ejemplo, los cuervos de Nueva Caledonia, en Canadá, que usan el pico y las patas para seleccionar pequeños trozos de alambre y curvarlos, convirtiéndolos en ganchos muy precisos y puntiagudos con los que acceden mejor a sus presas. Son animalillos pequeños, con cerebros diminutos, pero han construido una herramienta que les facilita la caza, lo que significa que han resuelto un problema con eficacia y, además, que se han proyectado en el futuro. Da que pensar.

¿Las otras especies de *Homo* construían herramientas para resolver problemas? Empecemos muy atrás en nuestra línea evolutiva, por el género de los australopitecinos, que aparecieron en África hace cerca de cuatro millones de años y que eran bastante más similares a cualquier otro primate no humano que a nosotros mismos, tanto en su comportamiento como en su aspecto físico. De hecho, fabricar herramientas no parece estar entre sus más destacadas habilidades, aunque sí pudiera ser el caso de algunos individuos. Pero andaban erguidos como nosotros, con lo cual tenían las manos libres (ojo a este detalle: volveremos sobre él). Antes de los australopitecinos hubo otros géneros relacionados con nuestra evolución que ya andaban erguidos, aunque sin capacidad para fabricar herramientas. No obstante, el registro fósil para estos tiempos tan remotos es todavía muy disperso, parcial y escaso, como un gran rompecabezas al que le faltan muchas piezas.

Avancemos en el tiempo. Hace entre 2,3 y 1,6 millones de años deambuló por África *Homo habilis*, con un aspecto aún algo simiesco, descendiente de australopitecinos, pero ya perteneciente oficialmente al género humano (aunque haya autores que lo discutan y lo consideren aún australopitecino). *Habilis* ya fabricaba, de forma regular y frecuente, herramientas líticas, pero de una factura muy tosca, del llamado estilo olduvayense, en el que básicamente se dan golpes a una piedra con el fin de obtener un filo cortante, sin importar mucho la forma global del utensilio. El siguiente en aparecer en esta historia, hace unos 1,9 millones de años, sería *Homo erectus* u *Homo ergaster* (parece que son una especie similar, pero con distintos nombres según su distribución geográfica). *Homo erectus / ergaster*, de hecho, se parecía mucho a nosotros, tanto anatómicamente como —casi— en su comportamiento. Su tecnología lítica demuestra muy buenas capacidades para la talla elabo-

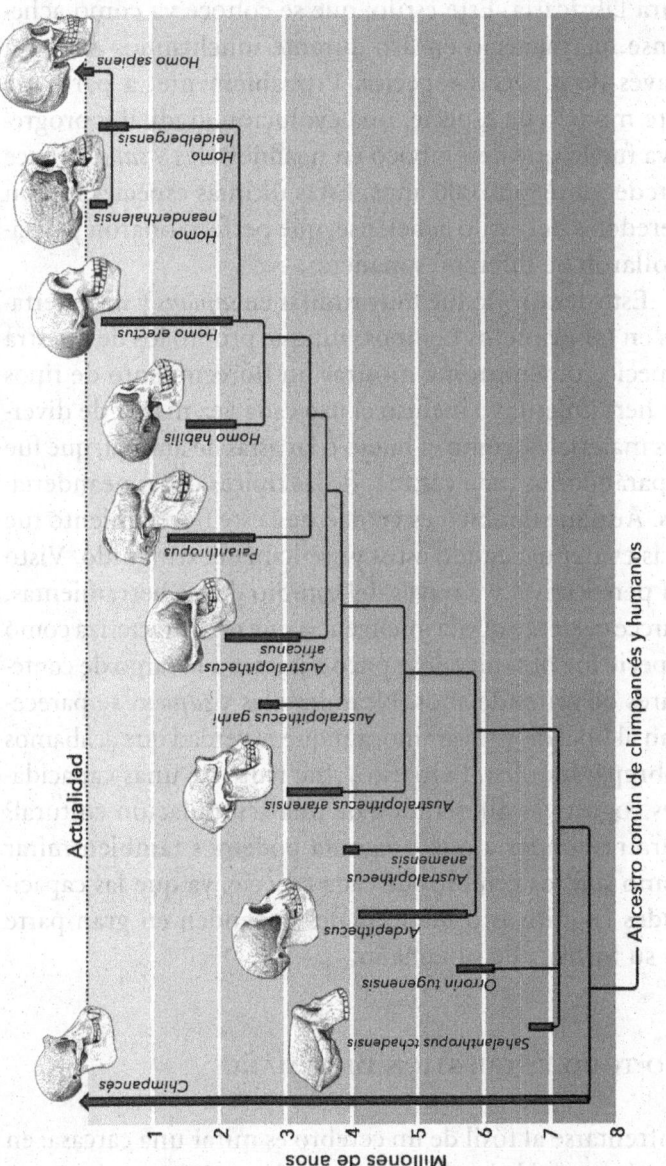

El árbol genealógico humano.

Millones de años

Actualidad

Chimpancés
Sahelanthropus tchadensis
Orrorin tugenensis
Ardipithecus
Australopithecus anamensis
Australopithecus afarensis
Australopithecus garhi
Australopithecus africanus
Paranthropus
Homo habilis
Homo erectus
Homo neanderthalensis
Homo heidelbergensis
Homo sapiens

Ancestro común de chimpancés y humanos

rada y simétrica, así como el uso de un plan premeditado para fabricarla. Este estilo, que se conoce ya como achelense, permaneció en uso durante muchísimos años y a través de diversas especies. Probablemente, a partir de este modelo de especie, una evolución gradual y progresiva fue lo que desembocó en neandertales y *sapiens* hace alrededor de 300.000 años. Estas últimas especies fueron herederas del estilo achelense, que perfeccionaron y desarrollaron de diferentes maneras.

Este desarrollo fue muy similar en *sapiens* y neandertales en los primeros tiempos, aunque pronto los de nuestra especie comenzaron a mostrar un florecimiento de tipos de herramientas e incluso el uso cada vez mayor de diversos materiales, como el hueso o las astas de animal, que fue separándonos cada vez más de las típicas obras neandertales. Aunque también es verdad que este florecimiento fue más evidente cuando estos ya se habían extinguido. Visto en perspectiva, y a través del estudio de las herramientas, parece evidente que la inteligencia que nos caracteriza como especie fue obteniéndose poco a poco y a lo largo de centenares de miles de años. Neandertales y *sapiens* se parecerían al final de este camino, aunque es verdad que acabamos sobrepasándolos. Pero esto, ¿fue fruto de unas capacidades cognitivas diferentes o de una acumulación cultural? Para responder a esta pregunta podemos también mirar cómo son los cerebros de cada especie, ya que las capacidades cognitivas o intelectuales dependen en gran parte de su forma y de su tamaño.

No todo es cuestión de tamaño

Enfrentarse al fósil de un cerebro es mirar una carcasa: en el cráneo está la huella de la materia orgánica que compone el cerebro, una materia que no fosiliza. Pero en ese cráneo hay muchas pistas acerca de las capacidades cognitivas de una especie, sobre todo cuando nos centramos en una misma línea evolutiva, sea dentro de un género o de otro grupo biológico. Básicamente nos indica cómo de grande fue ese cerebro y, por lo tanto, cuál era su volumen. Y hay numerosas evidencias que indican que cuanto más volumen cerebral, mayor complejidad cognitiva o intelectual en una especie. Algunos autores piensan que el volumen cerebral absoluto, es decir, tal cual, sin consideración de otros factores, es lo realmente importante, mientras que muchos otros insisten en que lo importante es el tamaño relativo. Es decir, en relación con algo, que normalmente es el tamaño del cuerpo. Es como si para controlar un cuerpo de cierto tamaño fuera necesario un cerebro en consonancia con dicho tamaño, y si el cerebro sobrepasa el volumen que le corresponde, ese tejido neuronal extra sería la base para unas mejores funciones intelectuales.

Y si decía que la inteligencia de nuestra especie ha ido aumentando a lo largo del tiempo, tengo que decir también que el tamaño del cerebro en nuestra evolución ha ido aumentando de manera muy llamativa, tanto de forma absoluta como relativa, especialmente desde *Homo habilis* y *Homo ergaster / erectus*. Y la razón es sorprendente: parece tener relación con el uso del fuego para cocinar los alimentos. No hay ninguna otra especie animal que someta la comida a procesos de calor. Y resulta que cocinar permite aprovechar mejor las calorías de los alimentos, con lo cual necesitamos dedicarle menos tiempo a la alimentación del que se requeriría para alimentar con comida cruda a cerebros tan grandes como los nuestros.

El caso es que, mientras que los chimpancés poseen cerebros de unos 330 cm³, los australopitecinos los tenían de unos 450: algo es algo. Los primeros miembros de nuestro género (*Homo habilis*) ya estarían cerca de los 700 cm³, un gran cerebro para un primate de su tamaño, y con *Homo ergaster / erectus* se dio un buen salto hasta los aproximadamente 1.000 cm³. Con *Homo neanderthalensis* y *Homo sapiens* alcanzamos unos 1.400 cm³ en promedio, con el neandertal normalmente sobrepasando levemente nuestros valores, aunque la robustez de su cuerpo los igualaría en términos relativos.

El estudio del tamaño cerebral se une por tanto a las evidencias dejadas por las herramientas de piedra que hemos podido recuperar de nuestros más remotos tiempos pasados para llegar a una misma conclusión: nuestra inteligencia se ha ido haciendo cada vez mayor a lo largo de la evolución, de una manera que no parece repentina, sino más bien paulatina, en pequeños pasos que nos han llevado hasta donde estamos. Pero no lo hemos visto todo.

Además de su tamaño, la forma de organización interna del cerebro podría ser también muy relevante a la hora de determinar sus capacidades intelectuales. Me refiero a la cantidad de neuronas que puede haber en determinados lugares y a la cantidad y calidad de las conexiones entre las distintas partes del cerebro. Por desgracia, no podemos saber cómo eran estas características en especies que ya no existen porque, como he dicho, la materia cerebral no fosiliza. Algunos investigadores restan importancia a este hueco informativo porque opinan que, siempre que estemos investigando un mismo grupo evolutivo, lo que verdaderamente determina la capacidad intelectual de una especie es el volumen de su cerebro. La idea es que el diseño, la organización interna, es siempre la misma dentro de ese grupo, siendo las diferencias de tamaño meramente equivalentes a diferencias en la cantidad de neuronas que encontramos en un cerebro, y esto simplemente determinaría diferencias en inteligencia. Nuestro diseño cerebral sería el de un primate, pero con un cerebro muy grande. Otros animales, como los elefantes o las ballenas, tienen cerebros más grandes, pero no tienen el diseño del de un primate, y de ahí la diferencia intelectual. Dentro del grupo de primates, el nuestro es, con diferencia, el cerebro más grande y por tanto también el más inteligente.

No obstante, para otros autores las conexiones y las mayores o menores agrupaciones de neuronas en determinados lugares son tanto o más cruciales que el volumen cerebral. Y creo que llevan razón. Así, por ejemplo, nos encontramos con que, de manera singular, los seres humanos cuentan con un grupo de axones, de conexiones cerebrales entre neuronas, que no encontramos en otros primates, salvo quizá en el chimpancé. Me estoy refiriendo al llamado *fascículo fronto-occipital inferior*, que conecta los lóbulos occipital y temporal (donde predominantemente se procesa la información visual) con el lóbulo frontal, en sus porciones más anteriores o prefrontales, una región del cerebro que tiene mucho que ver con procesos cognitivos superiores como la atención, el control o la planificación. En los primates donde no se encuentra este fascículo, que son la inmensa mayoría, hay varias conexiones diferentes entre las regiones mencionadas, pero no una que las unifique a todas. Por otra parte, el fascículo arqueado y otras conexiones entre las regiones parietales y las frontales, que se utilizan en nuestro lenguaje, están mucho más desarrollados en el cerebro humano que en cualquier otro primate. Cómo serían estas y otras conexiones en los cerebros de *habilis*, *erectus* o neandertales en relación con las nuestras es un terreno desconocido.

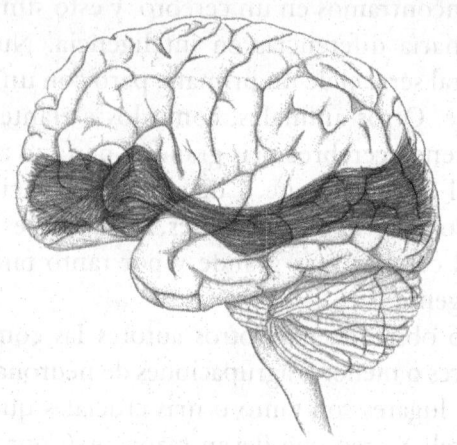

El fascículo fronto-occipital inferior, que conecta los lóbulos occipital y temporal con el frontal.

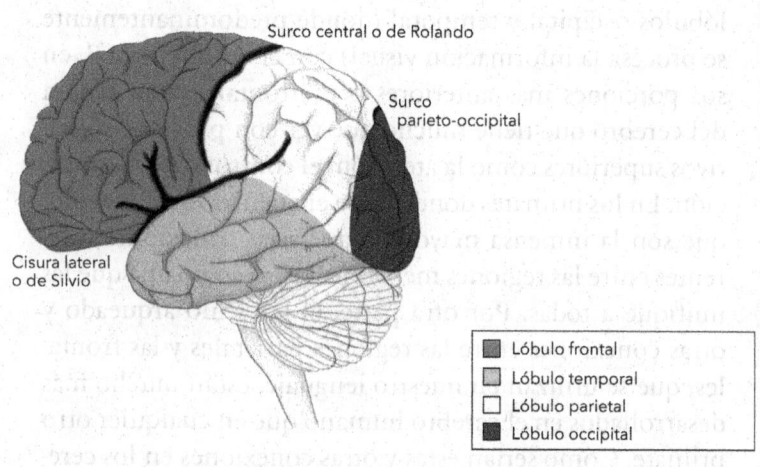

Surco central o de Rolando

Surco parieto-occipital

Cisura lateral o de Silvio

- Lóbulo frontal
- Lóbulo temporal
- Lóbulo parietal
- Lóbulo occipital

Los lóbulos cerebrales y sus principales surcos.

Dentro del grupo de autores que piensan que además del volumen hay que tener en cuenta la organización cerebral para entender la capacidad intelectual de una especie, se han querido destacar también algunas diferencias en cuanto a la forma del cerebro. En este sentido, en nuestra línea evolutiva, el resto de los cerebros, sean del tamaño que sean, muestran una forma más alargada y estrecha que la del nuestro, que presenta un aspecto más globular, redondeado, con aumentos especialmente en regiones parietales y temporales. Pero no está tan claro en qué medida este cambio de forma de nuestro cerebro es sinónimo de cambios funcionales u organizativos, o una mera respuesta a la reorganización global de nuestro cráneo como consecuencia de una cara menos pronunciada.

ELLOS Y NOSOTROS

De acuerdo, sabemos entonces que nuestra inteligencia llegó gradualmente. Y es muy probable que los neandertales fueran tan inteligentes como nosotros, pues tenían un tamaño cerebral parecido al nuestro, incluso un poco mayor, pero prácticamente equivalente en términos relativos, y una tecnología lítica también muy similar a la de nuestros primeros tiempos. Podemos pensar por tanto que la organización interna de los cerebros neandertales no fuera muy distinta de la del nuestro. Ambas especies éramos capaces de fabricar utensilios que nos permitían cazar animales mucho más grandes y peligrosos, hacer fuego para cocinar y aprovechar pieles de animales para sobrevivir a climas gélidos. Y mucho más. Probablemente éramos las dos especies más inteligentes del planeta Tierra, lo que, junto con nuestras extraordinarias manos de origen primate, aunque muy desarrolladas tras miles de años dedicadas a la fabricación de herramientas, nos permitía explotar los recursos naturales como ninguna otra especie. Se sembraron las semillas de lo que acabaría siendo el dominio del mundo por parte de una sola especie. O de dos. No queda claro. La mayoría de los científicos piensan que neandertales y *sapiens* fueron dos especies distintas, la primera evolucionada en Europa a partir de *erectus* o alguna otra especie intermedia, que había llegado allí hacía mucho tiempo, siendo la segunda un producto principalmente africano (aunque en esto también hay discusión). Pero el hecho constatado de que ambas especies se cruzaron genéticamente y dejaron descendencia y las notables similitudes mentales o intelectuales entre ambas han llevado a pensar incluso que, después de tanto debate, podríamos estar hablando en realidad de una única especie.

Curiosamente, cuanto más se conoce de los neandertales, más parecidos se encuentran con nosotros desde el punto de vista del comportamiento y, por extensión, de su mente. Se asume que poseían ciertos rudimentos de arte y usaban adornos corporales y tecnología de cierta complejidad, entre otras muchas cosas. Es verdad que nuestra especie acabó superando al neandertal en todos estos aspectos, pero esto quizá no sea sino obra del tiempo sobre una biología cerebral ya muy desarrollada, cuyas capacidades aumentaron en paralelo al declive de los neandertales, que fueron decayendo hasta su extinción, hace unos 40.000 años o algo menos.

Muchos autores, no obstante, establecen una barrera infranqueable, un Rubicón, entre nuestra mente y el resto de las mentes —o cerebros— del reino animal, incluidas las del género *Homo* y hasta el mismísimo neandertal, a pesar de sus enormes similitudes con la nuestra. De hecho, que neandertales y *sapiens* no fueran muy distintos en los comienzos significaría que aún no habíamos alcanzado ese estatus mental tan distintivo de nuestra especie: la mente simbólica. Si nuestra especie tiene entre 200.000 y 300.000 años, el carácter simbólico de nuestra mente podría no haberse alcanzado hasta hace 100.000 años o menos, quizá 50.000. Con la llegada de la mente simbólica habría llegado mucho de lo que nos distingue como especie: el lenguaje, la religión, el arte. Un tipo de mente cualitativamente distinto a todo lo conocido hasta ese momento. La gran barrera que nos distingue de cualquier otra criatura.

Pero es que los neandertales sí mostraron ya el tipo de comportamientos que se derivan de una supuesta mente simbólica, al menos de una manera rudimentaria. Además, existen restos que datan incluso de antes de que ambas especies nos encontráramos en Europa hace en torno a 45.000 años, que indicarían que o bien ellos ya habían franqueado esa frontera o bien que esa frontera no existe. La segunda opción me parece la más probable. En realidad, las definiciones de mente simbólica, qué se entiende por tal, son muy ambiguas y difusas, no hay un claro acuerdo al respecto. Para algunos autores, lo simbólico es sinónimo de *no utilitario*; para otros tiene que ver con lo espiritual, y, finalmente, algunos mencionan su relación con la comunicación, con el lenguaje.

Tener lenguaje, arte y religión no son facetas del comportamiento que deban provenir de un mismo mecanismo mental, sino de diversas confluencias de varias formas de entender la realidad. Es decir, una *mente simbólica*, sea esto lo que sea, no sería la razón por la que tendríamos que creer en dioses, pintar paredes o hablar. Lo cierto es que, desde un punto de vista cognitivo, que la mente sea simbólica no significaría otra cosa que poseer la capacidad de trabajar con símbolos, es decir, con representaciones que en sí nada tienen que ver con cómo es el mundo real. Como comentaré en otra parte de este libro, quizá no sea esta la forma en la que se representa nuestro conocimiento. No obstante, hay otra manera de entender lo que son los símbolos. Un símbolo sería un tipo de representación que remite a otra realidad. Una bandera es símbolo de un país. La palabra *barco* se refiere a lo que conocemos que es un barco. En este sentido, nuestra mente sí utiliza símbolos, muchos de ellos por el uso del lenguaje (las palabras son símbolos). No queda claro que los neandertales no tuvieran un lenguaje como el nuestro; de hecho, es bastante probable que sí lo tuvieran. Y también hay especies que parecen manejar símbolos o a las que se les puede enseñar a utilizarlos. Pero con lo que se piensa no es con este tipo de símbolos, es decir, los sonidos de las palabras o una bandera, sino con aquello a lo que se refieren los símbolos. Hablar de mente simbólica como rasgo distintivo y único de nuestra especie parece por tanto muy poco preciso. Quizá otra falsa frontera entre nosotros y todas las demás especies, otra raya artificial que realmente no separa nada. Volveré sobre esto más adelante. Sigamos buscando.

Nos quedamos solos

Por recapitular: hubo un momento en el que existieron e incluso convivieron dos especies dotadas de una elevada capacidad intelectual, neandertales y *sapiens*. Probablemente las dos especies más inteligentes y capaces del planeta Tierra. Pero con el tiempo una de ellas desapareció. El porqué de esta desaparición sigue siendo un misterio, y hay explicaciones de todo tipo.

En un principio se propuso la hipótesis de que, luchando por los mismos recursos naturales, nuestra especie ganó violentamente la batalla por hacerse con ellos. Presumiendo una cierta superioridad intelectual en *Homo sapiens*, algo que, como hemos visto, es discutible pero que no podemos descartar, habríamos sido más hábiles en una lucha cuerpo a cuerpo contra los neandertales. Pero entonces quedaría alguna muestra de tales luchas, y en cambio no parece haber indicios de ellas. Esta explicación, por tanto, ha ido cayendo en desuso.

También se ha propuesto que nuestra especie pudo haber sido portadora de enfermedades contagiosas y parásitos contra los que el sistema inmunitario del neandertal no hubiera sido capaz de luchar eficazmente. Los neandertales se habrían extinguido por nuestra culpa, pero lo habríamos hecho sin querer. Fenómenos similares se han dado a lo largo de la historia, como en la conquista española de América, que ocasionó disminuciones significativas de la población nativa, aunque no hasta el punto de su extinción. Pero claro: neandertales y *sapiens* compartieron la geografía europea durante nada menos que 5.000 años. Tal vez demasiados como para pensar en una extinción provocada por los patógenos traídos por los *sapiens*.

¿Y si los neandertales tuvieran algún tipo de desventaja para explotar los recursos naturales en comparación con nosotros? Más que hablar de una lucha a vida o muerte, cuerpo a cuerpo, entre ambas especies, podríamos estar ante una mayor y mejor explotación de los recursos naturales, normalmente escasos, de tal forma que quedara menor cantidad para el grupo menos capaz, que a la larga desaparecería. Esas desventajas no tendrían por qué ser necesariamente intelectuales, aunque no tengamos por qué descartarlas tampoco. Debemos tener en cuenta que, también a lo largo de la historia, se han producido extinciones de grupos humanos por parte de otros grupos de la misma especie simplemente porque estos tenían alguna ventaja tecnológica u organizativa, fruto de factores más culturales y educativos que de las posibilidades o limitaciones intrínsecas del cerebro. Parece ser que la tecnología lítica de los neandertales no era tan florida y variada como la de nuestra especie, e incluso que vivían en grupos más reducidos y aislados y, por lo tanto, con menor intercambio cultural. También se ha propuesto que tenían una menor capacidad de resistencia a la hora de correr. Esto es algo muy necesario y útil en la caza, una de las principales fuentes de alimentación en aquellos tiempos junto con la recolección de frutos y otros vegetales. Su robusto cuerpo era bastante menos grácil y estilizado que el nuestro, por lo que su gasto energético también habría sido superior.

Quizá coexistieran varias de estas posibilidades. El caso es que ellos desaparecieron y solo quedamos nosotros. O no. Porque hubo mezcla. Los estudios de ADN fósil demuestran que existieron relaciones entre neandertales y *sapiens* con descendencia fértil, lo que significa que muchos seres humanos actuales son descendientes, en parte, de aquellos neandertales. Pero tampoco podemos decir que lo que tenemos ahora sea una especie mixta neandertal / *sapiens*, fruto de una armónica coexistencia que se extendiera durante milenios y a lo largo de vastos territorios. En realidad, los fragmentos de ADN neandertal que podemos encontrar en los humanos actuales son muy pocos, y solo se hallan en humanos cuyo origen no es africano. Dicho de otra forma, muchos seres humanos actuales no tienen ni rastro neandertal. Debemos concluir, por tanto, que es solo nuestra especie la que sobrevivió, aunque algunos de nuestros miembros tengan vestigios de aquella especie con la que convivimos y ya no existe. A no ser que admitamos que en realidad *sapiens* y neandertales nunca fueron dos especies distintas.

Pero a la hora de determinar si realmente somos las criaturas más inteligentes del planeta le estamos dando demasiado peso a la dotación genética de una especie, a partir de la cual se construye un cerebro, como si eso fuera todo. Las experiencias, la acumulación cultural y los conocimientos transmitidos, discutidos, debatidos, perfeccionados de una cabeza a otra también cuentan. Y mucho.

Indudablemente, el cerebro de una especie establece los límites intelectuales a los que esta puede aspirar. En el grupo al que pertenecemos, los primates, se puede relacionar con el tamaño del cerebro, como ya sabemos. Se ve en los logros alcanzados en la tecnología a lo largo de nuestra evolución, y se constata cuando se comparan especies actualmente vivas. Pero hay algo más. Un cerebro no desarrolla todo su potencial si no recibe experiencias e información adecuadas y suficientes en el momento adecuado. Y si, además, lo que recibe es de calidad y abundante, el lugar al que puede llegar dicho cerebro puede ser impresionante.

Durante décadas existió un debate científico acerca de si nuestra inteligencia, nuestra capacidad intelectual, era consecuencia del ambiente, es decir, de la educación, de las experiencias, de lo recibido tras el nacimiento, o si más bien era debida a la herencia genética. De padres listos, hijos listos. Este debate se refiere a las diferencias intelectuales entre individuos de una misma especie, la nuestra, pero podría al menos en parte aplicarse a las diferencias que podemos encontrar en el registro fósil entre especies de nuestra línea evolutiva. El debate está hoy, afortunadamente, bastante superado, pues partía de una visión muy simplista de las interacciones genes-ambiente, por la que se pensaba que un porcentaje de la inteligencia de un individuo se debía a su herencia genética y otro a la educación y experiencias recibidas. El debate se zanjaba con cifras de 80 / 20 por ciento, respectivamente, o bien de 20 / 80 por ciento o, más recientemente, del 50 / 50 por ciento. La realidad, como siempre, es un poco más compleja.

Para empezar, con el tiempo se ha venido comprobando que no hay un *gen para la inteligencia*, en virtud de cuya calidad seamos más o menos listos (con una educación adecuada). Son en realidad cientos los genes que, en mayor o menor medida, contribuyen al valor del cociente intelectual de una persona. Cada gen contribuye un poquito, a la vez que interviene en un determinado y muy específico proceso cerebral. Unos contribuirán a la calidad de ciertas conexiones cerebrales, otros a la cantidad de neuronas en determinados lugares, otros al número de conexiones de ciertas neuronas, y así un largo etcétera. De esta manera, lo que unos genes pudieran aportar de ventaja a la inteligencia de una persona, otros podrían quitársela o disminuirla.

Además, hay que entender que sin ambiente no hay genes que valgan. Lo que llamamos ambiente va mucho más allá de la educación, pues incluye numerosos factores de todo tipo. Para empezar, una nutrición adecuada es fundamental, y a veces determinante, para la capacidad intelectual de una persona. Esto es especialmente evidente durante el desarrollo, cuando un cerebro en construcción necesita proteínas y aminoácidos, entre otros muchos ingredientes, para poder construir el complejo entramado neuronal que constituye un cerebro. Las neuronas y sus conexiones son entidades físicas que necesitan materias primas, y si estas faltan, la calidad del resultado no será óptima. Una vez comprendido esto, podremos entender que otros muchos factores aparentemente alejados de lo que son las experiencias vividas o la educación, pero que afectan al desarrollo cerebral, podrían ser también de gran relevancia en el resultado final. Los tóxicos o la contaminación son solo algunos ejemplos. Si, además, tenemos en cuenta que el cerebro está en constante cambio más allá de su periodo de desarrollo —que en el ser humano puede superar los veinte años—, entenderemos que la capacidad intelectual de una persona puede variar incluso a lo largo de la edad adulta como consecuencia de todos estos factores.

La inteligencia de una persona también va a depender, y en gran medida, de que estos factores que estamos llamando ambientales se presenten en el momento adecuado y no en otro. Durante el desarrollo del cerebro, este necesita de determinados estímulos o experiencias en momentos concretos y, si no los recibe, se habrá perdido una ventana de oportunidad que puede tener consecuencias en mayor o menor medida irreversibles. Si a un gato recién nacido le vendamos los ojos durante las primeras semanas tras su nacimiento y le impedimos que vea, habremos dejado ciego al gatito para el resto de su vida. Si esto se lo hacemos a un gato adulto, volverá a ver perfectamente tras quitarle la venda de los ojos. Es lo que se conoce como *periodos críticos*: fases de la vida de un individuo en los que ciertos tipos de experiencia son, como su nombre indica, críticos. A la par que dichas experiencias, los factores de construcción física del cerebro (los nutrientes a los que nos referíamos hace un momento) serán también fundamentales en esos periodos para que todo salga como es debido, lógicamente. Esta es la razón por la que la malnutrición infantil es un problema más grave que el de la mala alimentación en un adulto. Y no solo eso, ya que en la construcción física de un cerebro también influyen las enfermedades que se padecen e incluso, y de manera muy importante, el estrés. Este último es muy dañino para el cerebro, pues, entre otras cosas, aumenta los niveles de una hormona conocida como cortisol, que tiene el nefasto efecto de matar neuronas de manera masiva.

No obstante, los periodos críticos relacionados con ciertas experiencias quizá no sean tan críticos, y por eso se los ha llamado *periodos sensibles*; así, para según qué experiencias y en según qué momento las consecuencias de su ausencia tal vez no sean tan irreversibles como cuando hablamos de periodos críticos. En general, los periodos críticos se dan al comienzo del desarrollo y los sensibles más adelante. Además, el desarrollo cerebral sigue un curso acumulativo en el que la calidad de la maduración y los logros de determinadas partes en un momento determinado dependen de cómo maduraron y hasta qué punto se desarrollaron en todo su potencial otras zonas del cerebro que ya habrían culminado su periodo crítico o sensible. Como vemos, la capacidad intelectual que finalmente muestra una persona depende de multitud de factores que se entrelazan entre sí de una manera compleja. Todo debe ir en armonía y mostrar unos mínimos de calidad, y en la medida en que podamos mejorar la calidad de todos esos elementos alcanzaremos mejores resultados.

EL PODER DE LA SABIDURÍA

La educación reglada de las sociedades humanas actuales se lleva a cabo, principalmente, durante los más importantes periodos críticos y sensibles del cerebro de nuestra especie. Si durante los largos años de maduración de un cerebro este recibe los estímulos, los conocimientos y las experiencias de todo tipo que proporcionan los sistemas educativos, habremos obtenido un cerebro diferente de aquel que no los reciba, aun siendo de la misma especie e incluso contando con una dotación genética similar o idéntica. Las experiencias cambian la morfología y las conexiones del cerebro. Un cerebro que recibe conocimientos y experiencias cuenta con un mayor número de neuronas y un mayor número de conexiones entre las mismas, y es, por tanto, un cerebro más eficiente, más inteligente.

Es más, la educación mejora la inteligencia de una generación a otra, al menos aparentemente. El psicólogo James Flynn se dio cuenta hace unos años de que la media del cociente intelectual de una población aumenta progresivamente al cabo del tiempo, de manera que, cada diez años, aproximadamente, aumenta tres puntos (la media del cociente intelectual es un valor relativo que suele y debe estar en 100, por lo que cada cierto tiempo habría que ajustar cómo se llega a este valor). Es el conocido como *efecto Flynn*. La razón para esta mejora no es otra que el incremento en el número de personas escolarizadas y en los contenidos que recibe cada generación durante su educación. De esta forma, durante las últimas décadas la inteligencia de las poblaciones habría ido en aumento, al menos según los test tradicionales de inteligencia, que miden principalmente el tipo de competencias mentales sobre las que más se incide durante el proceso educativo. Dicho de otro modo, sería como un pez que se muerde la cola: cada vez más gente es entrenada para rellenar mejor los test de inteligencia, por lo que la media sube mucho. Que esto es así lo demuestra el que en los países más desarrollados el efecto Flynn parece estar llegando a un techo, mientras que sigue siendo muy notable en los países en vías de desarrollo. Sea como fuere, indudablemente, una mayor y mejor educación vuelve a los seres humanos más inteligentes.

Con frecuencia me pregunto a dónde habrían llegado

los neandertales si hubieran disfrutado de un sistema educativo como el nuestro. No descarto que algunos de ellos habrían llegado muy lejos, incluso a tener éxito en campos que requieren mucho de la abstracción de la que es capaz nuestro cerebro, como la física o la ingeniería. Como nosotros, pues no todos llegamos a las más altas cotas de nuestra potencial inteligencia como especie. Si un neandertal, con su cerebro —tan grande como el nuestro—, recibiera, en los periodos críticos correspondientes y con los apropiados aportes nutricionales y de salud, las experiencias que recibe un ser humano de nuestros días en un país avanzado, es muy probable que no apreciáramos grandes diferencias con un *sapiens*. Es posible, por tanto, que, en un momento de nuestra prehistoria, neandertales y *sapiens* fuéramos los más inteligentes, los más listos del planeta, pero que sobre ese modelo básico y bastante potente nuestra especie hubiera ido más allá. Quizá fuese fruto de mejoras en la adquisición y el uso de los recursos naturales y, por tanto, en las condiciones biológicas para un óptimo desarrollo individual del cerebro. A la par, se habría dado una acumulación gradual de experiencias e ideas que se habrían transmitido de generación en generación, lo que habría ido mejorando la inteligencia de los *sapiens*, algo que parece haberse producido sobre todo durante o poco después de la extinción de los neandertales.

Nuestro cerebro, por tanto, quizá no haya cambiado sustancialmente desde los primeros tiempos de nuestra especie, hace entre 200.000 y 300.000 años. Tendríamos desde entonces, básicamente, un cerebro que ya era muy capaz y que destacaba respecto del resto de las especies del planeta, incluso de nuestro linaje evolutivo, si exceptuamos a los neandertales. Lo que sí ha cambiado, y mucho, son nuestros alcances y conocimientos, nuestros logros, nuestras posibilidades. Con el mismo cerebro, nuestra especie no es la misma que la de hace 200.000 años, es mucho más inteligente. El acúmulo de ideas, experiencias y conocimientos, potenciados por nuestra gran curiosidad —una característica común en todos los primates pero muy potente en nuestra especie gracias a su gran cerebro—, ha sido fundamental. La observación del mundo natural —de las especies que cazamos y comemos, o de las que criamos y cuidamos desde que entramos en el Neolítico hace unos 10.000 años— ha contribuido también a ello. La escritura, descubierta hace unos 5.000 años, ha potenciado el aumento de esa inteligencia —aún en mayor medida desde la invención de la imprenta—. La moderna tecnología, la digitalización y la enorme capacidad para intercambiar información han supuesto otro enorme salto, cuyas consecuencias, creo que muy positivas, darán muchos y grandes frutos en el futuro. Pero el cerebro de *Homo sapiens* sigue siendo, en lo fundamental, el mismo desde que apareció nuestra especie: los genes que sustentan su construcción son los mismos, no ha dado tiempo a modificarlos, al menos no de manera apreciable. Contra un mito muy extendido en tiempos modernos, hay que decir que ninguna de las mejoras en nuestra disponibilidad para obtener información (la escritura, la imprenta, la digitalización) ha supuesto una merma de nuestro cerebro, más bien lo contrario. Como especie, no estamos perdiendo capacidad de memorización ni de atención como consecuencia de las nuevas tecnologías.

Si en un principio éramos una especie, junto con los neandertales, con potencial para explotar y dominar el planeta, con el tiempo lo hemos conseguido. Aunque debemos ser honestos y realistas, e incluso humildes, y admitir que ese dominio no es completo y que algunas cosas parece que se nos están yendo un poco de las manos. No dominamos el clima, como resulta evidente, ni estamos consiguiendo detener el deterioro que nosotros mismos provocamos en nuestro propio hábitat y, por lo tanto, en el de todas las demás especies.

están preguntando o asegurando musicalidad, un definitiva información que suele ayudar a una mejor comprensión de lo que nos quiere transmitir.

Por cuanto la gramemos a examinar los distinguir-
do nos congrue. Hay significados se a las palabras que
mismamos o para que hablar de palabras? Lo que llamamos para favorecer gramente se derivados de los
significados individuales de las palabras que las compon-
y dependiendo de la forma en que estas están combinadas.
Como digo que Juan ayuda a Pedro, no significa lo mis-

2

LA GRAN DIFERENCIA: NUESTRO LENGUAJE

Decía hace unas líneas que las palabras son símbolos. El
sonido de una palabra, generalmente arbitrario pero
consensuado por una comunidad de hablantes, se refiere
a otra cosa. Eso es un símbolo. La palabra *rosa* se refiere a
una flor que nace de una planta con espinas, a pesar de lo
cual la flor es un objeto muy hermoso. La capacidad de
los humanos para crear, almacenar y utilizar símbolos es
un rasgo muy sobresaliente de nuestra especie, y sin duda
una de las principales razones por las que somos tan inteligentes.

Para entender el lenguaje tenemos que hablar de cada
una de sus tres principales facetas o dominios. Así tenemos, en primer lugar, los sonidos del lenguaje. Esta sería la
versión *original* del lenguaje humano, ya que también tenemos la versión visual (el lenguaje escrito) o la motriz (la
lengua de signos de los sordos), que suelen tener grandes
paralelismos formales con la auditiva, a la que sustituyen
cuando se hace necesario. Cuando hablamos de los sonidos del lenguaje nos referimos a varias cosas. Por un lado,
la más directa se refiere a los fonemas (las consonantes y las
vocales), que conforman las sílabas que ensamblamos para
construir las palabras. Por otro, en el lenguaje hay pausas,
énfasis, entonaciones, como cuando distinguimos si nos

están preguntando o asegurando; musicalidad, en definitiva, información que suele ayudar a una mejor comprensión de lo que nos quieren transmitir.

En segundo lugar tenemos la semántica, los significados del lenguaje. Hay significados para las palabras que manejamos o para partículas de palabras —lo que llamamos *morfemas*, como el prefijo *ex*—. También tenemos significados para las oraciones, generalmente derivados de los significados individuales de las palabras que las componen y dependiendo de la forma en que estas están combinadas. Cuando digo que Juan ayuda a Pedro, no significa lo mismo que cuando digo que Juan empuja a Pedro.

Un último ingrediente de nuestro lenguaje es la sintaxis o gramática, las reglas de combinación de palabras y morfemas para describir una situación específica de manera generalmente inequívoca y precisa. La gramática es la que me permite determinar sin ambigüedades que cuando digo que Juan ayuda a Pedro, el que ayuda es Juan y no Pedro, y el que recibe la ayuda es Pedro y no Juan. Sin dudarlo.

LA IMPORTANCIA DE TENER BUEN OÍDO

Hay algunos autores que piensan que el lenguaje humano fue inicialmente gestual, que empezamos utilizando las manos para comunicarnos. Sin embargo, quizá por una necesidad de representar de manera eficiente el número cada vez mayor de palabras que utilizábamos, a la vez que liberábamos las manos para poder llevar a cabo otros menesteres mientras hablábamos, estas pasaron a un segundo plano y fueron sustituidas por los sonidos articulados que produce nuestro aparato fonador. Nuestras manos son tremendamente útiles e imprescindibles para muchas cosas, no podíamos dedicarlas a hablar si había una opción mejor, que además tiene la ventaja de poder ser utilizada sin necesidad de vernos los unos a los otros, como cuando esperamos agazapados a que venga la presa que será nuestra cena del día. También es muy probable que nuestro lenguaje fuera auditivo desde el principio. Yo me inclino por esta segunda hipótesis. Las dos principales regiones del cerebro especializadas en el lenguaje, las áreas de Broca y de Wernicke, están dispuestas de tal forma que resaltan su carácter auditivo. La primera está próxima a las zonas motoras del cerebro que controlan los movimientos de la boca y del aparato fonador, mientras que la segunda es parte de las áreas auditivas del cerebro. Es interesante destacar que incluso las personas sordas de nacimiento utilizan estas dos áreas en su lenguaje gestual, a pesar de que su situación las predispone para ser usadas para mover la boca y escuchar, una muestra de su alto grado de especialización para sustentar nuestro lenguaje.

El lenguaje humano es, por tanto, de naturaleza auditiva, sonora. Y además utiliza un sistema muy ingenioso para construir las palabras que lo sustentan, un sistema que recicla muchos de sus elementos para economizar memoria sin apenas perder precisión. Por ejemplo, con solo una veintena de sonidos consonánticos y cinco vocálicos, podemos construir en castellano decenas de miles de palabras diferentes.

Es cierto que para esto necesitamos tener un oído muy fino, un oído que nos permita distinguir con cierta claridad y poca ambigüedad sonidos que a veces se pueden parecer, como la *p* y la *b*, pues no es lo mismo *pesa* que *besa*. Necesitamos, por tanto, una alta precisión auditiva para el lenguaje. Esto es aún más acuciante si tenemos en cuenta que los sonidos que utiliza el lenguaje humano no explotan todo el espectro de frecuencias que puede percibir nuestro oído. Mientras que este es capaz de detectar sonidos que tengan entre 20 y 20.000 ciclos por segundo o hercios (a más ciclos por segundo, el sonido es más agudo), el habla humana solo utiliza una franja muy estrecha de este espectro, aproximadamente entre los 2.000 y los 5.000 ciclos por segundo. De hecho, nuestro sistema auditivo, desde la oreja hasta la corteza cerebral, muestra adaptaciones específicas para resaltar este rango concreto de frecuencias. Observemos por ejemplo nuestra oreja: tiene una serie de curiosas rugosidades en el exterior, cartílagos que se curvan de una forma que no es caprichosa, sino que sirve para amplificar ese rango de frecuencias. Es muy probable que la preferencia por estas frecuencias tenga que ver con aquellas que mejor se transmitían en el medio donde evolucionamos, que parece ser de tipo sabana africana, a diferencia del más selvático del chimpancé. No obstante, a pesar de estas especializaciones para agudizar el oído, no es difícil que confundamos los sonidos del lenguaje o que en ocasiones no nos queden claros. Es el precio que tenemos que pagar por tener un sistema que economiza espacio de almacenamiento. Por suerte, generalmente compensamos este problema gracias al contexto de la conversación y a la existencia de redundancias en nuestras emisiones lingüísticas.

Pero la parte auditiva del lenguaje humano es quizá la más accesoria y prescindible en términos de inteligencia. Como decía, tenemos otras versiones igualmente válidas y por lo general tan eficaces como la auditiva. La lengua de signos de los sordomudos es un lenguaje tan completo e íntegro como el auditivo, y mediante el lenguaje escrito también podemos transmitir información con la misma fidelidad y calidad que a través del habla. Aunque el lenguaje humano sea por naturaleza auditivo, podríamos decir que esta es la parte por la que el lenguaje simplemente entra y sale del cerebro. Lo más importante va a estar dentro. Lo que de verdad hace único al lenguaje humano son sus facetas semántica y sintáctica. Con ellas ya nos metemos de lleno en el terreno de la inteligencia humana.

EL DICCIONARIO MENTAL

Las palabras son símbolos, y, como tales, tienen dos partes bien diferenciadas. Una es un sonido (o una imagen visual o un signo manual), y generalmente la llamamos *significante*. La otra, quizá la más importante para lo que nos trae aquí, es lo que se conoce como el *significado*. Un significado es un concepto, una idea o representación generalmente no lingüística y, en numerosas ocasiones, aunque no siempre, basada en nuestras experiencias reales y directas del mundo exterior. Formamos conceptos a partir de lo que tocamos, vemos, oímos, olemos o saboreamos, a partir de lo que hacemos *en* y *con* el mundo exterior o de lo que este nos hace a nosotros. El cerebro es, todo él, básicamente un dispositivo para percibir el mundo y para actuar sobre él, y a partir de estas interacciones del individuo con el medio se constituyen y forman los conceptos. A cada uno de estos conceptos se le vincula un sonido, normalmente formado a base de combinar varias sílabas, y ya tenemos una *palabra*.

No se sabe de forma concluyente si esta capacidad para vincular un significante con un significado es una de las claves para entender la singularidad del cerebro humano y por tanto nuestra gran ventaja intelectual, pero es muy probable. Aquí nos encontramos con varias diferencias fundamentales con respecto a otros seres vivos. Podemos empezar por la facilidad con la que hacemos esos enlaces significante-significado. El caso es que otros animales son capaces de establecer estos vínculos, al menos cuando se les ha enseñado en cautividad. Es el caso de algunos grandes simios, como chimpancés o gorilas. Dadas sus limitaciones en la emisión de sonidos, pues no cuentan con un aparato fonador tan sofisticado como el nuestro, los significantes han sido signos manuales del lenguaje de los sordomudos o imágenes que nada tienen que ver visualmente con el pretendido significado. Los investigadores utilizan imágenes arbitrarias, en lugar de ilustraciones del concepto que quieren enseñarles, para que se asemejen a lo que ocurre con nuestros símbolos, donde la relación significante-significado es normalmente caprichosa: la palabra *mesa* no se parece a una mesa. Los grandes simios han demostrado ser capaces de aprender estos símbolos, pero no parece que esté entre sus especializaciones cerebrales. No los aprenden de manera fácil, hay que enseñarles qué significante corresponde a qué significado de una manera insistente, con numerosos ensayos. Y esto no es lo habitual en el ser humano, que aprende esas relaciones con relativa facilidad y tras pocos ensayos, a veces a la primera, especialmente en el caso de los niños. Es cierto que algún chimpancé ha destacado por tener más facilidad que sus congéneres a este respecto, pero es más la excepción que la regla.

Hay otra diferencia importante más en nuestra capacidad para vincular significantes con significados: su número. La cantidad de símbolos que podemos aprender es abrumadora, tanto que cuando pregunto en clase o en una conferencia cuántas palabras (significantes, en realidad) creen que tenemos los seres humanos en nuestro diccionario mental, sin contar las que podamos conocer de otros idiomas, las cifras que me suelen dar están muy alejadas de la realidad, y siempre a la baja. Un ser humano adulto con una formación académica media conoce unas cuarenta mil palabras, y probablemente más si es una persona que lee con frecuencia. Conoce no solo cómo suenan, sus significantes, sino también sus significados. No somos conscientes de tener tantas palabras en nuestra cabeza y generalmente creemos que serán entre dos mil y cinco mil. Es cierto que las que usamos habitualmente son en torno a dos mil, y de hecho muchos diccionarios intentan utilizar solo esas palabras más frecuentes para las definiciones de todas sus entradas. Pero, aunque muchas no las usemos ni frecuente ni coloquialmente, las conocemos, están ahí, y podemos emplearlas o comprenderlas cuando haga falta. Es cierto también que cuanto menos se utilicen en nuestro día a día, más esfuerzo tendrá que hacer nuestro cerebro para acceder a sus significados, pero las comprenderá igualmente.

Cuando a chimpancés y gorilas se les ha intentado enseñar un número elevado de símbolos, su diccionario tiene un límite que ronda las mil quinientas palabras, de nuevo con alguna excepción, pero no muchas más. Están muy lejos de nuestras cifras. Sin duda, algo hay en nuestro cerebro que no está en el de otros primates, gracias a lo cual somos capaces no solo de vincular un sonido de palabra con un significado de palabra —un significante con un significado— con suma facilidad y poco esfuerzo, sino que además lo hacemos en grandes cantidades. La parte del cerebro donde se guardan los significantes de nuestros diccionarios parece ser la conocida área de Wernicke, situada en el hemisferio izquierdo, podríamos decir que en un lugar que se sitúa detrás del oído. Ya comenté que es parte del sistema de percepción auditiva del cerebro. Los significados, los conceptos, por su parte, se ubican en múltiples lugares del cerebro. No hay un acuerdo definitivo a este respecto, pero parece que extensas regiones del lóbulo temporal, donde también está el área de Wernicke, guardan esos significados, aunque estos podrían ir más allá y estar repartidos por prácticamente todas las regiones de la corteza cerebral. Al fin y al cabo, los significados los obtenemos de nuestras relaciones con el medio que nos rodea, y por tanto las áreas cerebrales con las que vemos, oímos, tocamos o realizamos acciones (como es el caso de muchos verbos) podrían ser los depositarios de los correspondientes significados.

La importancia de los sentidos

Algo ha ocurrido en nuestra evolución para que lo que se almacena en el área de Wernicke —los significantes— quede vinculado rápida y eficientemente con lo que guardamos en otras partes del cerebro —los significados—, lo cual nos otorga una gran ventaja. Otros animales no cuentan con un área de Wernicke como la nuestra, parece que ni tan siquiera con algo parecido. Es posible, sin embargo, que sí haya algunos que tengan conceptos, aunque no serían significados en sentido estricto, sino quizá algo parecido. Y no solo los primates, sino otros muchos mamíferos, aves y puede que otras clases de animales. Comprenden y reconocen objetos y situaciones del mundo basándose en lo que recuerdan de sus experiencias. Sin embargo, es muy posible que el mecanismo con el que los humanos asignamos un significado o una experiencia a un significante enriquezca sobremanera nuestra formación de conceptos, y por tanto mejore y extienda considerablemente nuestra comprensión del mundo, que clasificaríamos en diversas y múltiples realidades. Bastaría con escuchar o utilizar una palabra para referirnos sin esfuerzo a toda una parte del mundo muy concreta.

Esto nos hará más inteligentes. Y no solo porque clasificamos el mundo que percibimos en diversas realidades, sino porque además generamos nuevas realidades que no se pueden percibir. Tenemos multitud de palabras para referirnos a circunstancias que no podemos ni ver, ni oír, ni tocar, pero que, gracias a nuestra extraordinaria facilidad para generar pares significante-significado, hemos convertido en realidades. Basta con poner un nombre a una idea y ya la hemos hecho realidad. Veamos por ejemplo un caso muy simple, el concepto *animal*. En el mundo real no existen los animales; existen los perros, los gatos, las vacas o los conejos. *Animal* es un término nuevo que nos hemos inventado y que podemos comprender gracias a que hemos creado una etiqueta específica para ese concepto. Es, digamos, un grado de abstracción de la realidad: algo que es común a todos los ejemplares concretos de animales, que se aplica a todos ellos (se mueven, respiran, nacen, se reproducen y mueren, etc.) y que denotamos con una etiqueta concreta. Gracias a esto, los animales ya existen; pero como concepto son fruto de nuestra mente.

Nuestra corteza cerebral, esa fina capa en la superficie del cerebro que presenta un característico aspecto arrugado, es mucho más extensa que la de cualquier otro primate. Es ahí donde guardamos nuestros conceptos o significados. El hecho de que sea tan extensa nos pone en una situación privilegiada, pues casi todo lo que tenemos de más en nuestra corteza nos permite abstraer la realidad más allá de lo que está al alcance de otros animales. Las abstracciones se basan en nuestras percepciones y acciones, aunque estén por definición alejadas de percepciones y acciones específicas. Percibimos perros, gatos, vacas y conejos: yendo un poco más allá, alejándonos un poco de lo más directamente tangible —abstrayendo, en definitiva— generamos la idea de animal. Con una corteza cerebral tan extensa como la humana, nuestras abstracciones se pueden alejar muchísimo de la realidad más perceptible e inmediata. Esto nos dará una inmensa ventaja para comprender las realidades más complejas, intrincadas y ocultas del mundo que nos rodea. Se trata, sin duda, de una de las claves de nuestra gran inteligencia. Y se la debemos en gran parte al lenguaje.

El vocabulario humano, nuestro diccionario mental, está lleno de palabras abstractas. Mucho más que *animal*, que al fin y al cabo solo sería un primer peldaño de nuestras posibilidades para abstraer el mundo que percibimos. Por ejemplo: semana, paz, libertad, amor, energía, infinito, promesa, tiempo, pensamiento, sistema, escepticismo, creatividad, esperanza... Y así, miles de ejemplos. Intentemos describir cualquiera de estos conceptos sin palabras, señalando algo o imitando unos movimientos. Veremos lo difícil, más bien imposible, de esta misión. Sin embargo, gracias al lenguaje, esos conceptos existen, y remiten a realidades que no percibimos a simple vista, pero que tienen una existencia que es al mismo tiempo real e imposible sin lenguaje. Y podemos pensar en ellos, razonar, reflexionar sobre ellos. E incluso generar, a su vez, otros nuevos. El concepto *animal* surgió en mi mente porque en su día me dijeron que perros, gatos, vacas y conejos, conceptos que había adquirido antes, son animales. Y de los conceptos *animales* y *plantas* surgió el de *seres vivos*. Y así sucesivamente, en una cadena infinita que abarca el universo entero, desde las galaxias y cúmulos de galaxias hasta el átomo, con sus protones, neutrones y electrones, y más allá. Esto nos permite conocer mucho mejor el mundo que nos rodea, hasta donde ninguna otra especie puede llegar. Nos hace, sin duda, más inteligentes.

Pero todo empieza por los sentidos. Numerosas experiencias perceptivas sin aparente conexión entre ellas, sin parecido físico evidente entre sí, pero acompañadas de un determinado sonido de palabra, darán lugar a un concepto abstracto, a que vinculemos ese sonido de palabra con lo que hayan tenido en común todas esas experiencias, aunque a primera vista no se parecieran en absoluto. Un atardecer, un arcoíris, un paisaje, la cara de un niño o de una persona atractiva, una mirada profunda, una rosa, una melodía cautivadora, una voz embriagante, un perfume irresistible... Si cada vez que vivimos una de estas experiencias escuchamos la palabra *belleza*, ya tendremos un concepto abstracto, al que habremos llegado con relativa facilidad. Sin esa palabra, será difícil que lo tengamos. Quizá no imposible, pero desde luego más difícil, especialmente para conceptos muy abstractos.

El caso es que sabemos que otros animales abstraen. Lo vemos en sus cortezas cerebrales. Las regiones encargadas del conocimiento abstracto, que va más allá de la percepción más inmediata, están presentes en multitud de seres vivos, tanto mamíferos como aves, y parece que en reptiles y peces también. Son las llamadas cortezas de asociación; y las hay unimodales (que se dedican principalmente a abstraer en una única modalidad sensorial, como la vista, el oído o el tacto) y multimodales (más complejas y que integran información de varias modalidades). Gracias a ellas tendríamos las abstracciones necesarias para conceptos tan profundos y alejados de lo más inmediatamente perceptible como *belleza*, *libertad* o tantos otros. Nuestro cerebro destaca en estas últimas, que apenas son un atisbo en la mayoría de las otras criaturas. Estas, además, carecen de lenguaje, y por tanto de *etiquetas* —palabras o significantes— que ayuden a delimitar y dar entidad a un concepto. O a definirlo cuando lo generamos a partir de otras palabras, de lo que nos cuentan cuando preguntamos qué significa algo.

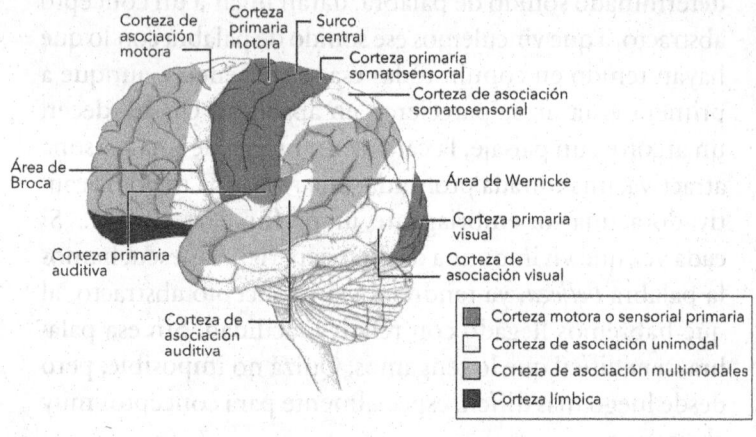

Corteza de asociación motora
Corteza primaria motora
Surco central
Corteza primaria somatosensorial
Corteza de asociación somatosensorial
Área de Broca
Área de Wernicke
Corteza primaria visual
Corteza de asociación visual
Corteza primaria auditiva
Corteza de asociación auditiva

■ Corteza motora o sensorial primaria
□ Corteza de asociación unimodal
■ Corteza de asociación multimodales
■ Corteza límbica

Las cortezas primarias y de asociación. Estas últimas pueden ser unimodales o multimodales.

Y cuando el concepto resulta muy complejo, nos valemos de estrategias indirectas que nos ayuden a su comprensión, estrategias en las que las experiencias sensoriales más inmediatas jugarían un papel muy importante. Esto es algo más frecuente de lo que solemos pensar. Por ejemplo, el concepto de *tiempo* se forma en gran medida a partir de nuestras experiencias corporales en el espacio. El tiempo se concibe como una metáfora del espacio, de cómo nuestro cuerpo interactúa con los objetos y el espacio exterior. Así, por ejemplo, el tiempo se puede tener o no (poseer, como un objeto), se puede sacar, alargar, acortar, estirar, dividir (en segundos, minutos, horas..., días, semanas, años). Puede empezar y terminar. El tiempo puede ir más deprisa, más despacio, puede ir hacia delante o hacia atrás... En última instancia, un concepto tan abstracto como el tiempo se ha servido de nuestras experiencias a través del cuerpo para poder ser mejor entendido. Insisto: todo comienza por los sentidos.

La importancia de las normas

La faceta del lenguaje que nos falta para completar el puzle es la sintaxis o gramática, es decir, las reglas mediante las cuales combinamos sonidos de palabras o morfemas para construir mensajes estructurados con los que describimos pormenorizadamente incluso las realidades más complejas del mundo. De nuestro lenguaje, la sintaxis es, junto con la faceta semántica, lo que más aporta a la unicidad de la inteligencia humana. Algunos incluso se atreven a afirmar que es la única característica exclusivamente humana de nuestro lenguaje, el único aspecto de este que verdaderamente contribuye a hacernos más listos.

La sintaxis nos permite combinar palabras y morfemas, y a la vez establece qué combinaciones son correctas y cuáles no. Esto es importante para transmitir un mensaje preciso y que no dé lugar a confusión o error. Hay que seguir las reglas. Así, «A jugar las quiero cartas yo» ni es correcto ni se entiende, pero «Yo quiero jugar a las cartas» sí. La sintaxis del lenguaje permitiría además combinar elementos lingüísticos de manera teóricamente infinita sin que el resultado dejara de entenderse. Esta capacidad combinatoria sin límites aparentes sería lo que haría único al lenguaje humano. Así, podríamos no solo crear una oración que describa una realidad, por ejemplo, «Juan quiere comprarse un libro», sino combinarla con otras de manera infinita. Podemos decir: «Yo creo que Juan quiere comprarse un libro», «Pedro piensa que yo creo que Juan quiere comprarse un libro», «Susana ha dicho que Pedro piensa que yo creo que Juan quiere comprarse un libro»... Y así indefinidamente. Lógicamente, nuestra restringida capacidad para trabajar con una determinada cantidad de información nos pondría los límites; en la vida real no podemos o no solemos hacer combinaciones infinitas, ni tan siquiera mucho más largas de las que tenemos en estos ejemplos. Pero el sistema en sí mismo permitiría que las combinaciones llegaran al infinito si así se desea.

La capacidad combinatoria de la sintaxis del lenguaje, infinita o no, sería una bendición para nuestro cerebro, una de las razones de nuestra gran inteligencia. Nos permitiría combinar conceptos, ideas, de una manera nunca vista, y dar lugar así a una nueva idea, a una invención original. Tendríamos de ese modo una capacidad de creatividad sin parangón en el reino animal. Efectivamente, la sintaxis nos permite combinar cualquier cosa con cualquier otra, originando una *idea loca* que quizá no sea una locura sino una genialidad. Pongamos el ejemplo con el que ilustró esta propuesta Noam Chomsky, polémico lingüista que defendió a capa y espada el valor y la unicidad de la sintaxis humana cuando esta estaba denostada por la psicología: la sintaxis humana me permite decir «Las ideas verdes incoloras duermen furiosamente». Es esta una oración sin sentido ninguno; no dice nada, al menos nada que pueda llevarse a la realidad del mundo en que vivimos. Pero es una combinación gramaticalmente correcta que yo puedo inventarme y transmitir a otros. Con este mismo mecanismo, quizá alguna otra combinación creativa e inicialmente sin sentido, como «Con una piedra y unos golpes tengo un utensilio para cortar la carne», acabe siendo una idea genial. No obstante, hay que decir que no queda claro que sea el lenguaje el que fuerza a la mente a imaginar cosas nunca vistas, o si, por el contrario, es nuestra desbocada imaginación la que fuerza al lenguaje a plasmar esas fantasías. No todos los autores aceptan que nuestra creatividad dependa enteramente de la sintaxis del lenguaje, y yo más bien creo que la relación es la inversa.

Para algunos, Chomsky incluido, la sintaxis es la única característica realmente destacable y distintiva del lenguaje humano, es el *corazón* del habla humana, y es una característica que solo los humanos poseemos. Otros seres vivos pueden tener la capacidad de emitir sonidos y combinarlos con más o menos fortuna. También pueden generar conceptos, significados, y hasta puede que les asocien aquellos sonidos, constituidos en un significante. Esto ocurriría en el medio natural; por ejemplo, algunos monos tienen *palabras* para referirse a sus depredadores de manera específica, como *águila* o *serpiente*. También he mencionado cómo en cautividad algunos primates pueden aprender bastantes palabras. Únicamente en nuestra sintaxis estaríamos solos. Sin embargo, y como ya hemos visto, el número de palabras que podemos aprender en comparación con otras criaturas es realmente abrumador, y ahí podría estar una de las claves de nuestra unicidad mediada por el lenguaje. No solo en la sintaxis, sino también en la semántica, o en su exuberancia, gracias a nuestra facilidad para unir significantes con significados. Es más, incluso podría ser que buena parte de la sintaxis no sea sino un derivado de la semántica, un apartado de esta dedicado a establecer relaciones entre los elementos mencionados. Palabras tradicionalmente consideradas *sintácticas*, como las preposiciones (*para*, *hacia*, *de*, *por*), las conjunciones (*y*, *que*, *como*) o los adverbios (*no*, *así*) y tantas otras no serían sino un grupo más de palabras con sus significados. Efectivamente, la sintaxis se podría haber derivado de la semántica.

MÁS ALLÁ DEL LENGUAJE

Como vemos, el conocimiento actual sobre el lenguaje humano y sus aspectos más centrales —la semántica y la sintaxis— no está libre de polémica. El lenguaje es una de esas facetas de nuestro comportamiento tan cruciales y complejas que provocan acaloradas discusiones en la comunidad científica. Su relevancia para lo que nos hace humanos, para entender por qué somos tan inteligentes, no obstante, está fuera de toda duda. Aún debemos mencionar otro aspecto polémico del lenguaje. Por un lado, parece que contaríamos con unos mecanismos genéticos específicos para el lenguaje; el lenguaje sería una capacidad innata de nuestra especie. Pero, por otro, pudiera ser que el lenguaje lo aprendemos con los mismos mecanismos con los que aprendemos cualquier otra destreza compleja, como las relaciones espaciales entre objetos, las propiedades físicas del mundo exterior o tocar un instrumento. Es decir, la segunda propuesta sugiere que tenemos un gran cerebro con un mecanismo general de aprendizaje que vale para muchas cosas, siendo el lenguaje una de ellas; simplemente una más.

Lo cierto es que hay evidencias para las dos alternativas. Hay genes que parecen relativamente específicos del lenguaje, como el famoso FOXP2, sobre el que se ha escrito muchísimo, si bien es verdad que este y otros genes no solo afectan al lenguaje, sino al desarrollo general del cerebro, especialmente de la corteza cerebral. También es cierto que en la corteza cerebral parece haber regiones especializadas en el lenguaje y que no parece que compartamos con otros primates, como las conocidas áreas de Broca y Wernicke, que no son exclusivas del lenguaje, aunque esta sea su principal función. Ambas participan también en otras tareas, como la secuenciación y organización de movimientos (caso de Broca) o la integración auditiva (caso de Wernicke). Además, los límites de ambas áreas no están bien definidos anatómicamente, lo que indica cierta ambigüedad no solo respecto a sus funciones, sino incluso respecto a su mera existencia.

En favor de una base biológica específica para el lenguaje cabe hacer una observación importante: el lenguaje se desarrolla en periodos críticos. Un periodo crítico, como ya expliqué antes, es una época del desarrollo del cerebro en la que este debe estar necesariamente expuesto a determinadas experiencias para poder madurar y establecer ciertas habilidades. Si no se dieran dichas experiencias, se pierde una oportunidad que generalmente es irrecuperable. Recordaréis el gatito ciego que imaginábamos. En el lenguaje humano hay un periodo crítico para recibir los sonidos del lenguaje, que generalmente son los primeros doce meses de vida. Aquellos fonemas que el bebé haya escuchado durante ese tiempo, tanto de su idioma materno como de un posible segundo idioma, los entenderá y pronunciará como un nativo. Si se empiezan a percibir sonidos de otro idioma después de ese periodo, lo normal es que no se pronuncien ni se comprendan como los propios del idioma materno. Hay otro periodo crítico para la sintaxis, que se suele decir que acaba a los seis o siete años, aunque varios autores lo reducen a los tres primeros años, al menos para la sintaxis más básica. El periodo crítico para la semántica, para el aprendizaje de pares significante-significado, es mucho más extenso, probablemente hasta los dieciséis años, aunque el vocabulario es algo que seguirá creciendo durante prácticamente el resto de la vida.

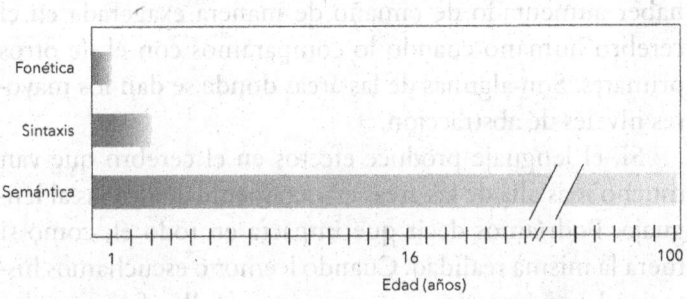

Periodos críticos para el aprendizaje del lenguaje. Fonética, sintaxis y semántica se desarrollan en diferentes momentos.

Sea como sea, también tengo que decir que el lenguaje no serviría de mucho de no ser porque hace referencia, utiliza y necesita áreas del cerebro que no son estrictamente lingüísticas. Estas áreas, principalmente de asociación —es decir, aquellas donde el conocimiento adquirido a través de nuestras experiencias con el entorno se almacena como abstracciones—, son fundamentales para que el lenguaje sea entendible y eficaz a la hora de comunicar ideas o conceptos. De lo contrario, tendríamos que estar continuamente explicándolo todo, perdiendo mucho tiempo y eficacia en la comunicación. Veamos un ejemplo. Cuando hablamos o escuchamos hablar, continuamente hacemos inferencias acerca de lo que realmente nos están diciendo para dar sentido a lo comunicado. Así, si escucho decir «La gasolina se había acabado, tuvimos que empujar el coche dos kilómetros», estoy recibiendo la descripción de dos situaciones aparentemente distintas pero que nuestro cerebro ve coherentes inmediatamente. Los coches andan con gasolina y sin ella no funcionan; esto no nos lo han dicho, pero lo sabíamos, y es gracias a este conocimiento que puedo entender que la primera situación es la causa de que ocurriera la segunda. Resulta interesante que algunas de las regiones que más participan en dar coherencia parecen haber aumentado de tamaño de manera exagerada en el cerebro humano cuando lo comparamos con el de otros primates. Son algunas de las áreas donde se dan los mayores niveles de abstracción.

Sí, el lenguaje produce efectos en el cerebro que van mucho más allá de las áreas estrictamente dedicadas al lenguaje. Podríamos decir que impacta en todo él, como si fuera la misma realidad. Cuando leemos o escuchamos historias, las vivimos como si estuviéramos allí y fuéramos los protagonistas. El lenguaje tiene un gran poder sobre el cerebro. Y le permite pensar mejor, ahorrándole grandes esfuerzos. Y no solo porque le permite crear conceptos que no serían posibles de no tenerlo. De hecho, uno de los descubrimientos de la neurociencia de las últimas décadas es la constatación de que no somos conscientes de la gran cantidad de procesos cerebrales que están ocurriendo continuamente. Los procesos conscientes, que suponen un gran esfuerzo energético, apenas constituyen un 3 por ciento o menos de todo lo que hace el cerebro en un momento dado, y que también es tremendamente necesario para razonar, pensar, tomar decisiones o llegar a una conclusión. Pues bien, cuando escuchamos hablar solo somos directamente conscientes de los sonidos de las palabras y poco más, si bien es cierto que, simultáneamente, se ponen en marcha multitud de procesos cerebrales provocados por lo que nos están diciendo. Por eso entendemos de inmediato la relación entre empujar un coche dos kilómetros y la falta de gasolina. Es así como podemos seguir sin apenas esfuerzo toda una secuencia organizada de razonamientos e ideas alcanzados por otra persona cuando esta nos los transmite mediante el lenguaje. Gracias a esto podemos pensar en grupo, en sociedad, y alcanzar cotas de conocimiento y reflexión valiosísimas. Sí, el poder del lenguaje sobre el cerebro es impresionante. Esto, que normalmente es una gran ventaja y nos hace más listos, puede también convertirse en un gran peligro, ya que ni todo lo que nos dicen tiene por qué ser verdad ni siempre es bienintencionado.

LA EVOLUCIÓN DEL LENGUAJE

¿Solo *Homo sapiens* ha contado con la ventaja del lenguaje, o también otros miembros de nuestra línea evolutiva se beneficiaron de este gran invento? ¿El lenguaje surgió de golpe o de forma gradual? Responder a estas preguntas no es fácil; y como todo lo que rodea al lenguaje, no está libre de polémica. Como no podía ser de otra forma, encontraremos dos posibles respuestas contrapuestas. No obstante, una de ellas parece más realista, al menos para mí. Se ajusta más a lo que sabemos sobre cómo es la evolución de cualquier rasgo, y parece explicar mejor cómo es nuestro lenguaje. Me refiero a la idea de que el lenguaje humano actual llegó poco a poco, gradualmente, empezando probablemente en épocas tan remotas como las de la aparición de *Homo erectus / ergaster* o poco después.

En la hipótesis de que el lenguaje vino poco a poco se supone que en algún momento debió de suceder algún cambio en nuestro cerebro, quizá fruto de una o varias mutaciones genéticas, que nos permitiera unir con facilidad significantes con significados. Los símbolos, las palabras, serían por tanto el comienzo de todo, la condición a partir de la cual todo lo demás pudo venir después: una mayor capacidad para aumentar el número de palabras que podemos recordar y una sintaxis que nos permitiera combinar los cada vez más numerosos y complejos símbolos de nuestras conversaciones. Que fueran necesarias nuevas mutaciones para que pudiéramos tener sintaxis no estaría claro, y no es requisito imprescindible según este punto de vista. La sintaxis pudo venir por convención social o cultural a partir de un vocabulario extenso. Para lo que sí habría habido posibles mutaciones sería para el desarrollo de nuestro aparato fonador, los órganos del habla. Este presenta adaptaciones únicas en nuestra especie y, aunque no sabemos cómo sería el de otras especies extintas, sí se ha podido saber que el oído de otros miembros de nuestro linaje estaba ya especializado en discriminar de manera precisa el tipo de sonidos que usamos al hablar.

Sería un índice de que ya poseían esa capacidad de emitir los sonidos de nuestro lenguaje y, por tanto, de que probablemente la utilizaban. Sabemos que neandertales y especies anteriores a esta y a la nuestra, como *Homo heidelbergensis* (que vivió hace entre 600.000 y 200.000 años y pudo dar lugar a neandertales y *sapiens*), ya mostraban estas especializaciones. Esto no descarta que el lenguaje surgiera gestualmente, como algunos autores han sugerido; pero ante la necesidad de denominar cada vez más conceptos y, al mismo tiempo, poder valerse de las manos mientras nos comunicamos, habrían ido surgiendo adaptaciones para el uso del tracto vocálico.

Según la postura gradual de evolución del lenguaje, ¿tendrían los neandertales un lenguaje tan rico y complejo como el nuestro? ¿Y otras especies? Posiblemente, los neandertales tenían al menos el potencial para desarrollar un lenguaje como el nuestro. Su gran cerebro, su posible capacidad articulatoria vocal y otros datos de su comportamiento así lo indicarían. Incluso poseían la misma variante del gen FOXP2 que nosotros, un gen que se ha considerado fundamental y clave para el lenguaje humano, aunque en realidad ningún rasgo complejo del comportamiento depende de un solo gen, sino de decenas, normalmente de cientos de ellos. Otra cosa es que realmente hubieran explotado todo su potencial para llegar a tener un lenguaje como el nuestro, pues cabe que mucho de lo que este es no sea fruto solo de mutaciones genéticas, sino de una evolución cultural y social. Por otra parte, respecto a otras especies que precedieron a *sapiens* y neandertales, su cerebro algo menor y las muestras de su comportamiento indicarían que, si bien podrían haber tenido una cierta capacidad para el lenguaje, este no sería exactamente como el nuestro. Su lenguaje tendría menores niveles de complejidad y de abstracción y su capacidad para albergar un gran número de conceptos sería inferior.

La otra opción es que nuestro lenguaje, tal y como lo conocemos, surgiera de manera relativamente repentina. No ya con la aparición de nuestra especie, hace unos 250.000 años o más, sino incluso bastante tiempo después, quizá hace solo 100.000 años. O incluso menos. Esta es la visión del ya citado Noam Chomsky y otros autores, y se basa en varias cosas. Una es que el comportamiento de nuestra especie pareció ser más florido y creativo a partir de cierto momento. Ya comenté que los neandertales y nosotros éramos básicamente muy parecidos hasta que, coincidiendo con el periodo en que aquellos empezaron a declinar, nuestra especie mostró un aparente despegue cognitivo. Pero también es verdad que ese florecimiento pudo ser fruto de cambios culturales, de un acúmulo de experiencias y de otros factores ambientales de los que no se pudo beneficiar el neandertal por estar en fase de extinción. Para los defensores de este punto de vista, incluso el hecho de que la variante del gen FOXP2 en neandertales sea la misma que la nuestra no sería un argumento a favor de la igualdad entre ambas especies a este respecto. Así, los neandertales podrían diferir de nosotros en aspectos epigenéticos, es decir, en mecanismos específicos mediante los cuales se leería y se utilizaría este gen. Habría sido un cambio importante en estos mecanismos lo que habría originado el surgimiento repentino de nuestro lenguaje. Esto es posible, por supuesto, pero considerando que no todo depende de un solo gen, no al menos el lenguaje, la contribución de esta posibilidad a hipotéticas diferencias entre neandertales y *sapiens* en el lenguaje me parece muy limitada.

La evolución gradual del lenguaje es el escenario más razonable, y es muy probable que los neandertales, y quizá alguna otra especie humana como *heidelbergensis*, contaran ya con los mecanismos básicos para expresarse como nosotros, aunque solo neandertales y *sapiens* contaran con un cerebro lo suficientemente grande y desarrollado como para haber alcanzado ese primer lugar en nuestro pódium imaginario de las especies más listas del planeta.

3

EL MITO DEL GENIO TORTURADO: ¿SER TAN LISTOS NOS HACE MENTALMENTE FRÁGILES?

«No pienses tanto.» «No le des tantas vueltas a las cosas.» Ese tipo de consejos parecen recomendar que dejemos de un lado la inteligencia para ser más felices. Porque en nuestra cultura existe esa idea de que, cuanta más *cabeza* tiene una persona, peor está *de la cabeza*. Que, a más inteligencia, mayor sufrimiento mental. Por definición, la inteligencia sirve para solucionar problemas. Pero ¿no crea también otros nuevos? El mito urbano establece una relación entre ser un genio y vivir angustiado, desesperado. Es la narrativa del *genio torturado*, la inteligencia como generadora de neurosis. ¿Hasta qué punto esto es cierto?

Vamos a examinar este tópico despacio.

El lenguaje nos permite alcanzar altas cotas de pensamiento abstracto. Gracias a esto somos capaces de ver *más allá* de lo que nos llega por los sentidos y ser la especie más inteligente del planeta. Ser inteligente proporciona muchas ventajas, qué duda cabe. Nuestra inteligencia nos permite enfrentarnos a infinidad de problemas y solucionarlos, salir airosos. De hecho, gracias a esta ventaja hemos podido colonizar con éxito gran parte de los ecosistemas de este planeta.

Solemos decir, sin embargo, que no hay nada ni nadie perfecto. La inteligencia no tendría por qué estar fuera de este principio. Teniendo en cuenta que nuestra inteligencia es el resultado de una evolución por selección natural, algo que hemos conseguido gradualmente por medio de muchos ajustes y tras numerosos intentos de ensayo y error, decir que lo que tenemos es perfecto sería una falacia. Nuestra capacidad intelectual, aun siendo muy alta, sería francamente mejorable, no ya por la presencia de mecanismos que la hacen falible, sino por los posibles efectos adversos que podría causar en nuestras vidas. Vamos a revisar qué hay de cierto en todo esto y si realmente la inteligencia tiene efectos secundarios no deseados.

INTELIGENCIA Y PERSONALIDAD

Tengo que empezar dando una buena noticia, y es que en realidad hay más de mito que de cierto en la afirmación de que la inteligencia, en general, nos puede hacer más infelices y de que las personas con mayores capacidades intelectuales son más proclives a vivir en un infierno. Esto no es así, y más bien es justo lo contrario. Incluso algunos estudios encuentran una relación entre inteligencia y sentido del humor. Aunque no debemos ser tan tajantes, el tema es un poco más complejo.

Cuando hablamos de la infelicidad de los inteligentes solemos pensar en neurosis. En el modelo clásico, los trastornos mentales se dividían en dos grandes grupos: las psicosis y las neurosis. En las primeras se da, por definición, una pérdida de contacto con la realidad, y la esquizofrenia es un buen ejemplo de psicosis. La esquizofrenia afecta a la forma de pensar, al sentido del yo y a las propias percepciones. Así, es habitual la presencia de alucinaciones, generalmente auditivas, de falsas creencias (lo que se conoce como delirios), como creerse una figura histórica (ej., Jesús, Napoleón o Cleopatra) o pensar que se está siendo controlado por otros (alienígenas, agentes de inteligencia del Gobierno...), y paranoia: creer que hay un complot contra uno. Ciertamente, es una enfermedad angustiosa para quien la padece y para sus familiares y amigos. En las neurosis, por el contrario, hay una distorsión de la percepción de la realidad, pero sin perder el contacto. Es, sencillamente, que algunas cosas se magnifican y otras se minimizan, no se está valorando la realidad en sus justas proporciones; pero la realidad está ahí. El término *neurosis*, sin embargo, se halla hoy día en desuso, prefiriéndose ser más preciso y llamar a determinados trastornos mentales por nombres más concretos de acuerdo con la sintomatología. La angustia, la ansiedad o la depresión son algunos ejemplos. Como trastornos, las psicosis y las neurosis tienen sus orígenes en diversos factores, muchas veces ambientales, pero también de predisposición genética. Como trastornos clínicos que son, no tienen relación con la inteligencia. Ni los factores ambientales ni los genéticos que están en su origen parecen estar relacionados con los niveles de inteligencia de un individuo. Son relativamente independientes.

Pero no hace falta tener un trastorno clínico en toda regla para estar mal o para ser relativamente infeliz. Se puede puntuar alto en un rasgo de nuestra personalidad que se conoce, precisamente, como *neuroticismo* (o también *inestabilidad emocional*): la tendencia a experimentar emociones negativas, ansiedad, depresión, irritabilidad y un largo etcétera. Cuando uno presenta altos niveles de neuroticismo es porque suele tener muy elevados los niveles de alerta y atención a peligros y amenazas. Por un lado, esto puede ser muy ventajoso para la supervivencia, especialmente en medios hostiles. Pero, por otro, se puede llegar a ser un infeliz cuando esto se lleva al extremo, especialmente en contextos y sociedades donde las amenazas no tienen por qué estar a la orden del día.

El neuroticismo, como tal, es uno de los *cinco grandes* rasgos en los que se puede dividir nuestra personalidad. Hay reconocidos, por tanto, otros cuatro. Uno de ellos es la *responsabilidad*, y quien puntúa alto en este rasgo suele ser meticuloso, organizado y con gran tesón. Otro es la *extraversión*, que define a las personas activas, habladoras, que se encuentran muy a gusto hablando con los demás. Las personas que puntúan alto en *amabilidad* son, como su nombre indica, amables, cariñosas, cooperativas. Por último, la *apertura a la experiencia* define a las personas a las que les gusta aprender y explorar cosas nuevas, que sienten elevados niveles de curiosidad. En cuanto a su interrelación, se puede obtener una alta puntuación en varios de estos rasgos, o incluso en todos ellos, y no por puntuar alto en uno tienes que hacerlo más o menos en otros. Así pues, estos cinco grandes factores de la personalidad son, por definición, totalmente independientes entre sí.

Los rasgos de personalidad son, a su vez, independientes de otras características psicológicas como la capacidad intelectual. Son otra cosa. He aquí el quid de la cuestión para lo que nos trae aquí. Ser más o menos neurótico o inestable emocionalmente, en términos de personalidad, o, llegado el caso, en cuanto a sintomatología clínica correspondiente, no se relaciona con la inteligencia. Puedes ser más o menos inteligente y ser muy inestable emocionalmente. Puedes ser muy inteligente y padecer ansiedad o depresión, o padecer estos males y ser muy poco inteligente. Todas las combinaciones son igualmente posibles. En realidad, el único rasgo de personalidad que se ha visto de algún modo realmente relacionado con la inteligencia es la apertura a la experiencia. Las personas que puntúan alto en este rasgo de personalidad pueden despuntar en dos tipos de características diferenciadas. Por un lado, pueden poseer una elevada tendencia a buscar estimulación, sensorial o fruto de la imaginación, lo que se relacionaría también con un mayor gusto por la estética. Por otro lado, hay quien tiene predilección por razonar con información abstracta y por los retos mentales. Esta segunda sería la acepción más intelectual de este factor de la personalidad. No en vano se lo llama también, con cierta frecuencia, con un nombre doble: *apertura / intelectualidad*. Pues bien, las puntuaciones en una prueba de inteligencia suelen correlacionar con las obtenidas en este rasgo de personalidad en general, pero sobre todo con la parte que tiene más que ver con los retos intelectuales. Digamos que es algo intrínseco a su definición, pero personalidad e inteligencia son dos cosas distintas.

LA VENTAJA DE SER LISTO

La independencia debería ser aún mayor entre neuroticismo e inteligencia, lógicamente. O entre padecer ansiedad o depresión e inteligencia. En términos de definición, de la esencia de cada una de estas características de nuestro comportamiento, así es. En teoría, se puede ser muy neurótico y muy inteligente a la vez, pero también muy inteligente y poco o nada neurótico y viceversa. Sin embargo, cuando vamos a ver los datos, la realidad nos muestra ciertas sorpresas. ¿Será verdad eso que dicen de que las personas muy inteligentes son menos felices? Lo que expresan los datos es precisamente lo contrario. En general, y para empezar, debemos tener en cuenta que una mayor inteligencia implica disponer de más y mejores estrategias para afrontar los desafíos de la vida. Cuando se exploran los datos al respecto, observamos que las personas más inteligentes suelen gozar de mejor salud, tanto física como mental. En general, poseen más y mejor información y saben cómo utilizarla. Esto será de enorme utilidad para detectar primeros síntomas de trastornos o situaciones que puedan ocasionarlos, tanto de carácter físico como psicológico, y les permitirá establecer hábitos que preserven y mantengan mejor su salud. También serán más conscientes de las consecuencias para su salud de determinados comportamientos y situaciones y sabrán, asimismo, apreciar y echar mano de los recursos profesionales (por ejemplo, psicólogos) y sociales (amigos, familiares) necesarios para una buena salud mental antes de que el problema vaya a más. En general, pues, la inteligencia es una ventaja, nos permite disponer de una vida mejor.

Esto nos lleva a encontrarnos con que, en general, y contra el mito establecido, es más probable que los que son menos inteligentes sean menos felices. Aunque lo correcto sería afirmar lo contrario: observamos que los que son más infelices es más probable que sean también menos inteligentes. No obstante, esa probabilidad no es necesariamente muy alta, sino solo una ligera tendencia. No olvidemos que ansiedad, depresión o neuroticismo van por un lado y la inteligencia va por otro; son independientes, no hay ninguna relación de causa-efecto. Si encontramos esta interacción entre ambas facetas es solamente porque, en el caso de ser altos en neuroticismo, padecer depresión o sufrir ansiedad, quienes son más inteligentes tendrán una cierta ventaja a la hora de encontrar la manera de afrontar esos estados negativos, por lo que es más probable que estén bien adaptados y sin muchos problemas, mientras que, en general, si eres alto en neuroticismo y de baja inteligencia, tendrás cierta probabilidad de tener mala salud y pobre ajuste social.

Lo mismo se puede decir de cualquier otro trastorno o enfermedad, física o psíquica, que podamos imaginar. Es muy común creer que la esquizofrenia, por ejemplo, está ligada a una inteligencia superior, dado que muchos grandes genios han sido, al mismo tiempo, algo esquizofrénicos y muy inteligentes. Pero cuántos esquizofrénicos habrá cuya inteligencia esté por debajo de la media y cuánta gente inteligente está libre de toda sospecha de padecer esta enfermedad. Es otro mito urbano. Como bien demuestran los datos, y por similares razones al caso del neuroticismo, la ansiedad o la depresión, las personas con altos niveles de inteligencia, en caso de padecer esquizofrenia o ser propensas a ello, parecen desplegar estrategias con las que minimizarían sus síntomas, sus consecuencias y hasta su misma aparición. La esquizofrenia es un trastorno con una alta carga genética, pero tener los genes que te hacen propicio a padecerla no te condena de manera irrevocable.

MANO DE ARTISTA

No todo está perdido, sin embargo, para los mitos urbanos, pues aún hay alguna posibilidad de que el mito del genio torturado tenga cierta base. Y es que sí parece haber una relación entre la genialidad, en el sentido de ser creativo, y la locura. Ahora bien, para ello deberíamos matizar las circunstancias de las que hablamos, así que vayamos con tiento.

Parece que hay una relación muy estrecha entre la creatividad y la inteligencia, y de hecho ser creativo se suele considerar un rasgo de la persona inteligente. Sin embargo, la relación entre inteligencia y creatividad solo existe para un tipo concreto de creatividad. Normalmente distinguimos dos tipos: la científico-tecnológica y la artística. La primera es la propia de personas que se dedican a la ciencia y la tecnología, que desarrollan hipótesis, experimentos, exploraciones y escriben informes científicos donde discuten sus hallazgos a la luz de otros datos y teorías que los explican. La segunda es propia de personas que crean arte, lógicamente, sea este pictórico, musical, literario o de otro tipo. Pues bien, solo la creatividad científico-tecnológica estaría estrechamente relacionada con la inteligencia, y poco o nada con las neurosis u otros trastornos mentales, salvo, como ya he comentado, por el uso de estrategias para afrontarlos. La creatividad artística, sin embargo, sí parece asociada a trastornos mentales, mientras que tendría poco o nada que ver con la inteligencia.

Por supuesto, no en todos los casos ni de una manera necesariamente exuberante salvo excepciones, pero sí puede haber una tendencia que asocia la genialidad artística a algunos trastornos del comportamiento. A veces, incluso, con el sufrimiento. Puede que la imagen del genio (artístico), bohemio y poco corriente tenga algo de realidad, casi incluso por definición. El caso es que algunos estudios encuentran que la gente que destaca por ser artísticamente creativa tiene una propensión ligeramente superior a la de la media a padecer trastornos como la esquizofrenia o el trastorno bipolar. En este último, las personas pueden pasar de episodios de euforia en los que se sienten extremadamente enérgicos y activos —conocidos como episodios maníacos— a otros de desolación, depresión, tristeza y desesperanza. Durante estos últimos episodios depresivos se puede llegar incluso al suicidio.

Pero esta creatividad artística, como decía, no parece tener relación con la inteligencia. No es un requisito imprescindible ser altamente inteligente para ser un artista consagrado. No formaría parte, por tanto, de lo que supuestamente nos da ventaja y nos hace tan listos a los humanos frente al resto de las criaturas del planeta. Entonces, ¿por qué existe?, ¿por qué es tan universal e imperante el arte, tan inherente al ser humano, tan fascinante para este?

No hay una respuesta para tan interesantes preguntas. Al menos no una única respuesta, ni respuestas que puedan convencernos a todos. No es fácil. Tradicionalmente se ha dicho que el arte surgió, como la religión, y junto con ella, con la llegada de la mente simbólica, de nuestra mente. Esta mente habría llegado, igualmente, con la aparición del lenguaje. Pero ya he comentado en otro momento que la propuesta de la mente simbólica presenta algunas lagunas; tiene poco poder explicativo y es poco precisa. Y el lenguaje probablemente llegara poco a poco, no en un momento *eureka*, sino a lo largo de un prolongado proceso evolutivo.

El arte podría ser fruto de una serie de factores, y ninguno de ellos sería necesariamente nuestra inteligencia, al menos de manera directa. Por ejemplo, varios autores piensan que, con el arte, particularmente el pictórico, el escultórico y el musical, el artista demuestra tener unas habilidades motoras, especialmente manuales, que a los ojos de sus semejantes lo harían parecer un virtuoso. Me parece una buena idea. Tengamos en cuenta la importancia de las manos para nuestra especie, de ahí que quien demuestre poseer las mejores habilidades manuales tenga éxito social y, con ello, algo más de descendencia. En este sentido, el arte podría ser un caso, al menos en parte, de *selección sexual*. Este tipo de selección ya lo describió Darwin para explicar muchos de nuestros caracteres, pues se dio cuenta de que no todos son necesariamente adaptativos con respecto al medio natural, no todos son necesarios o útiles para obtener más y mejores alimentos o defendernos de los depredadores. Sería una selección relativamente *caprichosa* de ciertos rasgos, simplemente porque, por azar, por circunstancias no necesariamente evidentes, los miembros de un sexo prefieren aparearse con miembros del otro sexo que presenten ciertas características. La habilidad manual, que, además de su faceta artística, conlleva muchas otras, habría sido una de ellas; y podría decirse que de gran utilidad, dado que comprendería también la fabricación de utensilios y herramientas finos y esmerados —que requiere manos hábiles—. Solo la mano humana podría fabricar con eficacia útiles como arpones, agujas de coser o ensamblar pequeñas piedras minuciosamente talladas en una pieza de madera para hacer una hoz del Neolítico. Como vemos, quizá no fuera tan caprichosa esta preferencia.

El caso de la mano humana es extraordinario. Poseemos una mano muy similar a las de los demás primates, aunque con un pulgar algo más largo con relación al resto de los dedos, lo que nos permite agarrar y manipular mejor los objetos más pequeños. Más que un pulgar más largo, parece que esta proporción también se debe a un acortamiento del resto de los dedos. De hecho, nuestra mano es ligeramente más pequeña que la de un chimpancé. Sin embargo, sus casi cuarenta músculos están controlados por un sistema nervioso más complejo que el del chimpancé, lo que nos permite movimientos más finos, precisos y voluntarios. En la corteza cerebral, la región que controla la mano humana es muy extensa, mayor aún que la correspondiente en el chimpancé, con su mano más grande. Que la representación de nuestras manos en el cerebro sea tan grande solo indica que estas son una de nuestras formas preferentes de explorar, conocer y manipular el mundo.

NUESTRO MUNDO INTERIOR

La selección de la destreza manual en nuestra evolución puede ser un factor importante para explicar la existencia del arte, al menos de aquel en el que las manos son importantes, como el pictórico. En el arte musical las manos tienen también su importancia, y los virtuosos musicales son realmente dignos de elogio y admiración. La música y su arte asociado, la danza, son además placenteros para el cerebro humano, y favorecen la cohesión de grupo, razones más que suficientes para su éxito. Pero la selección de la destreza manual podría no ser suficiente para justificar la existencia del arte. Lo he traído como un ejemplo de cómo este extraño comportamiento no tiene por qué estar directamente vinculado con la inteligencia en general, aunque es cierto que las destrezas motoras forman parte de nuestra inteligencia. En el arte están en juego otros muchos factores, como comentaré en la tercera parte de este libro.

La destreza manual, de hecho, no podría explicar ciertos tipos de arte en los que las manos jugarían un papel más bien secundario o nulo: la literatura, la poesía o, en definitiva, el contar historias, no necesitan de las manos —al menos no hasta el descubrimiento de la escritura—. ¿Qué hizo, entonces, que estos comportamientos aparecieran? ¿Qué utilidad tienen y cuál es su relación con la inteligencia? Sin duda, la curiosidad humana, motor de nuestra inteligencia, tiene mucho que ver con esto. Con las historias, ficticias o no, planteamos y aprendemos escenarios posibles, que pueden ser de utilidad en nuestra vida real. Aunque a veces vayamos más allá y las historias no tienen paralelos en la vida real, lo cual suele hacerlas aún más atractivas. La fantasía es muy atractiva. Y, de hecho, es tan relevante para el ser humano que hablaré extensamente de ella más adelante.

Parece que una de las razones de nuestra atracción por la fantasía es consecuencia, si no directa sí al menos indirecta, de nuestra gran inteligencia. Y es que gracias a la fantasía podemos encontrar una solución, un escape al menos, a un verdadero problema que es fruto de nuestra gran inteligencia: sabemos que todos y cada uno de nosotros nos vamos a morir; antes o después, pero inexorablemente. Es el *miedo a la muerte*. Aristóteles decía que lo más temible es la muerte porque es el fin. Este sentimiento es universal y parece que somos la única especie que lo tiene. Sabemos que hay una amenaza; algo acabará con nosotros, aunque sea dentro de mucho tiempo. Precisamente, y a diferencia de las otras especies animales, el ser humano es capaz y hasta proclive a hacer planes a muy largo plazo. Como parte de nuestra gran inteligencia, se nos da bien revivir el pasado, analizar el presente y elucubrar sobre el futuro. Ninguna otra especie parece capacitada para realizar esta proeza, moviéndose siempre o casi siempre en el corto plazo: horas, días, quizá meses (hay animales que guardan alimentos para cuando escaseen dentro de un tiempo), pero no años.

Esta capacidad de ver el futuro, como la de revivir el pasado, parece deberse en gran parte a una red cerebral que presenta características únicas en el ser humano y que no está tan desarrollada en otros primates. Esta abarca varias zonas del cerebro, de la corteza cerebral concretamente, que están fuertemente interconectadas y que se extienden por los lóbulos frontal, parietal y temporal, especialmente en las denominadas zonas mediales del cerebro, es decir, la parte de la corteza que se extiende en el espacio que queda entre los dos hemisferios cerebrales. Es un circuito muy humano, podríamos decir, pues está activo cuando pensamos en dilemas morales, o cuando estamos intentando adivinar lo que está en las cabezas de otras personas, sus intenciones y propósitos. También cuando se supone que *no estamos haciendo nada*, es decir, cuando estamos a nuestras cosas, en nuestro mundo interior, ignorando lo que ocurre a nuestro alrededor en ese momento. En cuanto algo nos saca de nuestro ensimismamiento, esa red se desactiva. Por eso se la ha llamado, quizá un poco socarronamente, la *red del modo por defecto*. Más recientemente, también se la denomina la *red del estado de reposo*.

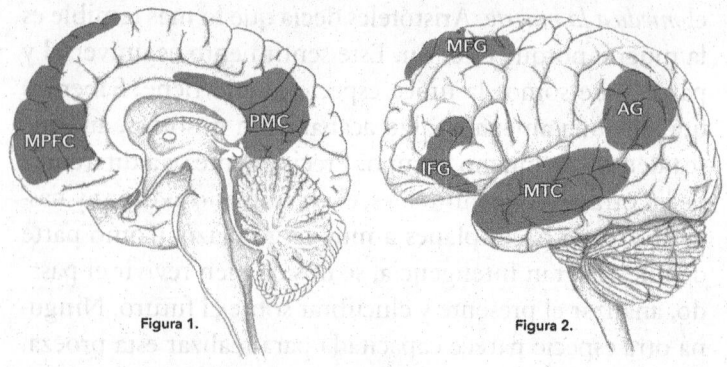

Figura 1. **MPFC:** Corteza prefrontal medio, **PMC:** Precúneo y cíngulo posterior.
Figura 2. **MFG:** Giro frontal medio, **IFG:** Giro frontal inferior, **AG:** Giro angular, **MTC:** Corteza temporal media y polo temporal.

La red del modo por defecto. Cuando «no hacemos nada» se activa esta red en nuestro cerebro.

Cuando esta red se ha explorado en otros primates, se ha visto que existe, pero que no se conecta igual que la humana. Lo más llamativo, de hecho, es que la constituyen menos áreas. Lo mismo ocurre cuando se ha explorado en otros animales, como los ratones. Por tanto, no tendrían esa visión tan global y completa de las situaciones del pasado, del presente y del futuro que nos permite la nuestra. Otros animales activan una red cerebral cuando *no hacen nada*, cuando están ensimismados, pero su mundo interior parece estar lejos de asemejarse al nuestro. No obstante, la red por defecto del chimpancé tiene grandes semejanzas con la nuestra. Las mismas áreas cerebrales estarían también altamente interconectadas. Sin embargo, en el chimpancé esta red presenta dos grandes diferencias respecto a la del ser humano. Por un lado, las partes del hemisferio izquierdo que la componen parecen mucho menos implicadas en la del chimpancé, quizá por el hecho de que carecen de nuestro lenguaje, que es predominante en dicho hemisferio. Por otro, hay una zona de la red por defecto del chimpancé que también está mucho menos implicada que en la humana: las partes mediales del lóbulo parietal (lo que llaman el precúneo y el cingulado posterior). Es esta una de las zonas más relevantes de nuestro cerebro, la que muestra más conexiones de ida y vuelta con el resto de ese órgano, y una de las más aisladas del mundo exterior (está muy distanciada de los sistemas perceptivos y motores del cerebro).

En definitiva, aunque en principio tendría más similitudes con el nuestro que el de otros primates, está claro que el mundo mental interior del chimpancé también muestra notables diferencias con el humano. No sabemos cómo sería la red por defecto de neandertales, *erectus / ergaster* o *habilis*, pero considerando que la del chimpancé se acerca bastante a la humana, me atrevo a creer que la de neandertales podría ser básicamente como la nuestra, quizá incluso también la de *erectus / ergaster*. Por su género evolutivo, eran humanos, y me parece aceptable que ya empezaran a tener o hubieran alcanzado una visión humana del pasado, del presente y del futuro. Es más, no queda claro que otros seres vivos, como el propio chimpancé o el tan inteligente elefante, no tengan rudimentos de ese sentimiento tan terrible que es el miedo a la propia muerte, al menos en algunos momentos aislados. Aunque dudo que lleguen al nivel al que lo hacen los humanos.

EL CONTADOR DE HISTORIAS

El miedo a la muerte parece realmente fruto de nuestra gran inteligencia, un efecto colateral indeseable contra el que hay que hacer algo. Y no solo el miedo a la muerte;

también somos conscientes de que antes o después llegará nuestro deterioro psíquico y físico, asociado a la edad. Eso también es una amenaza. Que el miedo, o al menos la consciencia de estas amenazas, está vinculado a la inteligencia lo demuestra el hecho de que las personas más inteligentes se suelen cuidar más, no solo para prevenir problemas del presente más cercano, sino también del futuro lejano, del final de sus días. Hay una relación entre la inteligencia individual, la salud y la longevidad.

William Faulkner, en su obra *Los rateros*, cuenta una fábula, que cree de origen chino, según la cual hubo un tiempo en que los gatos eran las criaturas dominantes de la Tierra. Estos estuvieron muchos siglos intentando superar las angustias de la mortalidad, que según el relato incluyen el hambre, la enfermedad, la guerra, la injusticia, la necedad o la avaricia, y «definen y constituyen a las sociedades civilizadas». Tras arduas deliberaciones en un importante congreso de los más sabios filósofos gatunos, se llegó a la conclusión de que el problema era insoluble y había que renunciar a obtener ningún resultado positivo, y convertirse en una especie lo bastante optimista para creer que el dilema de la mortalidad podía ser resuelto y lo bastante ignorante para aceptar esa afirmación sin sentir la necesidad de profundizar en la materia. Los seres humanos también hemos llegado a una solución de compromiso como la que propuso el consejo de sabios gatunos. El problema de la muerte está ahí, hay una amenaza real y cierta y podemos pensar sobre ella; pero la mayoría de las veces quizá una buena solución sea hacer como si no existiera.

Pero esta solución no siempre es satisfactoria, qué duda cabe. Nuestra gran inteligencia no nos permite ser tan ignorantes como decidieron los sabios gatunos de la fábula. Al menos no todo el tiempo. Afortunadamente, la misma fuente del problema, nuestra gran inteligencia, ha generado también otras soluciones. Y aquí es donde entraría la literatura, la fantasía, el contar historias. Bien, contar historias es de hecho una solución también para cuando queremos ignorar el problema: nos entretienen, nos permiten desconectar de esa realidad. Y de otras realidades. Pero el poder de las historias que nos contamos va mucho más allá, ya que es capaz de aportar otras soluciones mucho mejores. Sin duda la más ingeniosa y quizá la más extendida, antigua y universal sea la de creernos inmortales. Desde muy antiguo, el ser humano habría creído en una sustancia inmaterial, distinta del cuerpo, que sobreviviría a su muerte. Llamémosla alma, espíritu o como queramos, los nombres y variedades han sido muchos en las distintas civilizaciones. El caso es que nuestra inteligencia nos permite ver que el cuerpo perece, incluso se pudre y degrada; esto es absolutamente evidente e innegable. No hay sin embargo ninguna evidencia de que al cuerpo lo sobreviva un yo o una esencia inmortal, pero que no la haya no supondría evidencia de su inexistencia. He aquí el ardid lógico con el que, a lo largo de la existencia de la humanidad, hemos encontrado una solución de compromiso relativamente aceptable. Es más, puede que algunos indicios, muy presentes en nuestro día a día, sean pruebas de la existencia de esa entidad no corporal. Por ejemplo, los sueños, a los que toda cultura ha dado una gran importancia.

Y ahí están las numerosas historias, cuentos, mitos y leyendas que nos hablan de la vida después de la muerte, de otros mundos que no están en este, pero a los que irían los seres humanos cuando su cuerpo no aguante más. Mundos desde los que podremos seguir en contacto con nuestros seres queridos, vigilarlos, e incluso ayudarlos, cuidarlos. El ser humano, gracias a su gran inteligencia, se cuenta muchas historias que le ayudan a llevar una vida mejor. Es un gran contador de historias. Algunas de ellas son verdaderos tratamientos contra los sinsabores de nuestra existencia, incluyendo los que genera la propia inteligencia, como saber con certeza que algún día nos moriremos. Las historias que nos contamos son esenciales para organizar nuestra vida entera. En la tercera parte hablaré largo y tendido de las historias que se ha contado la humanidad a lo largo de su existencia para, entre otras cosas, sobrellevar la realidad de una ineludible muerte futura. Narrativas que en su inmensa mayoría contradicen los conocimientos científicos. Volveré por tanto a hablar del miedo a la muerte y, también, de cómo podemos afrontarlo desde las narrativas que nos proporciona la ciencia.

LA FELICIDAD DE LA INOCENCIA

Al igual que se suele creer que ser más inteligente implica ser más neurótico —aunque ya hemos visto que no es del todo correcto—, se suele pensar que lo contrario también es verdad: la felicidad de la inocencia. Es como si aquellos seres con una inteligencia inferior, como los animales o los niños, fueran ajenos a la experimentación de emociones negativas, ansiedad, depresión o irritabilidad. Como si no fuera con ellos puntuar alto en neuroticismo.

De nuevo, la realidad de los datos choca de bruces con estas creencias. Empecemos por los niños, miembros de nuestra especie con una capacidad intelectual lógicamente inferior a la que alcanzarán cuando sean adultos. ¿Están libres de depresión, ansiedad y otras emociones negativas? Ojalá. Por desgracia, muchos retoños de *Homo sapiens* sufren bastante, habiendo casos con niveles graves de depresión, ansiedad, miedos, tristeza, irritabilidad o una emoción tan verdaderamente lacerante como la culpa, incluida la culpa patológica (sentir culpa muy frecuente e intensamente). Esto puede ocurrir a edades tan tempranas como entre los tres y los cinco años; ni más ni menos. Afortunadamente, la prevalencia de estos trastornos del ánimo en niños pequeños no es tanta como en los adultos. Mientras que en estos encontramos que cerca de diez de cada cien padecen estos males, en el caso de los niños las cifras se reducen a diez de cada mil. Pero, aunque la prevalencia es menor, estos datos indican que no parece que la inocencia nos haga necesariamente más felices. La relación entre inteligencia y felicidad —o neurosis— sigue sin ser directa. Además, en los adultos, las tasas de depresión y otros trastornos del ánimo van aumentando significativamente con la edad, mientras que los niveles de inteligencia no suelen aumentar; antes incluso puede que ocurra lo contrario. Inocencia o sabiduría y neurosis están por tanto bastante desvinculadas.

Vayamos ahora con los animales. Descubriremos, de nuevo, que su supuesta inocencia no está reñida con la infelicidad. Una inmensa multitud de miembros del reino animal cuenta con dispositivos cerebrales para sufrir. También para sentir placer, afortunadamente, pero lo que nos planteamos ahora es si pueden sufrir. Desde luego que sí, y circuitos implicados en el sentimiento del dolor están presentes por doquier en el reino animal. Muchos de nuestros compañeros de reino, además, cuentan con estructuras cerebrales que los llevan a tener estados afectivos, a constituir lo que llamamos emociones, tanto positivas como negativas. Y cuanto más se acerquen a nuestra línea evolutiva, mayor será la semejanza entre sus estados de ánimo y los nuestros, independientemente de su inteligencia. Tristeza, ansiedad, depresión o irritabilidad no parecen estados exclusivos del ser humano, sino algo relativamente común entre los mamíferos, y posiblemente también entre las aves e incluso los reptiles. Muchos animales enferman de tristeza, algo que vemos con cierta frecuencia cuando están en cautividad. Disminuye su comportamiento sexual, su apetito, su actividad en general, pudiendo incluso llegar a quedarse paralizados, o a darse golpes, a andar o nadar erráticamente. Un animal enfermo de tristeza pierde el sueño y las relaciones sociales.

Si vamos a los animales más próximos a nosotros, los primates (grupo al que pertenecemos), las posibilidades de sufrir ansiedad, depresión o cualquier otra emoción negativa típica de una personalidad neurótica se parecen mucho a las nuestras. De hecho, son bastante altas y comunes. Es más, parece que el ser vivo actualmente más próximo a nosotros desde el punto de vista genético, el chimpancé, manifiesta también los mismos rasgos de personalidad que nuestra especie. Esto quiere decir que hay chimpancés que puntúan alto en neuroticismo. Si esto es así, no era necesario tener la inteligencia de un neandertal para ser susceptible de ser neurótico. Cabe suponer, por tanto, que *ergaster / erectus*, *habilis*, australopitecos y otros ancestros nuestros no habrían estado libres de padecer infelicidad, aun teniendo menos capacidad intelectual.

Parece que estoy tratando el problema de la relación entre inteligencia y emociones en los animales de manera muy simple, como si estuviera diciendo que los animales pueden estar tristes sin ser inteligentes. Esto no es así, evidentemente. Quizá seamos los seres más inteligentes de este planeta, pero no somos los únicos. Lo correcto por tanto sería decir que parece que pueden estar tan tristes o depresivos como nosotros sin ser tan inteligentes. No obstante, cuando exploramos las capacidades intelectuales de los animales podemos sorprendernos. Muchos de ellos saben solucionar problemas complejos y abstractos, incluso aquellos seres que no solemos asociar con la inteligencia, como los cuervos. La inteligencia no es patrimonio exclusivo de los primates. Creo que ha llegado el momento en el que podemos explorar cómo es en otros animales.

4

LA INTELIGENCIA DE OTROS ANIMALES

Detengámonos unos instantes en las capacidades intelectuales de los animales no humanos. Si es verdad que somos la especie más lista del planeta, ¿hasta qué punto están otras especies alejadas de la nuestra en cuanto a inteligencia? ¿Somos muy diferentes en este sentido? En general, nos sorprenderá descubrir de lo que son capaces muchos de los otros habitantes del planeta. La inteligencia no es, ni mucho menos, patrimonio exclusivo del ser humano, ni tampoco de las especies evolutivamente más cercanas a la nuestra, sino una virtud muy extendida.

Aunque no hay una definición única de inteligencia, y en el siguiente capítulo desarrollaremos este concepto, la mayoría de los autores estarían de acuerdo en que tiene que ver con la capacidad para solucionar problemas, especialmente problemas nuevos. En este sentido, debemos tener en cuenta que, en el mundo animal, incluido el nuestro, podemos solucionar problemas de dos maneras. Por un lado, aplicando un patrón instintivo, reflejo; son comportamientos que vienen *de fábrica*, en nuestra herencia genética, y que nos permiten soluciones básicas a problemas básicos. Encontrar comida por el olfato o por los colores, dirigirnos hacia la luz para encontrar recursos o correr ante un peligro son ejemplos de estos comportamientos instintivos, que normalmente son rígidos y estereotipados, es decir, que son siempre iguales y apenas varían. Si nada cambia en el medio ambiente, estas estrategias suelen ser útiles y suficientes. Pero la verdadera inteligencia se va a demostrar en condiciones ambientales cambiantes, y especialmente si estas son impredecibles. Frente a estas circunstancias, las soluciones instintivas pueden no ser adecuadas y hay que encontrar otras, para lo que se necesita flexibilidad: salir del estereotipo, tener en cuenta lo nuevo y buscar una salida airosa que nos permita sobrevivir y reproducirnos. La aparición de un nuevo depredador, un cambio climático notable o la desaparición de recursos antes disponibles pueden suponer novedades ante las que hay que encontrar soluciones hasta entonces desconocidas.

EL CEREBRO DE UN PRIMATE

En el mundo natural, la flexibilidad en el comportamiento, requisito fundamental para solucionar problemas nuevos, la proporcionan los sistemas nerviosos. De ahí que, en general, los sistemas nerviosos (especialmente cerebros) más grandes con relación al tamaño del cuerpo se correspondan con especies más inteligentes. Es como si para un cuerpo de un tamaño concreto se necesitase una cantidad determinada de tejido nervioso y, si se pasa de esta cantidad, el sistema nervioso permitiera más flexibilidad. Los primeros sistemas nerviosos se originaron en el mar. En un primer momento, las células de algunos seres pluricelulares comenzaron a presentar la propiedad de emitir señales eléctricas, y pronto conformaron redes interconectadas con funciones dobles: perceptivas y motoras; es decir, percibir el mundo y actuar sobre él. Esto debió de ocurrir hace unos 600 millones de años. La vida en el planeta Tierra parece haber surgido hace unos 4.000 millones de años, por lo que tuvo que pasar mucho tiempo hasta que aparecieron las primeras neuronas. Nuestro sistema nervioso parece derivarse de una criatura con forma de gusano que se cree el ancestro común de todos los animales con simetría bilateral corporal, es decir, que tienen dos lados del cuerpo, el izquierdo y el derecho, muy similares entre sí, aunque en espejo. Esta simetría bilateral del cuerpo también implicaba una simetría bilateral del sistema nervioso, que estaría organizado a su vez en distintos segmentos a lo largo de un *cordón*. Del diferente desarrollo de esos segmentos fueron surgiendo las diversas partes de los sistemas nerviosos de los vertebrados y, por tanto, de los peces, los anfibios, los reptiles, las aves y los mamíferos. Por este motivo, no es extraño encontrar las mismas piezas básicas en el cerebro de cualquiera de estas líneas evolutivas, con algunas diferencias derivadas básicamente del modo de vida de cada una, de la forma y posibilidades de su cuerpo y de la evolución individual de cada especie.

Así, las mismas piezas que encontramos en un cerebro humano, las encontramos también en cualquier otro mamífero: en un ratón, una foca, un murciélago o un elefante. Todas y cada una de las partes de nuestros cerebros se repiten de una especie a otra: el tálamo, el hipocampo, los ganglios basales, la corteza cerebral... Lo que cambia, básicamente, son sus tamaños relativos, ya que unas especies han desarrollado algunas de estas partes más que otras en función de sus necesidades, de su forma de conseguir alimentos y otros recursos. Si nos acercamos aún más a nuestra línea evolutiva y nos vamos al orden de los primates, veremos cómo las especies que lo componen presentan una serie de importantes rasgos comunes. De hecho, los primates son animales en general muy encefalizados, es decir, su cerebro es muy grande en relación con el cuerpo, siendo los humanos los que más destacan al respecto. En este orden (aunque no en todos sus miembros) los ojos ven tres colores y están dispuestos de frente, de manera que permiten una buena visión binocular o estereoscópica, una visión en 3D gracias a la integración de las imágenes de los dos ojos. A diferencia de lo que ocurre en otros órdenes evolutivos, en los primates el sistema visual es sumamente relevante, pues es necesario para moverse entre las ramas de los árboles sin sufrir frecuentes accidentes, además de para detectar frutos maduros entre la hojarasca verde gracias a nuestra visión tricromática, que permite distinguir tres colores básicos (rojo, verde y azul), algo que no está al alcance de muchos otros animales. El hecho de poseer manos prensiles, relativamente independientes de las funciones para la marcha y la deambulación, a diferencia de los cuadrúpedos, marca también un carácter común dentro de nuestro orden. Por último, su elevado carácter social es también un rasgo distintivo y característico. Esto es manifiestamente exagerado en el caso humano. En definitiva, en el cerebro típico de los primates vamos a encontrar grandes partes de este dedicadas a la visión y al manejo de las manos, así como una corteza cerebral muy extensa, al parecer algo propio de las necesidades de cálculo y procesamiento que exige el complicado mundo social.

Precisamente de la necesidad de resolver los intrincados y muchas veces impredecibles problemas derivados de la convivencia con otros congéneres pudieron venir buena parte de nuestras destacadas capacidades cognitivas, nuestra gran inteligencia. Hablaré de esto con más detalle en otro momento, pero me sirve para argumentar el hecho de que los primates, en general, parecen estar entre los seres más inteligentes de este planeta. Los primates han sido objeto de numerosas investigaciones acerca de la inteligencia en el mundo animal, tanto en cautividad como en estado salvaje. Y los que más interés han despertado en este senti-do han sido los más cercanos a nosotros desde el punto de vista genético, es decir, los llamados grandes simios: chim-pancé, bonobo, gorila y orangután. No obstante, también encontramos comportamientos muy inteligentes en otros primates, y unos de los más estudiados para lo que nos ocupa, dada su relativa abundancia y disponibilidad, han sido los macacos.

Por su mayor encefalización, los sistemas nerviosos del resto de los primates están, de facto, entre los más flexibles del reino animal. Son muy capaces de solucionar proble-mas de diverso tipo, algunos incluso bastante abstractos. De hecho, muchas de las tareas que se les pide en el labo-ratorio son bastante complicadas, y tienen que dar con lo que se les exige sin usar el lenguaje. A veces me pongo en su lugar y pienso que yo mismo no habría sabido descu-brir de qué va la tarea. Así, pueden responder de manera concreta dependiendo de si dos objetos cumplen la condi-ción de ser diferentes o semejantes en una característica (por ejemplo, el color, la forma, el tamaño, etc.), demos-trando niveles de abstracción muy llamativos. En otras ocasiones, por ejemplo, deben presionar en un monitor táctil una serie de cuadrados en orden, según unos núme-ros que aparecían en ellos y que ya han desaparecido, tarea en la que parecen ser más rápidos y eficientes que noso-tros. Esta tarea demuestra, además, que tienen cierta capa-cidad para trabajar con números. Aunque su capacidad para el lenguaje es muy limitada, como ya he dicho, pue-den aprender algunos conceptos y sus símbolos asociados, e incluso emplear una sintaxis relativamente simple. Pue-den solucionar problemas nuevos, retos que los investiga-dores les ponen si quieren conseguir alimento, de manera que son capaces de *ver* mentalmente la situación y llegar por ellos mismos a una solución. Y si para ello tienen que manejar herramientas, esto no suele ser un gran problema, y de hecho algunos ya las usan en su medio natural. Este es especialmente el caso de los chimpancés, que utilizan martillos para abrir nueces o palitos, que preparan cuidadosamente, para sacar termitas de sus nidos. Entre sus capacidades de abstracción tenemos que destacar dos. Por un lado, parecen tener un cierto sentido del *yo* o autoconsciencia, pues pueden reconocerse a sí mismos en un espejo, algo que otras especies no consiguen ni tras infinitos intentos, si bien esta capacidad no parece exclusiva de los primates. Tampoco sería exclusiva su capacidad para el engaño, aunque es verdad que esto lo hacen bastante bien, demostrando entender que los demás tienen una mente independiente, otro ejemplo de su capacidad de abstracción, de ir más allá de lo que se percibe a simple vista, una facultad ligada a la inteligencia.

En la mente de un elefante

Los primates son muy listos, y en parte se parecen mucho a nosotros, que también somos primates. De hecho, el diseño específico del cerebro primate y la disposición de sus piezas es propio y específico de este orden, y hay autores que piensan que el cerebro humano es tan inteligente simplemente porque es un cerebro de primate bastante engrandecido. El chimpancé es realmente listo, pero la parte pensante, racional y con capacidad de abstracción de su cerebro, la corteza cerebral, es tres veces más pequeña que la nuestra; de ahí sus limitaciones. Otros órdenes, sin embargo, no podrían dar lugar a una especie tan inteligente como la nuestra, dicen, ni aun agrandando mucho su cerebro. Es posible que esto sea así, pero no es del todo justo, pues se estaría ignorando lo mucho de lo que son capaces algunas especies de otros órdenes evolutivos. Y es que la inteligencia va mucho más allá de los primates. En este sentido, algunos mamíferos, tales como los elefantes (que son proboscídeos), las orcas y los delfines (que son cetáceos) o los lobos (carnívoros), han sido estudiados con sumo interés. En estas especies es donde más similitudes se han encontrado con la nuestra desde el punto de vista mental, es decir, de lo que piensan, de cómo ven el mundo. Quizá sea así precisamente por ser también mamíferos y sociales. Estos animales muestran intención, planificación, empatía y tantas otras cosas que casi parecen humanos. Y son muy inteligentes.

Los elefantes son una especie realmente fascinante y, aún, muy desconocida. Sus enormes similitudes mentales con los humanos resultan sorprendentes si pensamos que se separaron de nuestra línea evolutiva hace nada menos que 80 millones de años. Un grupo de elefantes que vive entre Kenia y Uganda exhibe un curioso comportamiento que muestra hasta qué punto la inteligencia de esta especie es extraordinaria. Ese comportamiento, desconocido para la comunidad científica hasta los años ochenta del pasado siglo, implica un viaje de varios kilómetros, que realizan una vez al año, con el fin de adentrarse en lo más profundo de una cueva grande y oscura situada en el monte Elgon, un antiguo volcán ya extinto. Curiosamente, en dicha cueva no hay vegetación, que es su principal alimento, y el agua potable que allí hay la pueden obtener más fácilmente en otros sitios. La cueva es no solo oscura, sino también muy peligrosa, con profundas simas. Está llena, por tanto, de riesgos importantes de caída y graves lesiones. ¿Por qué van allí? ¿Por qué hacen ese esfuerzo y corren ese riesgo? Pues nada más y nada menos que para arrancar grandes trozos de roca de la cueva con sus colmillos, llevárselos a la boca y machacarlos con sus molares. Los adultos dan de estos trozos a sus pequeños, que no pueden obtenerlos por sus propios medios. Recorren muchos kilómetros y arriesgan sus vidas para comer rocas, lo que puede parecer un tanto chocante. Pero en la dieta de estos animales, de base vegetal, parece que falta algo muy importante que hay que ir a buscar en esas rocas: cloruros, carbonatos y sulfatos sódicos. Sal, en definitiva. Como dicen quienes han estudiado este comportamiento, parece evidente que estos animales sienten un imperioso *apetito de sal* que los lleva a realizar tal esfuerzo y correr ciertos riesgos simplemente para poder compensar una deficiencia importante en su dieta. La búsqueda de sal por parte de estos elefantes demuestra varias cosas respecto a sus capacidades mentales. Entre estas, destacan su memoria y su capacidad de aprendizaje. Este grupo de elefantes necesita tener un conocimiento detallado de la ruta de acceso a la cueva y, lo que es más importante y complejo, de su interior, ya que dentro de ella no se ve absolutamente nada. Para no caer en ninguna de sus simas, deben conocer todos sus recovecos y rincones, un conocimiento que al parecer se transmite de generación en generación desde hace siglos. La buena memoria de los elefantes no parece, así, ser un mito, sino que tiene fundamento, y la memoria es un rasgo importante de inteligencia. La transmisión de esta compleja información, y su aprendizaje, son muestras también de las enormes capacidades intelectuales de estos animales.

La mente del elefante surgió básicamente en los mismos paisajes que la nuestra, la sabana africana, con similares dificultades, peligros y recursos. Si a esto añadimos su gran cerebro y sus complejas y ricas relaciones sociales, casi tenemos una mente humana, aunque sea sin lenguaje y con un diseño cerebral distinto al de los primates. Sus redes sociales son realmente vastas y están centradas en la familia, existiendo también extensos y duraderos lazos de amistad, que mantienen con gran fidelidad. Son capaces de reconocer específicamente a cientos de otros individuos, y cuando se encuentran al cabo de un tiempo siguen complejos rituales de saludo. Son muestras, una vez más, no solo de su *humanidad*, sino de su gran memoria. Los elefantes, además, al igual que los primates, poseen también rasgos distintivos de personalidad individual; tienen un carácter propio, son individuos en todos los sentidos. También juegan mucho, incluso de adultos. A veces juegan solos, por ejemplo, con huesos u otros objetos. El juego se suele considerar una característica propia de las especies más flexibles e inteligentes, y muy raramente se observa en adultos. Los elefantes, incluso, hacen el tonto, payasean, tienen sentido del humor. Al menos eso es lo que parece, suponiendo que los observadores que así lo afirman no estén cayendo en una especie de antropocentrismo. Por ejemplo, se sabe de ocasiones en las que se colocan arbustos en la cabeza sin ningún objetivo más que el lúdico, el querer parecer graciosos, pues llaman la atención de los demás para que los miren en esas circunstancias. Y, como sabemos, parece haber cierta relación, al menos en el ser humano, entre la inteligencia y el sentido del humor.

Los elefantes son animales muy inteligentes y curiosos, con cierta avidez por la exploración y el tanteo de situaciones y objetos nuevos o desconocidos. Sus lazos familiares son extraordinariamente sólidos y notables, existiendo importantes relaciones entre las abuelas y sus nietos, a los que, junto con sus padres, transmiten cultura y conocimiento. Las madres cuidan con esmero de sus retoños, y en esta labor no están solas, pues prácticamente cualquier otro miembro del grupo (principalmente las hembras) cuidará de los más pequeños. A estos animales, según parece, se les podría atribuir todo un abanico de emociones y sentimientos muy parecidos a los humanos: miedo, dolor, pánico, ansiedad, incertidumbre, furia, odio, paciencia, amor, celos, lujuria, felicidad, ternura, compasión, gratitud, esperanza, modestia, frustración, vanidad, justicia... Según el naturalista Carl Safina, solo habría un sentimiento exclusivamente humano y que nunca encontraremos en un elefante: el autodesprecio. Si es así, en esto demostrarían ser más inteligentes que nosotros.

Hablando de los sentimientos de los elefantes, parece que un comportamiento suyo muy llamativo tiene que ver con su actitud ante la muerte. Más allá del mito de los cementerios de elefantes —esos acúmulos de esqueletos de paquidermos que son fruto más de la casualidad que de intenciones deliberadas—, sí se habría constatado que los elefantes reaccionan ante la muerte de un congénere de maneras muy llamativas. Dicho de otra forma, serían capaces de entender la irreversibilidad de la pérdida de un ser querido, muestran duelo y sufrimiento. Se ha observado, por ejemplo, cómo cubren un cadáver de barro y vegetación, comportamiento con probables fines protectores frente a los depredadores. Ante la muerte de un congénere, impera el silencio y la tristeza. Un estudio incluso comprobó que los grupos de elefantes aumentan sus hormonas relacionadas con el estrés tras la pérdida de un líder importante, aumento que puede durar muchos años. En una ocasión, unos investigadores pusieron a un grupo la grabación de las vocalizaciones de un miembro que había muerto recientemente; el grupo se agitó tremendamente y estuvo buscando al difunto durante días. Los científicos jamás repitieron el experimento. Tal vez estos comportamientos no demuestren necesariamente que los elefantes tengan un sentimiento de miedo a la muerte como el que tenemos los humanos, pero, una vez comprobado el sufrimiento que les provoca, tampoco lo podemos descartar.

LA SABIDURÍA DE LAS ABUELAS

Si se habla de la memoria de los elefantes, ¿qué hay de la astucia de los lobos, otros mamíferos sociales? Efectivamente, parecen tener una gran capacidad precisamente para leer las mentes de los demás, incluidas las humanas. No solo saben qué es lo que otros están percibiendo, sino cuáles son los límites de su conocimiento. Esto se manifiesta en una enorme destreza para el engaño. Por lo demás, y podríamos decir que en la misma línea, son muy observadores, planifican, son flexibles e, incluso, imaginativos. Parece que trabajan con imágenes mentales. Y en cuanto a sus relaciones, aunque suelen ser muy individualistas, tienen una gran capacidad para la cooperación. No en vano suelen cazar en grupo. Son fieles en sus amistades y también con sus parejas, aunque se han observado eventuales y pasajeros episodios de infidelidad. También se sabe de al menos un caso de venganza premeditada y sostenida en el tiempo, lo que sería una indicación de lo sutil y desarrollada que puede ser su mente: un lobo estuvo persiguiendo durante años a un ser humano que había matado a su compañera, esperando la oportunidad para vengarse. Hasta que lo consiguió. Todo esto no demuestra sino las grandes dotes del lobo para la planificación y su excelente memoria, pruebas en definitiva de su gran inteligencia.

Muchas de estas observaciones son, no obstante, anecdóticas, y por tanto pueden tener poco valor desde el punto de vista científico. Pero se van acumulando, y es solo cuestión de dedicar más recursos y tiempo a estudiar a estos animales. Sin embargo, es cierto que estudiarlos en el laboratorio no es viable, por multitud de razones, y eso es lo que está provocando que solo vayamos conociéndolos poco a poco.

Con algunos cetáceos, como las orcas, ocurre lo mismo, aunque en este caso es verdad que se van añadiendo conocimientos muy interesantes y curiosos tras años de observación y experimentación en cautividad, además de en condiciones de libertad.

Como el de muchos cetáceos, el sistema de comunicación de las orcas —aún bastante desconocido— es enormemente complejo. Este lenguaje se acompaña de intrincados sistemas de parentesco y organización grupal, en los que se observan cosas tan curiosas como la menopausia de las abuelas. Solo la especie humana y algunos cetáceos muestran este rasgo, que parece tener un alto valor adaptativo en especies con una rica vida social. Si una hembra mayor deja de procrear pero sigue viviendo muchos años, podrá ayudar a su descendencia a criar, a su vez, a la suya; es decir, a sus nietos. Esto los hace más viables, incrementa su capacidad para la supervivencia, y además propicia que puedan recibir conocimientos directamente de los miembros más antiguos y expertos del grupo. Y es que una orca tiene muchísimo que aprender. Por ejemplo, los lugares donde se encuentra la pesca, que variarán dependiendo de la época del año, de las temperaturas y de otros muchos factores. Se sabe que en periodos de escasez los grupos con mayor presencia de abuelas tienen más oportunidades de supervivencia. Estas capacidades de aprendizaje, memoria y transmisión de conocimientos son una muestra de sus altas dotes intelectuales.

Entre los comportamientos más curiosos de las orcas encontramos sus celebraciones cuando han tenido éxito en la pesca. Dan grandes palmadas, realizan movimientos frenéticos y aumentan sus interacciones sociales y sus juegos. Parecen mostrar alegría, júbilo. Es difícil creer que estos animales no tengan una mente con ciertas similitudes con la humana. Otra curiosidad importante de esta especie es la presencia en su cerebro de un tipo de neuronas, localizadas principalmente en el cíngulo anterior, que solo se encuentran en animales con elevados y complejos niveles de vida social, como algunos cetáceos, los psitaciformes (loros) o los grandes simios —especialmente en el ser humano—. También se han encontrado en los cerebros de los elefantes. Se trata de las células Von Economo o *células en huso*, que son neuronas piramidales modificadas, alargadas, y que se encuentran sobre todo en esa región del cerebro que forma parte del llamado cerebro social. Sería un caso curioso de convergencia evolutiva, pues aparece en especies sin relación evolutiva desde hace muchos millones de años, pero caracterizadas por una compleja vida social.

Los cetáceos son, en general, bastante inteligentes. También los delfines, a los que se lleva investigando también muchos años, son cetáceos, y siempre se ponen como ejemplo de inteligencia animal. Su cerebro es bastante grande con relación a su cuerpo, no tanto como en nuestro caso, pero muy cerca. Se sabe que son espontáneamente capaces de utilizar herramientas, como las esponjas que se ponen en el hocico para remover los fondos marinos sin hacerse daño. Viven en grupos sociales complejos y se comunican entre ellos, e incluso parecen tener sentido del yo. También son muy dados al juego y a la curiosidad, y pueden aprender secuencias complejas de movimientos y acciones, como sabe cualquiera que haya visitado el espectáculo de un delfinario. Sin embargo, son bastante limitados a la hora de solucionar problemas complejos, y sus capacidades para manejar números y cantidades son muy básicas y restringidas. Es posible que su carencia de extremidades haya limitado enormemente el potencial de su gran cerebro, a diferencia de los primates. O de los elefantes, cuya trompa es enormemente versátil y capaz; no en vano posee nada menos que 40.000 músculos.

La inteligencia no es patrimonio exclusivo de los mamíferos. Durante muchos años se creyó que el cerebro de las aves era, si no radicalmente distinto al de los mamíferos, sí al menos muy diferente en aspectos que afectan directamente a la cognición. Se pensaba, así, que una gran parte de su masa cerebral localizada sobre unas estructuras antiguas conocidas como los ganglios basales era fruto del desarrollo de estos y, por tanto, poco avanzada evolutivamente. Las investigaciones de las últimas décadas están demostrando, sin embargo, que lo que en un ave encontramos sobre los ganglios basales tiene exactamente el mismo origen, evolutivo y de desarrollo, que la corteza cerebral humana, la parte más racional de nuestro cerebro. Esa estructura ha resultado ser equivalente a nuestra corteza. Es más, este mismo esquema se puede aplicar a reptiles, anfibios y peces. Por eso, no es de extrañar que encontremos atisbos de gran inteligencia en peces como los tiburones o las rayas. Ambos tienen un gran cerebro y muestran un comportamiento muy flexible y adaptable, con capacidad para ser oportunistas e incluso de anticiparse a las intenciones de otros.

Pero volvamos a las aves. Algunas, particularmente los córvidos y los loros, han mostrado competencias intelectuales increíbles. Ambas tienen cerebros grandes con relación a su cuerpo, y se dice que sus habilidades cognitivas son comparables a las de los grandes simios. Algunos cuervos, por ejemplo, son capaces de construir, doblando un alambre de maneras enrevesadas, herramientas relativamente complejas adaptadas específicamente a cada reto concreto que se les ponga. Así, si para sacar un objeto del fondo de un tubo se necesita un gancho de una longitud y una forma concretas, el cuervo lo fabrica a partir de una varilla recta, con su pico y sus patas, usando la herramienta para conseguir su objetivo con éxito. Lo comentábamos en el primer capítulo: parece que visualizan mentalmente el problema y lo necesario para su solución y actúan en consecuencia. Otras aves de la familia de los córvidos también exhiben comportamientos que parecen manifestar una capacidad para conocer las intenciones y los planes con vistas al futuro de otros individuos. Por ejemplo, la *Chara californiana* guarda muchos de los alimentos que consigue para épocas de carestía, y lo hace escondiéndolos en diversos lugares para que no los encuentren otros. Si se percata de que alguien la ha observado, volverá más tarde, cuando crea que no hay nadie alrededor, y cambiará la comida de sitio. En ocasiones, si detecta que hay un observador cuando está a punto de esconder el alimento, buscará una barrera visual que impida que el otro sepa dónde lo va a hacer. Es difícil creer que estos seres no tengan la posibilidad de entender que los demás poseen una mente independiente, una muestra de su elevada competencia intelectual. Los loros, por su parte, pueden aprender algunos números y hacer cálculos matemáticos simples, incluso aplicando el concepto de cero cuando es necesario.

Aunque no esté necesariamente ligado con las capacidades intelectuales de las aves, estas muestran un comportamiento que parece ser clave para entender una de las características más singulares del ser humano: el lenguaje. Y es que el canto de los pájaros y el lenguaje humano presentan llamativas y curiosas similitudes. El canto de los pájaros es posible gracias a una capacidad innata, que está en su dotación genética, si bien tendrán que exponerse al canto de los adultos para poder aprender los patrones propios de su grupo. Además, deben hacerlo a una edad temprana, pues de lo contrario la capacidad para aprender el canto se pierde, con consecuencias irreversibles. Es exactamente lo mismo que ocurre con nuestro lenguaje, ya que a partir de una capacidad innata y universal aprendemos un idioma concreto, cerrándose el periodo de aprendizaje natural al alcanzar cierta edad. Ya lo comenté en su momento, y es lo que hace que sea muy difícil y suponga un esfuerzo aprender otro idioma cuando somos adultos, mientras que aquel al que estuvimos expuestos de niños lo aprendimos con relativa facilidad. El canto de las aves tiene también estructuras muy complejas, con sonidos organizados jerárquicamente (unas secuencias de sonidos se organizan dentro de otras), al igual que ocurre con las estructuras sintácticas de nuestras oraciones.

Seres de este planeta

Hasta ahora he hablado de la inteligencia en mamíferos y también en otros vertebrados, como las aves. Pero los vertebrados, al fin y al cabo, son un grupo minoritario y relativamente reciente dentro del reino animal. ¿Hasta qué punto está repartida la inteligencia? ¿Podemos encontrar inteligencia en el grupo mayoritario de animales que carece de espina dorsal? La respuesta es un rotundo sí. Al fin y al cabo, no es en la espina dorsal donde se encuentra la parte de nuestro sistema nervioso que nos hace más listos.

El mejor ejemplo lo tenemos en unos seres que algunos autores han descrito como lo más parecido que podemos encontrar para elucubrar y especular acerca de cómo serían los seres inteligentes de otros planetas. Estoy hablando de los pulpos, cuyo fascinante comportamiento ha sido objeto de numerosos estudios en los últimos años. Estos han permitido descubrir que los pulpos tienen realmente una gran inteligencia y una mente compleja, y eso que se separaron de nuestra línea evolutiva hace cientos de millones de años.

El pulpo posee un sistema nervioso compuesto de unos 500 millones de neuronas. Es un número similar a las del cerebro de un mono tití, aunque muy lejos de los 86.000 millones de nuestro cerebro. No obstante, es un número muy importante para una criatura del tamaño del pulpo, siendo en realidad una de las mayores relaciones entre el tamaño del cerebro y el del cuerpo del reino animal. Curiosamente, además, el pulpo no tiene un cerebro o estructura nerviosa realmente única e independiente que rija el trabajo de las demás partes del sistema nervioso, sino que sus circuitos neuronales están muy repartidos por todo su organismo, especialmente por sus ocho tentáculos. En estos se encuentran nada menos que dos tercios del total de sus neuronas. Sus brazos también cuentan con diversos sensores, y no solo para el tacto, sino también para el gusto e incluso para la estimulación lumínica. Realmente, cuando un pulpo explora el mundo con uno de sus tentáculos lo hace de una manera especial, mucho más rica y compleja que cuando nosotros exploramos con nuestras manos.

Los pulpos parecen tener también su personalidad, su temperamento, pues los hay tímidos y asustadizos, temerarios, inquietos o agresivos. Y, como he dicho, son muy inteligentes: abren tarros de rosca, exploran muy activamente cualquier objeto nuevo, sienten gran curiosidad y solucionan de manera flexible diversos problemas que se les presentan para obtener alimento. Por ejemplo, son capaces de solucionar complejos puzles, se mueven bien por laberintos y tienen una sorprendente capacidad para el aprendizaje y el uso de herramientas. También se manejan bien con la medición del tiempo, memorizan complejas secuencias de movimientos y se adaptan pronto a las novedades. Aunque tienen unos ojos muy desarrollados y, por tanto, parte de su mundo mental contiene ricas imágenes visuales, tenemos que recordar la sensibilidad amplia y repartida de sus tentáculos, que les haría tener un mapa de sensaciones con un esquema radicalmente distinto al nuestro. Tengamos en cuenta, además, el medio en el que viven, también muy distinto: un mundo sin gravedad, con poca luz, y donde los sonidos ni son como los que escuchamos nosotros ni se transmiten como lo hacen fuera del agua. Tienen una mente, una forma de pensar y de ver la realidad muy diferente de la nuestra. Pero es una mente inteligente y compleja. Podría ser la de un extraterrestre, pero es la de un molusco del planeta Tierra.

Quizá seamos la especie más inteligente de este planeta, pero desde luego no somos la única.

¿INTELIGENCIA O INTELIGENCIAS?

Cuando hablamos de inteligencia, nos referimos a un concepto que ha resultado ser relativamente complejo y algo escurridizo, especialmente desde que cayó en manos de la ciencia. El concepto surgió inicialmente en nuestro vocabulario a lo largo de la evolución de los lenguajes, de las culturas humanas. Quizá en su origen todo el mundo tuviera claro lo que era la inteligencia y quién era listo y quién no tanto. Hace casi siglo y medio la ciencia se hizo cargo de su descripción y estudio, de la mano de un primo de Darwin y precisamente inspirado por su teoría de la selección natural: Francis Galton. Desde entonces el volumen de conocimientos, definiciones, teorías y clasificaciones sobre la inteligencia no ha parado de crecer.

No hay un consenso unánime acerca de lo que es la inteligencia, pero creo que podremos destilar una idea acerca de a qué nos referimos cuando usamos el término. En el capítulo anterior ya avancé una definición, según la cual la inteligencia tiene que ver con la capacidad para solucionar problemas, especialmente problemas nuevos. Pero hay más. Una definición que debemos al padre de la prueba de inteligencia más conocida y utilizada hasta la fecha, David Wechsler, dice que es la capacidad de un individuo para actuar con propósito, pensar racionalmente y enfrentarse con éxito a su entorno. Otras definiciones destacan la capacidad para comprender ideas complejas, para adaptarse efectivamente al ambiente, para aprender de la experiencia, para implicarse en varias formas de razonamiento, tomar buenas decisiones y solucionar problemas. Para uno de los autores más influyentes en el campo, Robert J. Sternberg, aunque las definiciones sean distintas, todas ellas circundan la idea de que la inteligencia implica la capacidad para aprender conceptos nuevos, formar juicios con dichos conceptos y solucionar problemas basándose en ellos. Yo particularmente me sentiría más satisfecho si de esta última definición extraemos la palabra *conceptos* y definimos la inteligencia como la capacidad para aprender, formar juicios y solucionar problemas, pues haría más fácil y universal su aplicación a todo tipo de situaciones y, especialmente, al mundo animal, donde no siempre queda claro que formen conceptos. La inteligencia es efectivamente un rasgo complejo, abarca varias facetas de nuestro comportamiento y de nuestra mente: aprender, razonar, solucionar problemas. Es la capacidad para adaptarse al medio ambiente, sea social, cultural o natural, y especialmente si ese medio es cambiante. Se trata de tener flexibilidad mental. En palabras del psicólogo Carl Bereiter, la inteligencia es lo que usas cuando no sabes lo que tienes que hacer. Me encanta esta definición tan sencilla y, a la vez, tan potente.

LAS HABILIDADES DE LA INTELIGENCIA

¿La inteligencia es una y la misma cosa o la hay de varios tipos? ¿Hablamos de *la* inteligencia o de *las* inteligencias? Aquí hay bastante discusión. Son mayoría los autores que piensan que hay un factor general de la inteligencia, al que, cariñosamente, llaman g. Esta idea se basa en el hecho de que en multitud de ocasiones quien es más listo en una faceta lo es también en otras. De hecho, es la idea que subyace cuando nos dan una puntuación única para estimar nuestra inteligencia, nuestro Cociente Intelectual o CI, cuya media es 100. Que el que es listo en algo lo sea también en todo tampoco es necesariamente lo que nos vamos a encontrar en muchas ocasiones, de ahí que, aunque haya un factor general de inteligencia o una inteligencia general, también se haya establecido que hay diversos tipos de habilidades mentales (o aptitudes) relativamente independientes. Se las llama habilidades o aptitudes y no inteligencias, pero en principio sería una cuestión de mera terminología, aunque también es verdad que esas habilidades se estiman mediante pruebas muy concretas, mientras que el factor g, o inteligencia general, es una abstracción que iría más allá de los test específicos mediante los que se calcula. De ahí que normalmente se prefiera hablar de inteligencia y habilidades, separadamente.

Esta concepción de la inteligencia es de las más antiguas y la propuso Charles Spearman en 1904. Algunos dicen que esta visión ha muerto, pero la verdad es que todavía está muy presente, aunque con diversas variantes. En cualquier caso, es cierto que la idea de un factor general de la inteligencia sufrió un cierto abandono durante un tiempo, siendo sustituida por la de la existencia de diversas habilidades o aptitudes mentales primarias, que correlacionarían o se relacionarían entre sí, pero obviando la posible existencia de un factor general por encima de todas ellas. Este último no sería sino un mero artefacto estadístico. Esta fue la propuesta realizada en 1937 por Louis Thurstone, para quien nuestras habilidades mentales primarias serían básicamente siete: la comprensión verbal, el razonamiento inductivo (llegar a conclusiones generales tras observar algunos ejemplos, como que todos los perros tienen cuatro patas, aunque no hayamos visto absolutamente todos los perros del mundo), la velocidad perceptiva, la fluidez verbal, la memoria, el razonamiento espacial y la aptitud numérica. La lista de Thurstone, sin embargo, pronto resultó incompleta, y además quedó claro que cada una de esas habilidades primarias se podía dividir, a su vez, en varias capacidades relativamente independientes. El razonamiento espacial, por ejemplo, se sustentaría en la capacidad para generar imágenes mentales, rotarlas, visualizar una situación desde la perspectiva de otra persona, navegar por un espacio tridimensional o percibir patrones visuales, entre otras. De alguna manera, esto llevó a la comunidad científica a rescatar la idea de la existencia de un factor general de inteligencia, ya que parecía haber una cierta jerarquía entre las distintas habilidades, y posiblemente por encima de todas ellas habría un único factor. Dicho de otra forma, se pensó que tal vez existieran factores generales de inteligencia, que en principio podría ser solo uno bajo el cual hubiera unas habilidades amplias: las siete de Thurstone, que en realidad podrían llegar a ser diez. Y por debajo de estas habilidades, y dependiendo de ellas, habría a su vez otras habilidades más específicas, que en total podrían ser en torno a cien.

De hecho, la siguiente contribución importante, debida a Raymond Cattell en el año 1943, rescató a g, pero lo dividió en dos: una inteligencia general fluida y otra cristalizada. La primera, que se bautizó como gf, sería en realidad la más parecida a la g original, y se puede decir, muy brevemente, que se refiere a la capacidad de percibir o detectar patrones y relaciones complejas de la realidad en situaciones novedosas. De nuevo, la flexibilidad mental, la adaptación a un ambiente cambiante o desconocido, parecían de la mayor relevancia. La inteligencia cristalizada, o *gc*, sería más bien el conocimiento adquirido, que es *cristalizado* en la medida en que consiste en información que puede estar presente o no. Es la información que adquirimos por nuestras experiencias, nuestras lecturas o nuestra educación. Se suele decir, aunque esto no sea exactamente así, que la inteligencia fluida depende más de nuestras capacidades heredadas, de la genética, mientras que la cristalizada depende en un mayor grado de nuestra educación. Lo que sí parece indudable es que la inteligencia cristalizada depende bastante de la inteligencia fluida, pues esta facilitaría que aquella se formara con mayor amplitud y solidez, aunque en principio ambos tipos de inteligencia sean dos cosas distintas.

La cuestión se complicó un poco más de la mano de un discípulo de Cattell, John Horn, quien en realidad corroboró la propuesta de su maestro, pero la amplió significativamente. Para Horn habría varias inteligencias generales en cuanto a capacidad o aptitud mental: la inteligencia fluida, la memoria a corto plazo (o capacidad de retentiva durante unos segundos o minutos) y la velocidad de procesamiento. Habría igualmente varias capacidades de carácter perceptivo: al menos, la capacidad de percepción auditiva y la visoespacial. Por último, habría también capacidades relacionadas con la experiencia, como la misma inteligencia cristalizada, el conocimiento cuantitativo (la capacidad de recordar cantidades y cifras específicas) y la capacidad de recuperar de manera fluida el conocimiento ya almacenado. La cosa no se quedó ahí, y en 1993 irrumpió en el campo un científico ya retirado que empleó sus años de jubilación en analizar los 416 estudios publicados hasta la fecha acerca de las capacidades y factores de la inteligencia. Se trataba de John Carroll, quien concluyó que existirían un factor general de inteligencia o inteligencia general, nuestra famosa *g*, y ocho capacidades generales que contribuirían a ella. De mayor a menor contribución a *g*, para Carroll esas capacidades eran la inteligencia fluida, la inteligencia cristalizada, la percepción visual, la percepción auditiva, la capacidad de memoria y aprendizaje, la fluidez en la recuperación de la información almacenada, la rapidez cognitiva y la rapidez o velocidad para tomar una decisión.

LA TEORÍA CHC

El caso es que la cosa no quedó ahí, por si nos había parecido poco. Carroll y Horn tuvieron años de discusiones y debates (Cattell fallecería en 1998) y llegaron finalmente a un consenso, conocido como la teoría de las capacidades cognitivas de Cattell-Horn-Carroll (teoría CHC). Hubo un punto, no obstante, en el que nunca se pusieron de acuerdo, y para el que aún no parece haber una respuesta definitiva: la existencia real de *g*, la inteligencia general por encima de cualquier capacidad. Para Horn, esta era un mero artefacto estadístico; para Carroll era una capacidad real. Lo cierto es que ambos coincidían en que *g* y la inteligencia fluida eran casi idénticas.

El resultado final de esas discusiones, la teoría CHC, es prácticamente la última contribución importante al campo de las diferentes inteligencias y capacidades cognitivas, y se puede decir que la vigente hoy en día, aunque se siga perfilando y desarrollando. La teoría CHC enumera una serie de capacidades intelectuales agrupadas según sean de carácter motor, perceptivo, de procesamiento cognitivo (a las que denominan *de atención controlada*) o de conocimiento adquirido. En cada grupo tendríamos a su vez capacidades distintas según la cualidad o el tipo de información de que traten y la velocidad específica con que se maneja esa información. Es decir, se trata no solo de hacer las cosas bien, sino de hacerlas en menos tiempo. Todas ellas contribuirían, en mayor o menor medida, a las inteligencias más generales, es decir, a las ocho que propuso Carroll o a las dos originales de Cattell, fluida y cristalizada. Y, en última instancia, a *g*.

Como decía, la teoría CHC propone por un lado la existencia de un grupo de capacidades de carácter motor, a las que denomina *habilidades psicomotoras*. Este grupo de habilidades intelectuales sería muy necesario, por ejemplo, en deportistas. Particularmente en algunas modalidades deportivas, como la gimnasia artística, se llevarían al extremo. Por otra parte, en el grupo de capacidades de carácter perceptivo, o *habilidades de procesamiento perceptivo*, el modelo menciona dos, una para la información visoespacial y otra para la auditiva, aunque se admite la posibilidad de expandirlo a otras modalidades, como la táctil, olfativa, gustativa o kinestésica (del estado de los músculos). Un buen ejemplo del uso de estas habilidades lo tendríamos en un catador de vinos, donde la percepción gustativa, olfativa y visual son absolutamente fundamentales para realizar bien su trabajo. Tanto las habilidades psicomotoras como las de procesamiento perceptivo tienen sus componentes de velocidad, es decir, que se pueden ejecutar con mayor o menor rapidez.

De especial interés son las *capacidades de atención controlada*, que ya he mencionado como capacidades de procesamiento cognitivo, más allá de la percepción y la acción. Mucha gente podría pensar que solo esto es a lo que verdaderamente llamamos inteligencia, pero no es así; según la teoría, estas capacidades no son sino una faceta más de aquella. En este grupo se encuentra el razonamiento fluido, o capacidad general para reconocer patrones y regularidades, que incluye dos tipos de razonamiento: el inductivo, que consiste precisamente en descubrir patrones o regularidades, y el deductivo, es decir, aplicar un patrón descubierto mediante razonamiento inductivo para generar nuevo conocimiento. Por ejemplo: mediante razonamiento inductivo llego a la conclusión de que todos los perros tienen cuatro patas, por lo que deduzco que el próximo perro que me encuentre tendrá cuatro patas. Tanto el razonamiento inductivo como el deductivo son fundamentales para la ciencia, pues estas son precisamente las herramientas que tienen los científicos para describir el mundo, pero es algo que necesitamos también en multitud de ocasiones de la vida diaria. Por ejemplo, si las veces que has comido almendras has tenido problemas digestivos, ya no querrás volver a comerlas, porque por razonamiento inductivo has llegado a la conclusión de que te sientan mal; si, por un descuido, acabas de comer un pastel que contiene almendras y te informan de ello, mediante razonamiento deductivo esperarás sentirte mal en unos minutos.

Otro ejemplo de capacidad de atención controlada es la memoria de trabajo. Este es un tipo de memoria, o de atención, en el que manejamos información mentalmente y trabajamos activamente con ella. No es exactamente la memoria a corto plazo, sino un tipo de ella, en el que lo que la caracterizaría es que se trabaje activamente con la información almacenada. Así, memoria a corto plazo sería simplemente almacenar mentalmente una secuencia de números en su orden, por ejemplo, 3-7-9-2-5-1-8, mientras que ya hablaríamos más propiamente de memoria de trabajo si esos números los tenemos que invertir de orden: 8-1-5-2-9-7-3. El propio lector puede con este ejemplo evaluar su memoria de trabajo o la de un familiar, que correlaciona bastante bien con g: la media para inversiones del orden de números sin errores suele estar en cinco dígitos; los siete que he puesto en el ejemplo suelen ser un reto algo difícil. Las capacidades de atención controlada, cómo no, también incluyen un componente de velocidad, es decir, que se pueden ejercer con mayor o menor rapidez. Es lo que se conoce como fluidez de procesamiento.

Finalmente, en la teoría CHC se da una importancia especial al conocimiento adquirido. Este, lógicamente, puede ser de muy variado tipo: artístico, social, de la realidad física y biológica, y un largo etcétera. Un papel relevante aquí lo ocupa el conocimiento lingüístico, particularmente el vocabulario. El conocimiento adquirido, sea del tipo que sea, y al igual que los otros tipos de capacidades intelectuales, también tiene un componente de velocidad, que se reflejaría en la eficiencia con la que se aprenden las cosas y la facilidad para recuperar esos conocimientos.

La inteligencia más allá de los test de inteligencia

El lector puede haber sacado la idea de que con esta lista tan larga y aparentemente exhaustiva de las capacidades o aptitudes intelectuales agotamos todas las posibilidades de la inteligencia humana. O puede que no, que su intuición le diga que tiene que haber algo más. Muchas de las capacidades que hemos visto hasta ahora, si no todas, tienen mucho que ver con el rendimiento académico, con la obtención de mejores o peores notas en el ciclo educativo de una persona. Sin duda, lo que estamos midiendo al estimar las capacidades intelectuales de la teoría CHC se parece mucho a lo que nos están pidiendo en un examen en la escuela, el instituto o la universidad. Pero hay vida mucho más allá de las instituciones académicas. Existe la vida cotidiana, la convivencia con otras personas, los problemas del día a día, muchos de los cuales no se solucionan con una operación aritmética o recordando la lista de los reyes godos. Cuando una persona lleva una vida plena, exitosa en sentido personal y económico, con sus necesidades cubiertas, con el futuro asegurado, sin conflictos intra o extrafamiliares, ¿lo ha conseguido por tener un CI elevado según los test de inteligencia al uso? El más conocido, el test de Wechsler o WAIS (para Wechsler Adult Intelligence Scale, o test de inteligencia para adultos de Wechsler), y su versión para niños, el WISC (Wechsler Intelligence Scale for Children), por ejemplo, miden básicamente varias de las capacidades enumeradas por la teoría CHC, como la comprensión verbal, el razonamiento perceptivo, la memoria de trabajo y la velocidad de procesamiento. ¿Tener un alto CI medido por el WAIS es sinónimo de tener una vida de éxito, una vida envidiable?

Algunos autores hace tiempo que se dieron cuenta de que la visión de las teorías y concepciones de la inteligencia más académica podía ser muy limitada, y elaboraron propuestas que contemplaban otros tipos de habilidades —de inteligencias, en definitiva— necesarias para el desempeño en diversas facetas del tan variado comportamiento humano. No todos los autores estarían de acuerdo con estas propuestas, sin embargo, y ciñen su concepto de inteligencia estrictamente a lo que miden test como el WAIS, a las aptitudes de la teoría CHC. Pero algunas son muy conocidas, han tenido cierto éxito y se sigue hablando de ellas. Vamos a comentarlas.

Quizá una de las más conocidas es la teoría de las inteligencias múltiples de Howard Gardner. Según esta, habría al menos ocho tipos diferentes de inteligencia, algunas de las cuales coinciden de alguna manera con habilidades del modelo CHC, pero no todas. Así, estaría la inteligencia lingüística, referida al uso de palabras y del lenguaje en general, permitiéndonos escuchar, hablar, leer y escribir eficientemente. Sería una inteligencia necesaria para la poesía, leer novelas o para el debate. La inteligencia lógico-matemática nos sirve, como su nombre indica, para resolver problemas lógicos y matemáticos, de relaciones causales, geométricas o de álgebra, entre otras. La inteligencia visoespacial tampoco es muy diferente de las aptitudes correspondientes propuestas por el modelo CHC, como rotar objetos mentalmente o imaginar varios objetos con sus relaciones espaciales. Muy útil, por tanto, para organizar las bolsas en el maletero del coche, entre otras cosas. La inteligencia corporal-cinestésica, por su parte, se refiere al control y manejo de nuestros propios movimientos corporales y su relación con el espacio. Se usa para bailar, o para diversos tipos de deporte, como el fútbol, el baloncesto o el tenis, y no sería por tanto muy diferente de las habilidades psicomotoras de la teoría CHC.

Las principales diferencias con este modelo, de hecho, las vamos a encontrar en los siguientes tipos de inteligencias propuestos por Gardner. Así, la inteligencia interpersonal la necesitamos para relacionarnos con los otros, e implica el reconocimiento de las emociones, estados de ánimo y motivaciones de aquellos con los que nos relacionamos, así como la elaboración de respuestas adecuadas a los mismos. Esta inteligencia, curiosamente, coincidiría, al menos en parte, con la conocida como inteligencia emocional o con la inteligencia social, de las que posteriormente hablaremos más extensamente. También existiría la inteligencia intrapersonal, o comprensión y conocimiento de uno mismo, relacionada con la autorreflexión y el conocimiento de nuestras posibilidades y debilidades. Gardner también nos habla de una inteligencia musical, utilizada para cantar o tocar un instrumento, para la comprensión y la producción de música en general, incluida la capacidad para leer partituras. Por último, Gardner nos habla de una inteligencia naturalista, utilizada para reconocer patrones en la naturaleza y así, por ejemplo, identificar tipos de rocas, clasificar plantas o distinguir animales peligrosos de los que no lo son, muy útil por tanto para cazadores-recolectores y biólogos.

La teoría de las inteligencias múltiples, sin embargo, no parece haber recibido todo el apoyo empírico necesario para que sea aceptada por la comunidad científica y, en general, se la tiene por una propuesta con poca base científica. La supuesta independencia entre las ocho inteligencias, por ejemplo, punto fuerte de la teoría, ha sido sistemáticamente descartada. Y tampoco queda claro por qué son esas ocho las inteligencias que definen las capacidades intelectuales del ser humano y no otras.

Una teoría que en cambio ha recibido algo más de aceptación y apoyo académico es la de Robert J. Sternberg, conocida como teoría de la inteligencia exitosa o *teoría triárquica de la inteligencia*. Sternberg pretende ir más allá de las *teorías del CI*, cuyas capacidades estarían incluidas dentro de las inteligencias de su modelo, aunque estas serían más completas e integradoras. De hecho, la inteligencia *de verdad* sería la inteligencia exitosa, que se define básicamente como la capacidad para perseguir y lograr las metas que uno se plantee en la vida en función del contexto sociocultural en el que uno está inmerso. Para ello, uno debe utilizar sus fortalezas y capacidades, pero también corregir o mejorar sus debilidades. Y todo con la finalidad de adaptarse con éxito al entorno, o bien para cambiarlo o, en última instancia, seleccionarlo, elegir aquel en el que uno pueda tener más éxito según sus capacidades y limitaciones. Dicho esto, las tres amplias inteligencias que propone Sternberg como necesarias para una buena inteligencia exitosa son la inteligencia analítica, la creativa y la práctica. La primera nos permite identificar y definir los problemas, localizar los recursos necesarios para solucionarlos, usar diferentes formas de representar y organizar la información y establecer y evaluar estrategias para resolverlos. La llamada inteligencia creativa tiene más que ver con las diferentes formas de definir o redefinir un problema, pues de la originalidad de este proceso puede depender el encontrar una solución nunca antes vista. Para ello, hay que tener tolerancia a la ambigüedad e incluso *arriesgarse intelectualmente*, ser capaz de generar ideas nuevas que puedan parecer descabelladas. La inteligencia creativa también implica identificar y sortear obstáculos que puedan impedirnos conseguir nuestras metas, e incluso ser capaces de retrasar la gratificación. A veces, una posible solución es inmediata pero solo parcial e incompleta, no del todo satisfactoria; conviene esperar a encontrar soluciones mejores. Por último, la inteligencia práctica conlleva automotivarse, perseverar en su justa medida y poner las ideas en práctica sin dejarlas *para mañana*. Esta última inteligencia también implica no echar la culpa a quien no le corresponde, evitar la excesiva autocompasión y confiar en uno mismo de manera realista. Para ser bueno en estas tres inteligencias se necesitan una serie de habilidades o capacidades intelectuales, solo algunas de las cuales serían las estipuladas por la teoría CHC y los modelos clásicos de la inteligencia.

INTELIGENCIA EMOCIONAL

A pesar de las distintas propuestas, son mayoría los autores que se mantienen en la idea de que, estrictamente hablando, la inteligencia debe entenderse como lo que miden los test clásicos de inteligencia como el WAIS y nada más. Sin embargo, estoy seguro de que el lector habrá oído hablar de la inteligencia emocional, un término muy presente en numerosos foros de nuestra sociedad. ¿Es la inteligencia emocional un tipo de inteligencia? De hecho, la inteligencia interpersonal de Gardner coincide en parte con el concepto más extendido de inteligencia emocional: la capacidad de procesar información compleja sobre las emociones de uno mismo y de los demás y usarla apropiadamente para pensar y actuar. Sin embargo, ya hemos visto que la propuesta de Gardner tiene poco eco en la comunidad científica. Para muchos autores, hablar de inteligencia al referirnos a la capacidad para entender las emociones propias y ajenas no es en sí inteligencia. Sería como un sacrilegio. En realidad, dentro del mundo académico, el término inteligencia emocional es más aceptado como un componente de nuestra personalidad, como una de las variables que forman parte de uno de los cinco grandes rasgos de la personalidad: la amabilidad. También podríamos relacionarlo con la empatía.

Esta discusión me trae a la memoria el mito del genio torturado del que hablé en un capítulo anterior. Allí expliqué cómo la inteligencia y las emociones son relativamente independientes, si bien es cierto que a más altos niveles de CI —medido mediante pruebas clásicas como el WAIS—, más probabilidades hay de llevar una vida feliz. La correlación no es necesariamente muy alta, una cosa no garantiza la otra. Pero la relación existe y parece bastante sólida. Un CI alto ayuda a ser más feliz, aunque inteligencia y habilidades emocionales sean en principio dos cosas completamente distintas. Cuando miramos en el cerebro, no obstante, la total independencia entre inteligencia y emociones es relativamente ambigua. Es un clásico muy conocido que en el cerebro tenemos áreas y circuitos neuronales distintos para las emociones y para la cognición —en el último caso, para la planificación, la atención, el razonamiento, la memoria y otras tantas habilidades que subyacen a la inteligencia en sentido estricto—. Sin embargo, según se va acumulando la evidencia en los últimos años, resulta que se confirman dos cosas que me parecen sumamente interesantes e importantes. Por un lado, que los procesos cognitivos nunca o casi nunca son asépticos, libres de emociones o totalmente ajenos a ellas. Por otro, que las llamadas áreas y estructuras emocionales del cerebro también participan, y al parecer de manera importante, en procesos cognitivos puros y duros; y viceversa, que las áreas más cognitivas también están implicadas en el procesamiento de las emociones.

Cuando estamos de buen humor o sentimos una emoción positiva, como la alegría, no pensamos igual que cuando estamos enfadados o tristes. En el primer caso, es muy frecuente que tendamos a solucionar los problemas de forma heurística, es decir, utilizando *atajos mentales*, formas un tanto relajadas de pensar que conllevan poco esfuerzo y que, por tanto, pueden llevar fácilmente a error. Un ejemplo en este sentido es pensar que un producto es bueno simplemente por ser caro, sin analizarlo o estudiarlo en detalle. Por contra, la forma más común de razonar bajo estados emocionales negativos suele ser más analítica y detallada. Por alguna razón, nuestro cerebro se pone en el modo de «hay algún peligro» o «algo va mal» y se esfuerza por superar esa posible situación. La atención, en principio un proceso puramente cognitivo, es mucho mayor hacia estímulos con connotación emocional, especialmente si son estímulos peligrosos o amenazantes, por razones obvias de supervivencia. A la memoria le pasa exactamente lo mismo; aquello que tiene cierto tono emocional tiene mayores probabilidades de ser recordado que lo anodino y poco importante. El ejemplo que pongo siempre es que recordamos bastante bien nuestras vacaciones de hace un año —o más— pero nos cuesta recordar lo que cenamos el jueves pasado, aunque haya transcurrido menos tiempo. Hablaré más detenidamente de la memoria humana en el capítulo siguiente. Por último, las emociones también afectan al lenguaje, pues, por ejemplo, cuando estamos de buen humor somos capaces de entender lo que nos dicen de manera más abierta y creativa, de aceptar realidades aparentemente disparatadas o admitir errores con más facilidad que cuando estamos de mal humor. Todo esto son consecuencias de cómo las emociones o los estados emocionales pueden afectar al pensamiento. Pero el efecto también se da en la dirección opuesta, y la atención, el lenguaje, el autocontrol o nuestras decisiones también pueden ejercer un impacto muy importante sobre nuestras emociones. Esto lo saben bien quienes utilizan muchos de estos procesos en la terapia psicológica. Volveré sobre esto más adelante.

Es cierto que el cerebro presenta estructuras principalmente emocionales y otras básicamente cognitivas, pero no están aisladas unas de otras. Antes al contrario, están muy estrechamente interconectadas. Pongamos por ejemplo la estructura cerebral emocional por excelencia, la amígdala. Se trata de un pequeño núcleo con una forma similar a la de una almendra (y de ahí su nombre, que significa *almendra* en griego) que se sitúa en las profundidades de cada uno de los dos lóbulos temporales. Puede, como se ha dicho, que la amígdala sea la estructura más emocional del cerebro, pero está muy estrechamente interconectada con prácticamente toda la corteza cerebral, desde las áreas perceptivas hasta las motoras y todas las de asociación. No habría, pues, percepción, acción o procesos intermedios que no conlleven recibir o enviar información a la amígdala. En el otro extremo, se suele decir que la región cerebral más cognitiva quizá sea la corteza prefrontal dorsolateral. Es el lugar más importante para los llamados *procesos ejecutivos*: la monitorización y control de nuestro comportamiento, las decisiones, dirigir nuestra atención de manera voluntaria o impedir que realicemos un acto inapropiado son algunos de estos procesos ejecutivos (por ejemplo, el autocontrol que impide, en ocasiones, que dejemos con la palabra en la boca a alguien que nos parece un pesado, pero con quien seguimos hablando por cortesía). Esta corteza dorsolateral prefrontal no solo está muy bien conectada con la amígdala y otras estructuras más propiamente emocionales, sino que también participa de manera activa en la clasificación y valoración de las emociones que sentimos o sienten los demás. Lo emocional y lo cognitivo coexisten y conviven en buena armonía en nuestro cerebro. Quizá el ejemplo más llamativo en este sentido lo tenemos en la red por defecto, ese conjunto de regiones cerebrales que nos permitía fantasear, pensar en el futuro o recrear situaciones pasadas; esa red que se pone en marcha cuando estamos ensimismados. Ya he hablado de ella. Pues bien, los últimos estudios sobre el cerebro emocional ponen de manifiesto la tremenda importancia de esta red para nuestras emociones, pues sería imprescindible para definir y entender exactamente qué emoción estamos sintiendo en cada momento. Esto es así para absolutamente todas las emociones, y especialmente para las llamadas emociones sociales, que son las más complejas: el orgullo, la culpa o la vergüenza, entre otras. Sin esta red solo sentiríamos afectos o sensaciones corporales; lo que les da sentido, y un nombre, sería la red por defecto. Lo interesante, también, es que esta red también sería el punto culminante de las abstracciones que realiza el cerebro, la parte con la que entendemos lo más recóndito y oculto de la realidad. Nuestro sistema semántico o conceptual, que remite a los significados de las palabras, necesita, y de manera importante, esta red por defecto, que sería algo así como el *top* de dicho sistema.

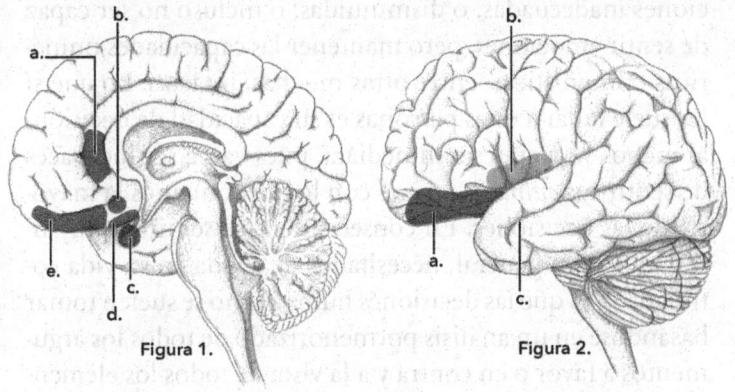

Figura 1: **a.** Cíngulo anterior, **b.** Núcleo accumbens, **c.** Amígdala, **d.** Hipotálamo, **e.** Corteza orbifrontal / Corteza ventromedial prefrontal.

Figura 2: **a.** Corteza orbifrontal, **b.** Ínsula anterior, **c.** Surco temporal superior.

Las principales estructuras del cerebro afectivo o emocional.

EMOCIÓN Y COGNICIÓN

Aunque es verdad que emociones y cognición se relacionan, y que algunos autores incluso están convencidos de que no habría razón para distinguirlas, lo cierto es que la mayor parte de la comunidad científica aboga por su independencia. Yo personalmente también lo veo así: razón y emoción están muy entrelazadas, la mayoría del tiempo —o puede que siempre— trabajan en sincronía; pero en el fondo son dos cosas distintas. Un autor destacado a este respecto es el psicólogo Reuven Bar-On, que señala cómo muchos pacientes que sufren lesiones graves en sus regiones cerebrales más emocionales pueden, no obstante, mantener sus funciones cognitivas relativamente intactas y tener puntuaciones normales en test de inteligencia como el WAIS. Efectivamente, se puede dar el caso de sentir emociones inadecuadas, o disminuidas, o incluso no ser capaz de sentir emociones, pero mantener las capacidades numéricas o lingüísticas, entre otras muchas, intactas. Lo que sí les suele fallar a estas personas es su capacidad de decisión, al menos su respuesta inmediata, pues van a ser incapaces de sentir sus *entrañas*, que es con lo que tomamos la mayoría de las decisiones. En consecuencia, se sentirán muy limitados y, en general, necesitados de ayuda en su vida cotidiana. Y es que las decisiones humanas no se suelen tomar basándose en un análisis pormenorizado de todos los argumentos a favor o en contra y a la vista de todos los elementos de información necesarios. Volveremos sobre esto en la segunda parte de este libro.

Curiosamente, sin embargo, Bar-On no solo defiende la existencia de la inteligencia emocional, que sería diferente e independiente de la cognitiva o más convencional y académica, sino que considera que ese tipo de inteligencia es también social, de ahí que la llame *inteligencia emocional-social*. Lo emocional y lo social serían básicamente lo mismo para Bar-On, y ambas dimensiones de este tipo de inteligencia se pueden medir conjuntamente mediante un test específico cuyo resultado final nos daría un *cociente emocional*, a semejanza del cociente intelectual de toda la vida. Es curioso, porque uno de los autores más conocidos, prolíficos y controvertidos de la inteligencia emocional, Daniel Goleman, también acabó llegando a la conclusión de que lo que él había estado llamando inteligencia emocional bien podría llamarse inteligencia social, y que incluso podría ser un nombre más apropiado. El cociente emocional se obtendría de promediar el resultado obtenido en cinco subescalas. Dos de ellas nos recuerdan mucho a algunas de las inteligencias múltiples de Gardner, concretamente las subescalas intrapersonal e interpersonal. En la primera se evalúa hasta qué punto uno conoce, comprende y acepta sus propias emociones, las expresa constructiva y adecuadamente y es independiente emocionalmente. En la segunda, hasta qué punto uno entiende las emociones de los demás, se identifica con ellas y muestra comportamientos de cooperación. Una tercera subescala mide la capacidad para manejar el estrés; en definitiva, para manejar y controlar nuestras emociones efectiva y constructivamente. En una cuarta subescala, denominada adaptabilidad, se mide la capacidad para ajustar las emociones a las demandas reales de las situaciones y para adaptarlas cuando las circunstancias cambian, incluyendo la posibilidad de solucionar problemas intra e interpersonales eficazmente. La quinta y última subescala, o estado de ánimo general, mide hasta qué punto somos optimistas y estamos satisfechos con la vida.

Efectivamente, visto así, desde la perspectiva del test de inteligencia emocional de Bar-On, está claro que lo social y lo emocional serían prácticamente una y la misma cosa, o al menos que están muy interconectados. Cuando miramos al cerebro, hay que reconocer que este punto de vista parece tener buena parte de razón. Muchas de las estructuras cerebrales del llamado *cerebro emocional* coinciden con las del llamado *cerebro social*. En general, estructuras como la amígdala, el cíngulo (en sus divisiones anterior y posterior), la corteza orbitofrontal, la ínsula, el surco temporal superior e incluso la corteza somatosensorial primaria y surcos adyacentes son partes tanto del cerebro emocional como del social. Pero también parecen serlo otras partes del cerebro consideradas de vital importancia para diversos procesos cognitivos superiores. Como la corteza dorsolateral prefrontal, de la que ya he hablado precisamente por su carácter eminentemente cognitivo, y también por sus buenas y estrechas relaciones con la amígdala. Sin embargo, hay autores que van más allá y encuentran que esta parte de la corteza es de vital importancia para sentir emociones, y no solo por sus conexiones con la amígdala. Y me gustaría destacar aquí a otra vieja conocida: la red por defecto. He dicho que es cognitiva, dado que se trata del *top* de nuestro sistema conceptual, y también dije que la necesitamos para definir nuestras emociones, porque sin ella solo tendríamos afectos o sensaciones corporales indefinidas. Pues bien, el carácter social de esta red es ineludible, es quizá también el *top* del cerebro social, lo más social del mismo. Es la parte del cerebro que nos permite entender en última instancia lo que pretenden los otros y cómo nos podemos mover correctamente en sociedad. Recientes investigaciones nos muestran la gran capacidad que tiene la red por defecto del cerebro de una persona para sincronizarse con las de otras, especialmente si hay *conexión*, si ambas están atendiendo una misma situación y compartiendo información.

NUESTRA INTELIGENCIA SOCIAL

En general, podríamos decir que lo cognitivo, lo emocional y lo social conviven en buena armonía en el cerebro humano y que están muy entrelazados. Las tres vertientes son muy características y definitorias del ser humano, más allá del tópico de que somos seres eminentemente racionales. Por eso quizá se confundan con cierta frecuencia la inteligencia cognitiva (académica o clásica), la emocional y la social. Pero que se confundan no quiere decir que sean lo mismo. Ya he dicho que lo cognitivo y lo emocional parecen independientes; y coinciden en algunas partes del cerebro, pero no en todas. Lo emocional y lo social tampoco son exactamente lo mismo, y en el cerebro, de nuevo, coinciden en algunas partes, pero tampoco en todas. Que algunos test de inteligencia emocional midan también aspectos sociales de nuestro comportamiento podría no ser más que un artificio de estas herramientas, formadas a partir de un modelo teórico particular. Recordemos que muchos autores no estarían de acuerdo en llamar inteligencia a las habilidades sociales o emocionales, sino que estas pertenecerían al ámbito de la personalidad o que, a lo sumo, formarían parte de algunas de las aptitudes que subyacen a la inteligencia cognitiva, a la *verdadera* inteligencia.

No obstante, el motor evolutivo de nuestro cerebro podría haber sido nuestro carácter social. De esta circunstancia nacerían nuestras elevadas capacidades cognitivas: nuestro poder de abstracción, de cálculo, de hablar (con sus vertientes fonológica, sintáctica y semántica) y de tantas cosas. Nuestra elevada inteligencia, en definitiva. Aunque luego en el cerebro cada una de estas facetas se pueda separar, e incluso independizar en cierta medida, la existencia de una gran inteligencia podría haber sido fruto de la necesidad para moverse con éxito en el complejo mundo social. Y lo emocional se añadiría a la ecuación simplemente porque las emociones son la razón de todo; siempre nos moveremos por la necesidad de sentir emociones positivas y de evitar las negativas. Cuando miras la evolución de nuestro cerebro te das cuenta de que este se ha ido haciendo cada vez más grande, hasta el punto de llegar al límite de lo permisible en términos de eficacia y gasto energético. Un cerebro más grande implicaría conexiones más largas y, por tanto, más lentas e ineficaces. Representando un 2 por ciento de nuestro peso corporal, el cerebro humano consume un 20 por ciento de toda la energía que obtiene el cuerpo, algo que, como ya he comentado, solo podemos mantener sin tener que estar todo el día comiendo gracias al cocinado de los alimentos. ¿Y esto para qué? En realidad, para la supervivencia y la reproducción —es decir, para obtener recursos alimenticios y protegernos de nuestros depredadores y otra serie de amenazas ambientales—no necesitábamos tanto cerebro. Con bastante menos nos podríamos haber arreglado. De un tiempo a esta parte diversos autores han propuesto que nuestro cerebro se hizo tan grande para poder calcular, analizar, responder y afrontar con éxito las complejidades del mundo social. A mí esta idea me parece muy aceptable.

Las intenciones de los demás, la información que poseen y la que no poseen, sus posibles reacciones, sus deudas y sus deudores, sus emociones, sus pensamientos e intenciones, sus objetivos, sus anhelos, de lo que son capaces y de lo que no, su personalidad, e incluso sus nombres, su identidad individual. Todo esto y mucho más necesitamos saber respecto a los demás miembros de nuestro grupo. Para conseguir de ellos lo que queremos y también para evitar que nos engañen; para cooperar cuando sea necesario, para la reciprocidad justa. Y para eso necesitamos un gran cerebro que almacene toda esa ingente cantidad de información y la analice en profundidad, que sea capaz de descubrir mucha de esa realidad aparentemente oculta en las relaciones del grupo —y que por tanto es abstracta, se halla escondida tras las meras apariencias perceptivas—. Para competir con gente que tenía un cerebro grande, quizá desde los tiempos de *Homo habilis*, y una vez cubiertas las necesidades mínimas de supervivencia ecológica (alimentación, protección), la presión evolutiva empujaba a tener cerebros aún más grandes y, por tanto, más exitosos socialmente. Estos cerebros obtendrían los mejores recursos sociales del grupo (prestigio, liderazgo, confianza, etc.) y, por tanto, mejores parejas y mayores garantías de supervivencia para sus descendientes. La presión seguiría empujando, de nuevo, hacia cerebros todavía más grandes y, en consecuencia, más exitosos, y así hasta llegar a los cerebros neandertal y *sapiens*. Lo que más ha aumentado de tamaño en el cerebro humano ha sido su corteza cerebral, donde tienen lugar la mayoría de las funciones cognitivas más relevantes, la parte del cerebro que nos hace más inteligentes. Como ya he dicho, si la comparamos con la de un chimpancé observaremos que la nuestra es tres veces más extensa. Y si miramos al número de individuos que componen el grupo natural de los chimpancés, notaremos que se trata de un número tres veces menor que el natural de los seres humanos, que se establece en unos 150-200 individuos. Es el denominado *número de Dunbar*, pues fue Robin Dunbar el científico que lo descubrió. Aunque es cierto que dicho número se puede multiplicar en nuestra especie, muchas veces mediante artificios culturales, tecnológicos e intelectuales, también es cierto que tenemos nuestras limitaciones respecto a la cantidad de gente de la que podemos almacenar y procesar información individualizada. Si observamos el tamaño natural de los distintos grupos de primates y la extensión de sus cortezas cerebrales percibiremos que hay una buena correlación entre ambos.

Cabe, por tanto, que nuestro cerebro se hiciera tan grande para poder manejarse con éxito en un mundo social extenso. Esa sería la razón inicial de nuestra gran inteligencia. A partir de ahí, podemos usar esas mismas herramientas, las habilidades para entender e interpretar a los demás, cuyos deseos y pensamientos no vemos, para entender e interpretar el mundo —que también esconde muchas cosas—. Con esas mismas herramientas hemos sido capaces de comprender cómo hacer un helicóptero, un avión o un cohete con el que llevar seres humanos a la Luna. Puede que finalmente se puedan separar algunas funciones en el cerebro, unas para lo más social y otras para lo más cognitivo, pero en origen es todo lo mismo y fruto de una presión evolutiva de carácter predominantemente social.

¿Y qué hay de la inteligencia de las máquinas? ¿Llegarán a ser tan listas como nosotros? ¿Conseguirán incluso superarnos? Yo creo que la respuesta a estas últimas preguntas es un sí, y casi sin ninguna duda. Puesto que la inteligencia es fruto de la actividad de las neuronas, entidades físicas, biológicas, tangibles, que se relacionan entre sí mediante procesos y fenómenos electroquímicos, imitar estas interacciones es posible. Aunque aún no esté a nuestro alcance en estos momentos, antes o después puede estarlo. Por supuesto, esta es una visión un tanto materialista y reduccionista de nuestra inteligencia. Pero es una visión perfectamente plausible y aceptable para la inmensa mayoría de los científicos que nos dedicamos al estudio del cerebro. Un cerebro humano, con cada una de sus 86.000 millones de neuronas y otras tantas células de apoyo y soporte, es una entidad material. Por lo tanto, es hipotéticamente reproducible hasta en sus más mínimos detalles. No es tarea fácil, y de hecho para ello lo primero que habría que conseguir es, precisamente, conocer todos los detalles del cerebro humano. Aún estamos lejos de esto. Quizá haya otras opciones, algún atajo, al menos mientras llegamos a conocer todos esos detalles y somos capaces de reproducirlos. Si no podemos reproducir los detalles físicos del cerebro, al menos podríamos ser capaces de imitar y simular su forma de funcionar, sus mecanismos básicos. Y en esto consiste la inteligencia artificial, o IA, que, como su propio nombre indica, es una forma de inteligencia, aunque de origen artificial, no biológico o natural.

La IA se nutre, indudablemente, del uso de ordenadores capaces de llevar a cabo complejas operaciones de cálculo, aunque en principio nada impide que se pudiera llegar a los mismos resultados por vías más mecánicas en vez de digitales. La IA ha sufrido y está sufriendo en nuestros días importantes y llamativos avances que permiten presagiar que llegará tremendamente lejos. Hasta donde nosotros, sus creadores, decidamos permitirle llegar. En los últimos tiempos no paran de trascender a la opinión pública los muchos e increíbles logros que se están consiguiendo gracias a la IA, objetivos que sin ella aún necesitarían de decenas de años y el esfuerzo de gran cantidad de cerebros humanos para poderse alcanzar. La IA nos está permitiendo avanzar muy rápido en ciencia, tecnología e ingeniería. Gracias a ella se han podido describir, por ejemplo, miles de virus desconocidos en muy poco tiempo; se han podido clarificar las complejas estructuras tridimensionales de cientos de miles de proteínas que llevábamos décadas estudiando; se puede predecir el curso de numerosas enfermedades, realizar diagnósticos complejos y descubrir nuevos fármacos. Se han descubierto e identificado nuevas especies y cientos de planetas desconocidos. Y hasta se ha podido descubrir un Picasso oculto dentro de una de sus obras. La IA es capaz de identificar personas casi de forma inmediata y a partir de imágenes incompletas; también puede imitar la forma de hablar y de moverse de personas que ya no existen... La IA es ya una parte importante de nuestra vida cotidiana, y nuestros dispositivos móviles incorporan cada vez más esta tecnología casi sin darnos cuenta. Nuestros teléfonos ya completan nuestras palabras y oraciones, o nos ofrecen sugerencias basadas en nuestros gustos, en nuestras elecciones previas.

La IA ha dado un salto enorme en los últimos años gracias a que imita en gran parte cómo aprende un cerebro. Inicialmente, la IA consistía en programaciones que trataban de imitar los procesos psicológicos humanos, y en gran medida servía para contrastar hasta qué punto los supuestos procesos cognitivos de nuestro cerebro tenían una base real. Pongamos memoria aquí, atención selectiva allá, con sus respectivos límites y posibilidades, imitemos las capacidades y criterios de elección y toma de decisiones y veamos si se parece a lo que haría un ser humano. En otra de sus vertientes, la IA se separó del objetivo de imitar la inteligencia humana y funcionó por libre, expandiendo las posibilidades del cerebro humano y aun introduciendo operaciones que no tenían por qué suponerse en este, todo con el fin de alcanzar unas metas sin importar el camino. Detectar errores en máquinas, anticipar desgastes de piezas, calcular materiales necesarios o costes de producción podrían ser algunos ejemplos del prolífico uso de este tipo de IA. Estas y otras formas de IA funcionaban, y aún funcionan, a base de introducir en la programación todas o casi todas las operaciones que se van a necesitar para manejar la información pertinente para determinados tipos de tareas, e incluso la mayoría de la información necesaria. La IA de hoy día funciona de otra manera: las llamadas *redes neurales*, unidades que se conectan unas con otras y que imitan a las neuronas, reciben y envían información a otras unidades, y lo hacen de manera dinámica. De esta forma, la red inicial puede no parecerse en nada a la red final. En principio, todas las unidades (neuronas) y sus conexiones (a imitación de los axones y dendritas de las neuronas) pueden ser inicialmente equivalentes en una gran red neural artificial. Pero, a medida que esta red va recibiendo información, realiza cálculos y observa los resultados, la importancia de algunas conexiones va cobrando protagonismo, mientras que la de otras puede minimizarse e incluso desaparecer. Y así, a base de *ensayo y error*, la red puede ir alcanzando cada vez más un funcionamiento y un rendimiento óptimos, disminuyendo los errores y aumentando los aciertos. Las máquinas han aprendido a aprender. Y como sus posibilidades de memoria pueden ser potencialmente infinitas y no sufren fatiga ni aburrimiento, ni hambre ni sed, una red de IA puede ser expuesta a cientos de miles de ensayos, a infinidad de situaciones, y alcanzar en pocos días, incluso horas, la experiencia que a un humano podría llevarle muchísimos años.

Así, imitando de una manera básica, incluso burda, la forma de funcionar y desarrollarse de un cerebro, hemos conseguido una herramienta muy poderosa que está resultándonos de gran ayuda. De momento tiene sus limitaciones. Es muy conocido el caso de la IA como posible sustituto —o apoyo— de los jueces para dictar sus sentencias, un programa que se puso a prueba hace unos años en algunos juzgados de Estados Unidos. Esta red mostró algunos sesgos que era mejor evitar, como la mayor probabilidad de que fueras declarado culpable solo por ser una persona de color. Los sesgos son muy humanos; hablaremos de ellos en la segunda parte de este libro. Pero un ser verdaderamente inteligente debe ser capaz de detectarlos y superarlos. Con esto no quiero decir que el ser humano haga gala de hacer esto fácil y frecuentemente, antes al contrario. La cantidad y la calidad de la información que reciben los sistemas de IA es por tanto realmente crucial, su selección y filtrado no es algo sencillo y banal. En realidad, algo muy parecido ocurre en los seres humanos. En cualquier caso, en la medida en que nosotros también aprendamos de nuestros errores respecto a cómo relacionarnos con la IA, esta puede ir creciendo y desarrollándose cada vez más y mejor. Y llegar a ser tan inteligente como nosotros, e incluso puede que más...

6

SOMOS LO QUE RECORDAMOS

Una forma bastante aceptable de entender el cerebro humano es considerar que este, como el de cualquier otro mamífero, es principalmente un dispositivo de memoria. Así lo propone, por ejemplo, el neurocientífico Joaquín Fuster. Cuando nacemos ya tenemos unos circuitos neuronales relativamente preconfigurados en nuestro cerebro, y buena parte de ellos se sitúan en las llamadas áreas primarias de la corteza cerebral, las que más directamente contactan con el mundo exterior. Estos circuitos se han formado en gran parte por nuestra herencia genética, sin interacción con el ambiente. Vienen preprogramados, aunque durante el desarrollo embrionario ha habido lugar para cierta cantidad de experiencias (movimientos, percepciones), con lo que el resultado al nacer no es exclusivamente genético. A estos circuitos primigenios se los llama *memorias filéticas*, pues en principio serían fruto de la evolución de nuestra especie. Esas memorias filéticas deben no obstante madurar, reconfigurarse, consolidarse y establecerse con relación a las demás y al mundo —exterior e interior—, lo que en el caso del cerebro humano llevará muchos de los primeros años de vida, y esto solo para las cortezas primarias. Las cortezas de asociación, aquellas que principalmente abstraen la información que llega de o sale por las cortezas primarias, madurarán después, pues necesitan de la información que les proporcionan las cortezas primarias para su desarrollo y formación. La experiencia, así, irá configurando tanto las cortezas primarias como las de asociación, unimodales y multimodales, un proceso que en el humano es considerablemente largo, pues puede llevar más de veinte años. La experiencia es memoria, es la huella que dejan en el cerebro nuestras vivencias, la información que recibimos y las acciones que realizamos. El cerebro es, así, fundamentalmente, memoria.

La memoria, como ya he comentado, es una de las habilidades o aptitudes fundamentales que componen la inteligencia. Pero no la única. La visión de que el cerebro es fundamentalmente un dispositivo de memoria es quizá una visión extrema, según la cual, en realidad, toda la inteligencia —y no solo lo que llamamos propiamente memoria— dependería de la memoria. Al menos en parte esto es así, pues sin memoria, sin experiencias, no seríamos nada. Lo que esta visión quiere destacar, en realidad, es que el cerebro está en continuo cambio y remodelación, principalmente sus conexiones neuronales, que se verían reforzadas, disminuidas, provocadas o eliminadas en función de la experiencia. Y es que la memoria está en las conexiones neuronales.

ANATOMÍA DE LA MEMORIA

La gran mayoría de las conexiones entre neuronas se van conformando a lo largo del desarrollo de un individuo, especialmente durante las primeras dos décadas de vida. En la corteza se comienza particularmente por las áreas primarias, se continúa por las de asociación unimodal y se culmina por las de asociación multimodal, en tándem. Si nos fijamos en cómo está estructurada la corteza cerebral, veremos que hay como dos mundos principales separados por un gran surco, la cisura central (o de Rolando): el mundo de la percepción y el de la acción. El primero se distribuye principalmente por la parte posterior de la corteza: lóbulos parietal, occipital y temporal. El mundo de la acción está principalmente en el lóbulo frontal. Cada uno de ellos tiene sus cortezas primarias, las que conectan más directamente con el mundo exterior: tres primarias perceptivas, para el tacto, la vista y el oído, en los lóbulos parietal, occipital y temporal, respectivamente, y una motora, en el frontal. Alrededor de cada una de esas áreas primarias tenemos las áreas de asociación correspondientes a cada función o unimodales, alrededor o anexas a las cuales se encontrarían las multimodales. Recordemos que el cerebro humano se distingue del de otros animales por la tremenda extensión de sus áreas de asociación. Parece que, en última instancia, las áreas más asociativas —y, por tanto, con mayor capacidad de abstracción— son las que constituyen la red por defecto, fundamentalmente (aunque no únicamente) en las partes mediales del cerebro, situadas en la hendidura que separa los dos hemisferios cerebrales. Esta red recaba información del resto de la corteza para entender y dar sentido a todo lo que está pasando en un momento determinado, y, como ya sabemos, presenta algunas particularidades en el ser humano.

Que la corteza cerebral, la que nos permite entender el mundo en profundidad, esté estructurada en dos grandes realidades, la percepción y la acción, y sus correspondientes abstracciones, encaja muy bien con los componentes de la inteligencia que propone la teoría de las capacidades cognitivas de Cattell-Horn-Carroll o teoría CHC, el modelo más actual y ampliamente aceptado de la inteligencia y que conocemos del capítulo 5. Recordemos que para la

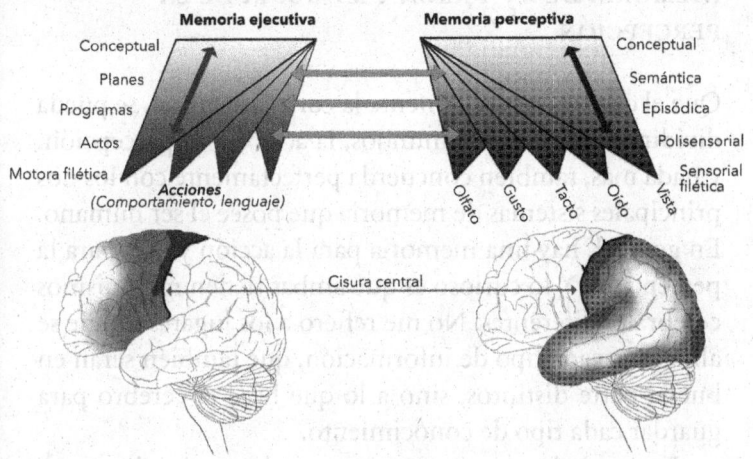

La acción y la percepción están estrechamente unidas y trabajan al unísono, pero se encuentran en lugares distintos del cerebro.

teoría CHC la inteligencia se compone básicamente de habilidades psicomotoras, habilidades de procesamiento perceptivo, habilidades de procesamiento cognitivo (o de atención controlada) y el conocimiento adquirido. Si nos fijamos, las dos primeras se corresponden directamente con el mundo motor y perceptivo, respectivamente. Estarían involucrando áreas primarias y de asociación unimodal. Las capacidades de atención controlada dependerían más directamente de las áreas de asociación, tanto unimodales como multimodales, pues las áreas de asociación tienen la misión de extraer patrones y regularidades, precisamente una de las características más destacadas de este tipo de capacidades. Ya comenté que los patrones y regularidades pueden ser tanto perceptivos como motores. Por último, el conocimiento adquirido lo abarcaría todo; se podría decir que es la memoria en general, resultado de nuestras experiencias, tanto perceptivas como motoras, y se extendería por toda la corteza.

Memoria de la acción y memoria de la percepción

Que el cerebro, especialmente la corteza cerebral, se pueda dividir en dos grandes mundos, la acción y la percepción, y nada más, también concuerda perfectamente con los dos principales sistemas de memoria que posee el ser humano. En general, hay una memoria para la acción y otra para la percepción. Y lo curioso es que ambas tienen mecanismos cerebrales diferentes. No me refiero a los lugares donde se almacena cada tipo de información, que también serán en buena parte distintos, sino a lo que hace el cerebro para guardar cada tipo de conocimiento.

Por un lado, tenemos una memoria que implica cambios en el comportamiento, en nuestros movimientos y acciones. Su ejemplo paradigmático es el aprendizaje de destrezas, como montar en bicicleta, conducir o escribir. A este tipo de memoria (o aprendizaje) se la llama *memoria procedimental*, pues se refiere a cómo debemos proceder, actuar, en determinados contextos, situaciones o tareas. Es interesante señalar que no la podemos transmitir verbalmente a otros. Podemos dar algunas descripciones e indicaciones, quizá algunos consejos aislados, pero para que la otra persona aprenda la tarea o una habilidad lo que tiene que hacer es practicar, es la única manera. Yo puedo explicar a un amigo en qué consiste conducir un coche. Le puedo comentar para qué sirven los pedales de aceleración, freno o embrague, para qué sirven las marchas, cómo se usan los espejos y el volante. Puedo, de hecho, estar horas dando explicaciones. Pero cuando mi amigo se siente en el asiento del conductor, si no ha conducido nunca, lo más probable es que no consiga sacar el coche del garaje. Es lo normal. Para que mi amigo aprenda a conducir, guarde en su cerebro, en su memoria, el conocimiento relativo a cómo se conduce un coche, lo que tiene que hacer es practicar. Practicar, practicar y practicar. Con la práctica se consiguen, además, efectos realmente sorprendentes. La tarea se automatiza, se realiza con mucha más facilidad y menos control consciente. Se realiza, por tanto, con cada vez menos esfuerzo, y hasta cabe la posibilidad de hacer otras cosas, de pensar o ser consciente de otras tareas o ideas, mientras se lleva a cabo aquello que ya se domina, y prácticamente sin darse cuenta. Además, con la práctica lo hacemos cada vez mejor, nos convertimos en expertos o experimentados ejecutores, y de hecho la práctica continuada y abundante es la única manera de llegar a elevadas cotas de calidad y destreza, especialmente en algunos dominios, como tocar un instrumento o pintar. Si quieres perfección, si quieres ser un gran artista, está bien recibir lecciones, y es necesario; pero lo más importante va a depender del tiempo y la calidad que dediques a la práctica. Esto lo sabían muy bien nuestros pintores y escultores del Renacimiento y el Barroco, que consideraban que no se podía llegar a ser un gran artista si no viajabas a los grandes centros de arte italianos, epicentro del arte europeo de la época, y allí practicabas, copiabas, emulabas y tomabas ejemplo de los grandes artistas de la época. Berruguete o Velázquez, por ejemplo, siguieron esta senda, que implicaba grandes desvelos y esfuerzos.

Para que la experiencia dé sus frutos, la práctica repetida va a producir cambios importantes en el cerebro, cambios incluso observables físicamente. Como he dicho, la memoria en el cerebro consiste básicamente en generar, consolidar y ajustar las conexiones entre los miles de millones de neuronas que lo conforman. Aprender una destreza específica, una destreza principalmente motora, va a suponer que estos cambios y ajustes se produzcan principalmente en zonas del cerebro que tienen que ver con el sistema motor, como es lógico. Estos cambios se van a producir especialmente en las áreas corticales de asociación motora, que de hecho son las que mayormente permiten el aprendizaje a partir de ciertas edades, pues las primarias es más difícil modificarlas. Las áreas de asociación son más flexibles, y si podemos aprender algo a cualquier edad es porque estas conservan cierta capacidad para el cambio, aunque es cierto que con el tiempo suele ir disminuyendo. Las áreas de asociación implicadas en el aprendizaje motor serán tanto de carácter unimodal, estrictamente motoras, como multimodales, pero principalmente de las regiones frontales. Las unimodales motoras coordinarán y regularán los diversos movimientos necesarios que saldrán de las regiones motoras primarias. Las multimodales se implicarán no solo para que se planifiquen y coordinen las acciones motoras, sino para que esto se haga considerando e integrando estrechamente otras fuentes de conocimiento del cerebro, como por ejemplo la información visual o la auditiva. Esto es algo crucial, por ejemplo, para el arte pictórico o para tocar un instrumento, respectivamente. En el aprendizaje de destrezas, no obstante, las modificaciones en las conexiones suelen ir más allá —o más abajo— de la corteza cerebral. En el cerebro hay al menos dos conjuntos de estructuras que se van a ver implicadas, a causa de su tremenda importancia en la regulación de los movimientos del cuerpo. Uno se conoce como los ganglios basales, que ya he mencionado al hablar del cerebro de los pájaros. También es conocido como el cuerpo estriado, y está formado básicamente por el núcleo caudado, el putamen y el globo pálido, que se encuentran mayormente bajo la corteza motora y tienen como principal función la correcta secuenciación de los movimientos. Que los movimientos sigan un orden y se imbriquen entre sí adecuadamente es de la mayor relevancia, como sabemos quienes alguna vez hemos intentado cambiar la marcha de un coche sin haber pisado enteramente el embrague. La otra estructura es el cerebelo, situado en la parte posterior e inferior del cerebro, esa formación que se asemeja a un cerebro pequeñito (que es lo que literalmente significa cerebelo) y que parece participar en infinidad de procesos cerebrales de todo tipo. Una de sus principales funciones es regular la fuerza e intensidad de los movimientos, monitorizándolos y corrigiéndolos, si es necesario, sobre la marcha. Podemos pisar el acelerador con mucha fuerza o con tan poca que ni se mueve; el cerebelo se encarga de que apliquemos la fuerza adecuada.

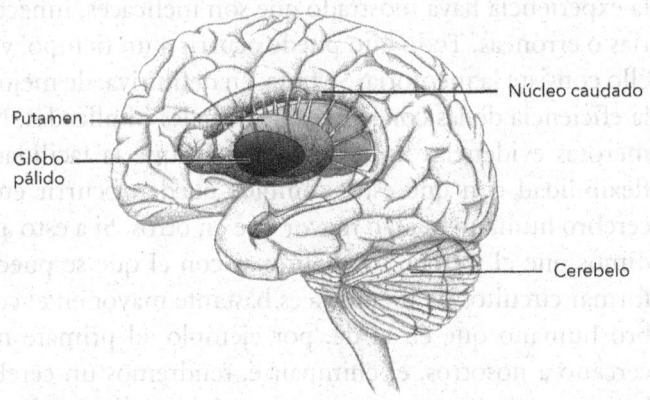

El cerebelo y las estructuras que componen el cuerpo estriado.

Los cambios físicos que se producen en esas áreas y estructuras cerebrales pueden y suelen ser de diverso tipo. Por un lado, en las neuronas implicadas puede aumentar el número de receptores para las sustancias químicas que se intercambian entre ellas, de manera que se hacen más sensibles a menores niveles de actividad. También se pueden conseguir los mismos resultados aumentando en sí la cantidad de sustancias químicas producidas y liberadas entre neuronas. Lo mismo ocurre si aumentan las ramas —de axones y dendritas— mediante las cuales se comunican las neuronas implicadas o los puntos de contacto entre ellas. También pueden producirse, dentro de las neuronas que reciben esas sustancias, cambios más sutiles que aumentan la eficacia de las activaciones entre neuronas. Otra posibilidad es que los axones que conectan las distintas neuronas de los circuitos implicados se cubran de mayores niveles de una sustancia aislante, la mielina, facilitando la propagación de los impulsos eléctricos que los recorren, que será más rápida y eficaz. También, por otra parte, pueden debilitarse, minimizarse o anularse ciertas conexiones, porque la experiencia haya mostrado que son ineficaces, innecesarias o erróneas. Todo esto puede ocurrir a un tiempo, y en ello consiste la memoria. Se trata, en definitiva, de mejorar la eficiencia de las conexiones neuronales implicadas. Numerosas evidencias muestran, además, que la facilidad y flexibilidad con que estos cambios pueden ocurrir en el cerebro humano es algo mayor que en otros. Si a esto añadimos que el número de neuronas con el que se pueden formar circuitos de memoria es bastante mayor en el cerebro humano que en el de, por ejemplo, el primate más cercano a nosotros, el chimpancé, tendremos un cerebro bastante más eficaz y potente para el aprendizaje y la memoria. Esa diferencia genética con el chimpancé, que normalmente se estima en un 2 por ciento, tiene precisamente mucho que ver con estos mecanismos. La diferencia estimada con un neandertal ronda, al parecer, el 0,5 por ciento, una diferencia mínima y en la que muchos de estos mecanismos no son necesariamente diferentes, aunque cabe que nosotros tuviéramos alguna mínima ventaja. No obstante, esto es algo que aún está en proceso de investigación. En general, el neandertal podría haber sido muy parecido a nosotros en este sentido.

Resulta interesante que para que estos cambios se produzcan en los circuitos neuronales que componen el recuerdo y la experiencia de una habilidad lo fundamental sea repetir la activación de dichos circuitos. Reiteradamente. Es precisamente lo que hace la práctica. Con la activación repetida, las neuronas ponen en marcha mecanismos internos, que incluso implicarán la expresión de partes de su ADN, para poder producir esos cambios físicos, observables al microscopio, que constituyen el almacenamiento y la consolidación de la experiencia.

POR QUÉ RECORDAMOS LO QUE RECORDAMOS: LA MEMORIA DECLARATIVA

El otro tipo de memoria que no es procedimental se refiere a la posibilidad de almacenar datos específicos y concretos, datos que podemos describir y transmitir mediante el lenguaje, o mediante una imagen, información que podemos *declarar* y describir enteramente a otras personas sin perder su esencia. Es lo que se conoce, precisamente, como *memoria declarativa*. Al tratarse de datos que podemos describir, aquí nos encontramos con dos posibilidades: que los datos sean muy específicos de una situación vivida (por ejemplo, cómo fue la cena del otro día con mis amigos), o que sean más abstractos, más generales y genéricos, aplicables a multitud de situaciones que tengan un denominador común (qué es cenar). Precisamente esto último es lo que comenté que hacía la percepción en las áreas de asociación: extraer abstracciones de la realidad, ideas, modelos o conocimientos del mundo que puedan aplicarse a múltiples particulares. Y es que, en esta memoria, que es más perceptiva y menos de acción, percepción y memoria no son muy diferentes, pues recordamos lo que hemos percibido. La abstracción, de hecho, no solo es útil cuando nos enfrentemos a futuras situaciones perceptivas similares, sino que ahorra espacio en la memoria: no tenemos por qué acordarnos de todas y absolutamente todas las veces que hemos cenado; lo que hacemos es abstraer lo que es común a todas las cenas (que se come algo ligero, al terminar el día, normalmente en casa, con la familia, etc.) y así tenemos el concepto de *cena*, aunque perdamos el recuerdo de las innumerables veces que hemos cenado. Estos dos tipos de conocimientos de la memoria declarativa se conocen como *episódicos* y *semánticos*. Los primeros se refieren a cenas concretas: la de ayer, la del otro día con unos amigos, etc. El conocimiento semántico lo extrae el cerebro de todas las veces que hemos cenado y genera un patrón, una red de neuronas que sustenta un conocimiento abstracto y que se aplica a todas las cenas. Es el concepto de *cena*.

Para guardar recuerdos en la memoria declarativa, tanto episódicos como semánticos, y al igual que ocurría con la memoria procedimental, se deben producir modificaciones en los circuitos neuronales que sustentan dichos conocimientos, de manera que se refuercen sus conexiones. Dichas modificaciones se producirían principalmente en áreas perceptivas de los lóbulos parietal, occipital y temporal. Dependiendo de si la información almacenada es más o menos abstracta, más o menos episódica o semántica, las redes neuronales implicarían más a las áreas de asociación unimodal o multimodal. Además, normalmente también hay partes de la corteza prefrontal implicadas en estas memorias declarativas, pues en ella se encuentran circuitos que de alguna manera coordinan y supervisan el trabajo de las regiones más perceptivas. Y para que se produzcan estas modificaciones en los circuitos que componen nuestros recuerdos el mecanismo resulta ser también el mismo que en el aprendizaje de tareas: hay que activar «repetida y persistentemente» (en palabras del descubridor de este mecanismo, el psicólogo Donald O. Hebb) esas redes. Repetir es la clave para recordar, tanto en el caso del concepto general de cena como en el de la cena del otro día con mis amigos. Pero aquí alguien puede decir: «Un momento, yo recuerdo perfectamente mi viaje en barco del año pasado, el día de mi boda, el de mi graduación o cómo fue mi primer beso, pero no me los he estado repitiendo persistentemente. Ocurrieron, y desde entonces tengo unos recuerdos inolvidables». Efectivamente, no se lo ha estado repitiendo de manera consciente. Pero sí inconscientemente. El cerebro cuenta con un curioso mecanismo mediante el cual repasa esos circuitos que constituirán nuestros recuerdos más importantes de la memoria declarativa sin que nos demos cuenta.

Cuando una anécdota, una experiencia, es importante y digna de ser recordada por muchos años, o para toda la vida, hay una estructura del cerebro, conocida como *hipocampo*, que ayudará a la corteza cerebral a repasar los circuitos que subyacen a esa experiencia. Ya lo dije en el capítulo dedicado a los distintos tipos de inteligencia: la memoria y las emociones son procesos distintos e independientes, pero recordaremos mejor aquello que mueva nuestras emociones. Las emociones potencian la memoria. Por eso no recordamos la cena del jueves pasado, pero sí anécdotas y situaciones que ocurrieron hace muchos años, como las de aquellas vacaciones en un país exótico. En un principio, el hipocampo fue considerado como parte integral del sistema límbico, el sistema cerebral de las emociones. Sin embargo, en las últimas décadas, su papel en los procesos emocionales ha caído a un segundo plano, y se considera más bien como una estructura fundamental para la orientación y el reconocimiento espacial y, sobre todo, la memorización de información. Pero está muy bien ubicado respecto a otras estructuras más emocionales, como la amígdala, con la que establece numerosas conexiones. De esta manera, la amígdala y otras partes del cerebro más emocionales pueden indicar al hipocampo qué situación o experiencia es relevante y, por tanto, iniciar en este los procesos que conducirán a la activación repetida de los circuitos que se han excitado durante esos momentos tan importantes. Resulta interesante destacar que la repetición de esos circuitos, la mayoría de ellos en la corteza cerebral, es un proceso que puede llevar meses e incluso años. Efectivamente, hasta tres años pueden ser necesarios para que se produzcan todos los cambios estructurales que garantizarán la consolidación de esos circuitos como recuerdos a largo plazo. En este mismo momento, y mientras yo escribo y usted me lee, su cerebro y el mío están repasando la información de numerosas vivencias ocurridas en los últimos años. Y lo hacen sin que seamos conscientes de ello, mientras estamos atentos a otras cosas completamente distintas. Sus vacaciones del año pasado están ahora muy presentes en su cerebro, pero no necesariamente en su consciencia. Ya dije que apenas somos conscientes del 3 por ciento de todo lo que hace el cerebro en cada momento.

Mucho de lo que sabemos sobre los dos principales sistemas de memoria del cerebro se lo debemos a un paciente clásicamente conocido en la literatura neurocientífica como H. M. Son las siglas para Henry Molaison, nombre que solo se dio a conocer tras su fallecimiento en diciembre de 2008, con ochenta y dos años. A causa de una epilepsia recurrente e intratable, a Molaison se le extrajeron ambos hipocampos cuando tenía veintisiete años. Su vida se detuvo ahí; no fue capaz de introducir en su memoria ningún recuerdo nuevo más desde el momento de su operación, hasta el punto de que todos los días de su vida posterior creía que tenía veintisiete años. Para él, no había pasado el tiempo, y mirarse en un espejo resultaba enormemente traumático a medida que envejecía y esperaba encontrar a aquel joven que era antes de la operación. No solo no pudo almacenar nuevos recuerdos de sus vivencias ocurridas tras la operación, lo que se conoce como *amnesia anterógrada*, sino que también padeció algo de *amnesia retrógrada*: perdió muchos de los recuerdos de los dos o tres años anteriores —e incluso algunos más lejanos, pero que aún estaban siendo repasados por los hipocampos—. Sin embargo, no todo estaba perdido, y aún era capaz de tener memoria procedimental, que no necesita de los hipocampos. A Molaison se le enseñaron varias tareas de destreza motora, como seguir con el lápiz los márgenes de la silueta de una estrella, viendo todo el procedimiento en un espejo. Es una tarea algo difícil, pues cuando, por ejemplo, debes ir hacia arriba, lo que estás viendo parece indicar que deberías ir hacia abajo, y viceversa. Pues bien, tras la práctica de esta tarea, Molaison aprendió a hacerla sin cometer errores, necesitando un número de ensayos similar al de una persona con el cerebro íntegro. Sin embargo, ocurría algo curioso: incluso cuando ya la dominaba, insistía en que jamás había realizado dicha tarea, no tenía recuerdos de sus horas de práctica.

CÓMO LA EMOCIÓN FIJA NUESTRA MEMORIA

La memoria humana presenta algunas peculiaridades, aunque se discute mucho acerca de hasta qué punto algunas de esas peculiaridades son exclusivamente humanas o compartidas con otros seres vivos, al menos con algunos primates. En principio, hay varios autores que creen que la memoria episódica, la relativa al recuerdo de experiencias y vivencias específicas, sería únicamente humana. Para estos autores, el hipocampo en otras especies es fundamental para la memoria espacial, la memoria de posiciones relativas en el espacio, pero no para anécdotas y situaciones. No es esta una afirmación, sin embargo, que convenza a todos, y me incluyo entre los no convencidos. La memoria semántica se forma a partir de numerosas memorias episódicas, y hay suficiente evidencia de que aquella existe en otros muchos animales, sean mamíferos, aves u otros grupos de animales. Muy probablemente se produzca de la misma manera que en nuestros cerebros. Puede que en los otros no haya tanto espacio para almacenar anécdotas como en el nuestro, pero posiblemente los mecanismos para la existencia de ese tipo de recuerdos sí estarían presentes.

Para guardar recuerdos, tanto de tipo declarativo como procedimental, es necesario cierto tono emocional. En el primer caso, como he dicho, porque se recuerda especialmente bien aquello que ha ido acompañado de sensaciones emocionales de relativa intensidad. En el segundo caso, porque practicar algo puede ser tedioso y aburrido, y sin motivación no lo haríamos igual. La motivación es siempre fruto de las emociones, ya estén presentes ahora o en un futuro. Pero cuidado: en esto, como en nuestro rendimiento en general, hay ciertos límites, y la relación entre emociones y eficacia cognitiva no es siempre unívoca. En 1908, los psicólogos Robert M. Yerkes y John D. Dodson dieron a conocer la curiosa relación entre estrés, excitación o activación emocional y el rendimiento cognitivo, la famosa U invertida o ley de Yerkes-Dodson. Según esta ley, que se aplica tanto a humanos como a no humanos, somos más eficientes a medida que aumenta nuestro nivel de excitación, hasta que llega un punto en que, si aumentamos esa excitación, nuestra eficiencia se ve cada vez más mermada. Dicho de otra forma, funcionamos mejor, pensamos mejor o memorizamos mejor si tenemos un mínimo de estrés o estado de excitación; sin ese mínimo, nuestro rendimiento es pobre. Pero si la excitación se sale de madre, supera cierto punto, el rendimiento también será pobre. Es posible que esto no se aplique exactamente a la memoria declarativa, particularmente la de tipo episódico, pues a mayor excitación, normalmente, mayor impacto en la memoria, aunque es cierto que determinados episodios traumáticos podrían ser tan dañinos que no puedan ser fácilmente traídos a la consciencia. Sin embargo, para el aprendizaje de destrezas, el estrés en ciertas dosis es necesario, es bueno, y su exceso perjudicial.

Dado que nuestra especie es tan tremendamente social, el aprendizaje en compañía suele ser mucho más eficaz que en soledad. Normalmente, la presencia de otras personas proporciona al menos ese nivel de excitación mínimo que nuestro cerebro necesita para un rendimiento óptimo. Y lo hace proporcionando emociones y motivaciones que surgen del simple contacto social. De hecho, muchas cosas cambian en nuestro cerebro cuando estamos en compañía de otras personas. Esto ocurre también en otros primates. Cuando un macaco está en presencia de un congénere, no solo rinde mejor en tareas de memoria visoespacial, sino que para llevar a cabo la misma tarea involucra neuronas diferentes en las regiones prefrontales. Estar en compañía de otros congéneres nos vuelve más eficaces, aprendemos más y mejor. Cambia nuestro cerebro. En nuestro laboratorio hemos encontrado que cuando leemos en presencia de otra persona, nuestro cerebro interpreta el texto de una manera más abierta y creativa, menos restringida por la literalidad y las normas gramaticales que cuando leemos en soledad. Y esto ocurría sin que la otra persona hiciera nada con nosotros, es un efecto de la mera presencia social. En niños, en el aprendizaje de tareas como tocar un instrumento, algo aparentemente tan sencillo como seguir un

ritmo en un tambor se puede convertir en una odisea llena
de errores si se hace siguiendo solo unos sonidos, un vídeo
o incluso un robot con un brazo articulado que realiza los
movimientos que tenemos que imitar. Pero si eso mismo
lo hace un adulto que esté a su lado, el niño aprenderá
mucho antes y cometerá menos errores. No perdamos
nunca de vista el carácter social de nuestro cerebro, pues
estará presente en infinidad de ocasiones.

LAS MANOS Y LA MEMORIA: EL EXPERIMENTO DE PENFIELD

Si, como decía al principio de este capítulo, entendemos
el cerebro y, especialmente, la corteza cerebral como un
dispositivo de memoria, lo que nuestro cerebro almacena
para representar el mundo sí presenta ciertas peculiaridades que, de algún modo, son específicamente humanas.
Nosotros tenemos una forma de conocer y entender el
mundo que es exclusivamente humana, o al menos típi-
camente humana. Nuestra memoria se forma a través de
un prisma humano. Y esto ocurre tanto en la memoria
procedimental como en la declarativa. En este sentido,
nosotros exploramos el mundo a través de las manos, y en
nuestro cerebro, como ya he comentado, las manos tienen un enorme protagonismo. Si miramos en el cerebro
de otros mamíferos, como, por ejemplo, los roedores o
los felinos, veremos que su cerebro dedica una gran cantidad de espacio a representar los pelos de sus bigotes o
vibrisas, y es porque estos apéndices son para ellos de gran
relevancia para explorar el mundo. Los ratones y los gatos
conocen el mundo a través de sus vibrisas. Nosotros lo
hacemos a través de las manos, nuestras manos son una
de nuestras formas principales de explorar el mundo. Por

eso están hiperrepresentadas en la corteza cerebral humana, tanto en su vertiente motora como en su aspecto perceptivo o táctil.

Si dibujamos una figura que ejemplifique cómo está representado nuestro cuerpo en la corteza cerebral, los llamados *homúnculos* motor y sensorial, habrá dos partes tremendamente sobresalientes, que aparecerán enormes en relación con el resto del cuerpo: las manos y la cara, especialmente la boca, los labios. Son nuestras partes más sensibles y las que movemos con mayor precisión. En ellas hay numerosas neuronas sensoriales y a ellas llegan abundantes terminaciones nerviosas motoras, y para recibir y enviar tanta cantidad de información, en la corteza cerebral debe haber un número igualmente grande de neuronas. El homúnculo —palabra que significa *hombrecillo* en latín— resulta bastante feo y grotesco. Fue descubierto por el neurocirujano estadounidense Wilder Penfield en el curso de operaciones a cerebro descubierto, estimulando diversas partes de la corteza y viendo las reacciones de los pacientes o sus declaraciones acerca de lo que sentían y percibían. Como el cerebro no duele, este tipo de preparaciones con el paciente despierto ha sido y es relativamente frecuente. Quizá resulte un tanto espeluznante, pero la neurociencia avanza notablemente con experimentos como los de Penfield, y el procedimiento se hace absolutamente necesario si queremos operar un cerebro sin afectar, en la medida de lo posible, a sus capacidades cognitivas. Como mencionamos en su momento, aunque los chimpancés también exploran el mundo de manera importante a través de sus manos, y a pesar de que estas son físicamente algo más grandes que las nuestras, la representación cortical de las manos no es tan amplia en sus cerebros como en el nuestro. Las manos humanas, por tanto, son algo muy especial para nuestro cerebro; los humanos somos como somos en gran parte gracias a ellas. Ya he hablado de la importancia de las manos para el arte y de cómo las habilidades manuales podrían haber sido objeto de selección sexual en nuestra evolución.

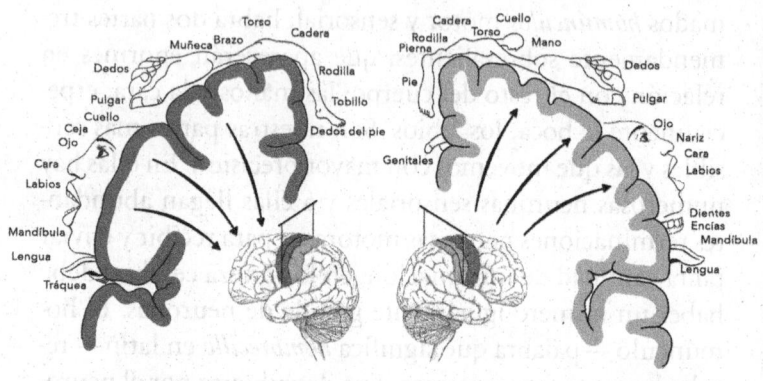

Salida: corteza motora primaria   **Entrada: corteza sensorial primaria**

Los homúnculos sensorial (derecha) y motor (izquierda).

Los movimientos de las manos humanas están regulados, además, por un sistema neuronal muy especial, el llamado *sistema motor piramidal*, formado por los axones de las neuronas piramidales gigantes de las cortezas primarias motoras y, en parte, sensoriales, que se dirigen directamente a la médula espinal, donde contactan con las neuronas que en última instancia moverán los músculos. Su nombre, sin embargo, no se deriva de nacer en neuronas piramidales, un tipo de neuronas abundante en la corteza cerebral, sino de transitar a lo largo de las llamadas *pirámides* del tronco del encéfalo. Es este un sistema muy directo, como vemos —otros sistemas motores funcionan mediante varios núcleos y estaciones de relevo—, y que se caracteriza por ser el utilizado para los movimientos finos y voluntarios. El sistema motor piramidal presenta además una peculiaridad en los seres humanos: mientras que en otros primates se concentra principalmente en los movimientos de las manos, en el humano se expande hasta abarcar prácticamente todo el cuerpo.

En las cortezas de asociación motoras y del tacto, por tanto, nuestras manos tienen un gran peso. Las experiencias ocurridas a través del uso de estas habrán dejado una huella importante en nuestra corteza cerebral, y por ello las manos tendrán un papel protagonista en la cognición humana y, por consiguiente, en nuestra inteligencia. Pero no todo en nuestro cerebro se queda en las manos, obviamente. Principalmente en la vertiente perceptiva, aunque en estrecha conexión con la corteza principalmente dedicada a la acción, la corteza cerebral dedica el resto de su espacio a los sistemas visual y auditivo. El humano también conoce el mundo principalmente a través de sus ojos y sus oídos. Si nos fijamos, los sentidos químicos, el gusto y el olfato, están muy pobremente representados en la corteza cerebral, en áreas profundas de esta y con mucho menos protagonismo que el tacto, la vista y el oído. Si miramos las estructuras cerebrales que otros animales dedican al olfato, por ejemplo, veremos que son enormes en relación con el resto de su cerebro. En el caso de los humanos esto no es así, ni mucho menos.

Así pues, nuestras experiencias visuales y auditivas también conforman nuestra cognición, nuestra inteligencia. El protagonismo de lo auditivo viene derivado especialmente del uso de este sistema por parte del lenguaje humano, característica fundamental de nuestra especie. A su vez, el protagonismo de lo visual se deriva de nuestra pertenencia al orden de los primates. En la mayoría de estos, la corteza visual ocupa casi el 50 por ciento de su cerebro. Es un sistema importante, como comenté en su momento, por la necesidad de una rica visión cromática, de los colores, que nos permite distinguir frutos en diferentes fases de maduración de entre las ramas de los árboles, ya que los primates son en esencia frugívoros. Además, tenemos una visión binocular, estereoscópica o en tres dimensiones, necesaria para moverse rápida y eficazmente entre las ramas de los árboles, pues nuestro origen también es arborícola. Otros mamíferos no dedican tanto espacio en sus cerebros a la información visual. En nuestro caso, las cortezas de asociación multimodal se han extendido tanto que la corteza más estrictamente visual no ocupa una proporción tan grande como en otros primates.

Percibir es re-conocer

Toda nuestra memoria, y en definitiva también nuestra inteligencia, se basa esencialmente en lo que vemos, oímos y tocamos. Es interesante destacar que esta última información es, de manera evidente, tanto una acción como una percepción a la vez. Un acto perceptivo. En realidad, todas nuestras percepciones son de facto actos perceptivos; son el resultado de la acción del cerebro. Cada vez que percibimos algo, venga del sentido que venga, nuestro cerebro aporta entre un 80 y un 90 por ciento de lo que ya tenía en su memoria. La percepción es así fundamentalmente un acto de reconocimiento, se produce gracias a nuestra memoria. Especialmente a nuestra memoria ontogenética, es decir, del ser individual que somos cada uno de nosotros, formada principalmente a lo largo de nuestras primeras dos décadas de vida y más allá.

Somos memoria; a ella se lo debemos prácticamente todo. Pero deberíamos tener cierta cautela. La memoria es muy falible, algo que muchas veces va contra nuestra impresión, contra nuestros instintos. Solemos dar gran peso a nuestra memoria, fiarnos ciegamente de ella, y damos fe de algo si podemos asegurar que «lo hemos visto con nuestros propios ojos». Pero la memoria, que básicamente consiste en modificar la densidad y eficacia de las conexiones entre miles o millones de neuronas, es vulnerable precisamente por esto. Modificar esas conexiones neuronales lleva su tiempo, como ya sabemos, y en ese tiempo puede ocurrir de todo. No es difícil que nuevas vivencias y experiencias se mezclen con las ya existentes, las contaminen, o que ambas se alteren e influyan mutuamente. Puede incluso que acabemos recordando cosas que, en realidad, jamás hemos visto «con nuestros propios ojos», pero estar seguros de que así fue. Los errores pueden ocurrir no solo durante la fase de consolidación, que puede necesitar años, sino durante la propia percepción inicial del acontecimiento, lo que se conoce como fase de codificación. Incluso una vez consolidadas, nuestras memorias necesitan un mantenimiento, a cargo de un órgano —nuestro cerebro— que está vivo y en continuo cambio, por lo que la contaminación y el intercambio con viejos y nuevos recuerdos es algo siempre posible. También se ha constatado que es muy posible cometer errores durante el momento en que recuperamos nuestros recuerdos. Recordar algo supone más bien un proceso constructivo, se construye en ese acto un *recuerdo*, en parte —pero no únicamente— a partir de la información almacenada, con sus posibles errores, añadidos y omisiones.

Y así, destacando la imperfección de la memoria, empezamos ya a introducirnos en el mundo de la falibilidad del cerebro humano. Y es que, en realidad, aun teniendo el potencial de ser tremendamente inteligentes y sabios (*sapiens*), de poder descubrir hasta los más recónditos secretos de la Tierra y del universo, los humanos cometemos muchos errores. Quizá con demasiada frecuencia, desde luego con mucha más de lo que parece conveniente. ¿Se podría decir entonces que no somos tan listos? De cómo y por qué nos equivocamos tanto, a pesar de tener una máquina tan prodigiosa y costosa como es nuestro cerebro, me ocupo en la siguiente parte de este libro.

II

SI SOMOS TAN LISTOS, ¿POR QUÉ COMETEMOS TANTOS ERRORES?

Bien, ya hemos visto qué y cómo es la inteligencia humana, y hemos llegado a la conclusión de que posiblemente somos la especie más lista del planeta. Sin embargo, hay que reconocer que muchas veces no lo parecemos. Nuestra especie no siempre muestra todo su potencial intelectual, o lo muestra pero movido por razones probablemente equivocadas, un tanto espurias. Esto se debe en gran parte a que llegamos a muchas de nuestras conclusiones y tomamos muchas de nuestras decisiones de manera inconsciente, sin saber las verdaderas razones que nos han llevado a hacerlo. Además, a nuestro cerebro parecen atraerle especialmente las historias cerradas y donde las cosas ocurren por una razón. En cuanto encuentra una explicación que cumpla con estas características, la hará suya y la defenderá a capa y espada. Aunque no sea cierta. También se dará un pequeño premio y confiará ciegamente en su decisión. Funcionar de otra manera es muy costoso para el cerebro, de ahí que la mayor parte del tiempo ocurran así las cosas. Esto, por desgracia, abrirá la puerta a numerosos sesgos y falacias del pensamiento. No es de extrañar, por tanto, que no siempre pensemos de manera racional. E incluso que a veces se produzcan situaciones absurdas. El cerebro humano no es necesariamente un dechado de virtudes, y forman parte de su naturaleza comportamientos que parecen muy poco inteligentes, como las adicciones. O la crueldad, característica esta muy sobresaliente en nuestra especie, a pesar de lo cual la consideramos muy *poco humana*. Tenemos muchas contradicciones. Porque no todo es inteligencia. O sí, pero puesta al servicio de fines un tanto oscuros. Como la autoestima. En realidad, no hay objetivo más importante que querer tener una buena imagen de nosotros mismos. Cosas como estas son las que verdaderamente mueven al ser humano. En ocasiones, con consecuencias catastróficas. Afortunadamente, la inteligencia humana ha sido capaz de encontrar formas de superar muchas de nuestras limitaciones.

7

LUCES Y SOMBRAS EN NUESTROS
PENSAMIENTOS

Hay un participante sentado delante de un pulsador y de un reloj. El segundero corre de manera continua y bien visible. Se le ha ordenado que presione el pulsador con el dedo índice, y que lo haga de vez en cuando, cuando quiera. A su libre albedrío. Cuando le dé la soberana gana. Pero eso sí: siempre atento al reloj, porque cada vez que tome la decisión ha de tomar nota de dónde estaba el segundero y comunicárselo al experimentador inmediatamente después de pulsar. El experimentador era el psicólogo Benjamin Libet, estábamos a finales de la década de los setenta y Libet quería controlar el momento preciso en que el participante tomaba cada una de las decisiones de pulsar el botón. Sus conclusiones causarían una enorme conmoción social y científica cuya repercusión aún sigue siendo muy polémica. Veremos por qué.

El astrofísico y divulgador científico Carl Sagan decía que la mente «parece ser la expresión de los 100 billones de conexiones neuronales del cerebro más unos cuantos elementos químicos simples». Yo no puedo estar más de acuerdo. Pero definir qué es la mente, es decir, eso que expresan las conexiones neuronales junto con algunos elementos químicos, no es fácil; no hay una definición de mente que convenga a todos. Es más, desde la ciencia no vamos a encontrarla, ya que, de hecho, es un término *tabú*, desterrado de la psicología académica desde hace muchos años. Esta situación quedó muy clara cuando los psicólogos Wilhelm Arnold, Hans J. Eysenck y Richard Meili publicaron en 1972 su famoso *Diccionario de psicología*, que serviría de referencia para definir las bases de una disciplina que por aquel entonces pugnaba valientemente por tener su lugar entre las ciencias más estrictas. Si en dicha obra miramos la entrada para *mente*, se nos dice que es un término más propio de la filosofía, y quizá también de la psicología precientífica, identificándola con el *alma*, algo que había que distinguir del cuerpo. Según se especifica en dicha entrada, muchas de las funciones que normalmente se habían atribuido a la mente se expresarían hoy día mucho mejor por los términos *persona* o *personalidad*, que tendrían la ventaja de incluir la relación de la vida psíquica con el cuerpo y el mundo. En definitiva, el término mente sería algo del pasado, y es mejor sustituirlo por otros nombres que hagan alusión a procesos que puedan ser mejor definidos: memoria, inteligencia, pensamiento, toma de decisiones, lenguaje y un largo etcétera. También estoy de acuerdo con la propuesta de Arnold, Eysenck y Meili, pero a pesar de ello creo que el término mente puede ser utilizado, aunque tenga sus limitaciones, para englobar a la mayoría de todos esos procesos cognitivos, emocionales o de acción a los que nos solemos referir cuando usamos coloquialmente la palabra mente. Aunque solo sea de una manera intuitiva, creo que todos sabemos a qué nos referimos con ese término. De hecho, lo he utilizado hasta aquí en varias ocasiones a lo largo de este libro, y creo que se ha entendido lo que he dicho, que no ha habido mayor problema.

Pero hay otro concepto de la psicología aún más importante relacionado con el de mente. De hecho, creo que muchas veces son intercambiables. El concepto de mente no habría surgido nunca, ni tendría sentido, de no ser por la existencia de esto otro: la consciencia. Es decir, la existencia de experiencias internas, sentimientos, sensaciones íntimas y propias, a las que también llaman sintiencias, *qualia* o subjetividad. Diversas palabras que no son sino el síntoma de que con el término consciencia pasa lo mismo que con el de mente: es muy difícil de definir. El premio nobel Francis Crick, uno de los pioneros en el estudio neurocientífico de la consciencia, decía que se puede perder mucho tiempo intentando llegar a una definición, especialmente si lo que se intenta definir es poco conocido. De hecho, era mejor evitarla para no llegar a una de manera prematura en tanto no conociéramos más. Como todo el mundo tiene al menos una ligera idea de lo que significa la consciencia, su propuesta era ponerse a trabajar en ella sin perder más tiempo; ya vendría el momento de la definición cuando se acumulara suficiente conocimiento. Creo que, en línea con esta actitud, podremos usar los términos mente y consciencia sin mayores problemas.

A mí me caben pocas dudas de que cuando hablamos de nuestra mente hablamos de nuestra actividad cerebral consciente, aquella parte de la actividad cerebral de la que somos conscientes. Soy consciente de razonar, de pensar, de percibir, de sentir, de desear, de actuar..., en definitiva, de todas esas capacidades o procesos que normalmente englobamos bajo el concepto de mente. Algunos autores consideran que el concepto de mente también incluye procesos que pueden no ser conscientes, e incluso algunos que serían *preconscientes*, que están ahí casi a punto de ser conscientes y forman parte de una suerte de información menos activada o en segundo plano. Pero si de algún sitio viene la idea de mente es, precisamente, de la consciencia. Otra cosa bien distinta es que todas esas operaciones que decimos que hace la mente sean realmente conscientes. O si no será, como más bien parece, que a la consciencia llega solo una parte de todas las operaciones que el cerebro realiza para llevar a cabo esos procesos que llamamos razonar, pensar, percibir, decidir o actuar. Como ya sabemos, lo que llega a la consciencia apenas supone un 2 o 3 por ciento de todos los procesos cerebrales en cada momento. El cerebro hace muchas cosas que escapan a nuestra mente.

Al participante en los experimentos de Libet también se le colocaban unos electrodos en la cabeza, particularmente sobre las áreas motoras del cerebro. Con dichos electrodos se podía registrar una actividad de las neuronas motoras conocida como *potencial de preparación*, una fluctuación eléctrica del electroencefalograma cuya aparición refleja la preparación de dichas neuronas para ejercer una acción; su presencia anuncia que se va a realizar un acto motor. Normalmente, el potencial de preparación va aumentando progresivamente su amplitud, y alcanza su máximo cuando las neuronas motoras envían a la médula espinal la orden de ejecutar el movimiento; a partir de ahí, desaparece. Desde que se da esa orden hasta que realmente se mueve el dedo pasarán unos 100 milisegundos. El individuo decía tomar la decisión de presionar el pulsador unos 200 milisegundos antes de iniciarse esa orden cerebral en sus áreas motoras. Hasta aquí, bien; todo cuadra: decide apretar y luego aprieta. Sin embargo, el potencial de preparación comenzaba al menos un segundo antes de iniciarse dicha orden. Si hacemos los cálculos, esto quiere decir que el cerebro comenzaba a preparar la respuesta al menos medio segundo antes de que el individuo fuera consciente de haber tomado la decisión de apretar el pulsa-dor. El dato en sí era (y es) incontestable y muy relevante pues, dicho de otra manera, indicaba que *la decisión ya está tomada cuando el participante creía estar tomándola.*

Nuestra voluntad consciente, es decir, la capacidad de la consciencia para decidir, para iniciar voluntariamente nuestras acciones, quedaba así en entredicho. ¿Qué hacía entonces la consciencia? Pues, simplemente, constatar algo, pero no iniciarlo. Y, además, bastante tiempo des-pués, cuando ya prácticamente se iba a dar la orden final de presionar el pulsador. Los experimentos de Libet no son un hallazgo aislado ni casual, pues se han replicado en numerosas ocasiones, en multitud de laboratorios de todo el mundo y con diversas tecnologías de estudio de la activi-dad cerebral. Incluso en algunos casos se han detectado preparaciones cerebrales del movimiento muy anteriores a las que reportó Libet, de varios segundos. Las aguas ya se han calmado un poco, pero en su momento sus resultados causaron tal conmoción que Libet recibió diversos ata-ques, tanto desde la comunidad científica como de la opi-nión pública. Ante dichos ataques, Libet se curó en salud diciendo que sus datos no implicaban necesariamente que la consciencia no tuviera aún tiempo de parar un movi-miento ya a punto de ser iniciado. Es decir, el cerebro po-dría iniciar por sí mismo la preparación del movimiento, pero en el momento que surge la constatación consciente de esta circunstancia, aún tendríamos el poder de impedir-lo. Es solo que a los participantes no se les pedía que lo hi-cieran. Fue una forma de salvar las apariencias, pues ni el propio Libet debía de creer que este argumento fuera real-mente convincente. Impedir una respuesta hubiera reque-rido probablemente un tiempo de preparación mayor que la pequeña ventana temporal de 200 milisegundos que ha-bía entre la constatación consciente de querer dar la orden y el inicio de su ejecución. También ha habido quienes han querido cuestionar la metodología empleada en los experimentos de Libet; por ejemplo, algunos experimentos sugieren que el potencial de preparación podría ser una simple fluctuación aleatoria que no guarda relación con el inicio de un acto motor. Sin embargo, estas críticas no parecen convencer a la mayoría de los científicos.

Las consecuencias de estos experimentos son múltiples, y sin duda nos deben hacer reflexionar. Así lo hace, por ejemplo, el escritor norteamericano Ted Chiang en un cuento titulado «Lo que se espera de nosotros». En él habla de una especie de *juguetito*, el Pronostic, un aparato con un solo botón y una luz que se enciende «un segundo antes de que aprietes el botón». La luz siempre precede al apretado del botón, de tal modo que es la prueba definitiva de que no existe el libre albedrío. Como consecuencia, los usuarios acaban perdiendo toda motivación, se instalan en una especie de coma, un «mutismo acinético». El cuento es un aviso desde el futuro para que todos finjamos que tenemos libre albedrío, para que actuemos como si nuestras decisiones contaran. Al fin y al cabo, tampoco tenemos elección...

EL CEREBRO NO BUSCA LA VERDAD

Experimentos como los de Libet muestran que las decisiones las tomamos nosotros, sí, pero no de la manera como creemos tomarlas. En infinidad de ocasiones, estamos convencidos de haber sopesado pros y contras, pero en realidad no sabemos exactamente cómo hemos llegado a tomar una decisión. Frecuentemente, no sabemos por qué decidimos decidir lo que decidimos o por qué hacemos lo que hacemos. De hecho, la mayoría de las veces nuestras explicaciones son racionalizaciones *a posteriori* que justifican nuestra decisión; pero pueden ser verdad o no.

Desde hace décadas, numerosas evidencias apoyan firmemente estas afirmaciones. Algunas de las más interesantes, a la par que pioneras, vinieron del estudio de pacientes a los que se les había dividido el cerebro por la mitad, separando sus dos hemisferios. Esta intervención quirúrgica era consecuencia de intentar disminuir el número de ataques epilépticos de estas personas, pues habían fallado otros métodos, normalmente farmacológicos. En consecuencia, se les seccionaba el *cuerpo calloso*, un inmenso conjunto de axones que mantiene estrechamente unidos a ambos hemisferios, facilitando su funcionamiento al unísono. Tras la intervención, cada mitad del cerebro de estos pacientes sería independiente de la otra. Y, en consecuencia, cada una percibiría e intervendría sobre una mitad del mundo. Con la vista al frente, y si no movemos los ojos, el hemisferio izquierdo percibe principalmente lo que está a nuestra derecha, mientras que lo que está a nuestra izquierda es procesado por el hemisferio derecho. Cada mitad cerebral, también, manejaría una mano diferente: el hemisferio izquierdo maneja la derecha y el derecho la izquierda. El cerebro con el que hablamos, además, es principalmente el izquierdo, pues es donde se localizan las principales y más importantes áreas del lenguaje. Con el cerebro dividido es como si tuviéramos dos personas en una; una habla y otra no.

Se hicieron varios experimentos con individuos en esta situación tan peculiar. En una prueba tipo, al paciente se le presentaban rápidamente dos imágenes diferentes, una en su lado derecho y otra en su lado izquierdo. Al presentarse las imágenes muy brevemente, se evitaba que el paciente pudiera mover los ojos y conseguir ver las dos imágenes con los dos hemisferios. De esta manera, cada imagen iba al hemisferio correspondiente, y solo a ese. Tras la presentación de las imágenes, se pedía al paciente que con una de sus manos cogiera una de entre varias tarjetas que representaban diversos objetos, en concreto la tarjeta que se relacionara con lo que había visto. Si se le pedía que usara la derecha, elegía algo relacionado con lo que se había presentado en el lado derecho. En este caso, si se le pedía que explicara su elección, todo parecía ser coherente y evidente, sin discusiones. Por ejemplo, elegía la tarjeta con la imagen de una gallina porque había visto la imagen de una pata de este animal. Si se le pedía que usara la mano izquierda, elegía algo relacionado con lo que había aparecido en el lado izquierdo. Por ejemplo, si la imagen presentada era una casa en un paisaje nevado, escogía la tarjeta que representaba una pala para quitar la nieve. También es coherente. Pero, en esta ocasión, si se le pedía que explicara la razón de ser de su respuesta ocurrían cosas raras. Por ejemplo, afirmaba que elegía la pala porque se puede usar para quitar los excrementos dejados por las gallinas. ¿Qué estaba pasando?

Lo que ocurría es que el cerebro con el que los investigadores hablaban y tenían un diálogo, el que daba las respuestas, era el hemisferio izquierdo, el lingüístico. El derecho, que es el que veía la casa en el paisaje nevado y escogía una respuesta coherente con esta imagen —la pala para quitar nieve— no era capaz de explicarse al no tener lenguaje. Sin embargo, los movimientos de la mano izquierda escogiendo la pala eran vistos por el hemisferio izquierdo, el que hablaba. Al ver que él mismo había escogido la pala para quitar nieve, aunque en realidad lo que había visto era la pata de una gallina, el hemisferio izquierdo tenía que vincular ambas realidades de alguna manera. Tenía que encontrar una explicación coherente que justificara su elección. Al fin y al cabo, era algo que el individuo había hecho voluntariamente, pero el hemisferio que hablaba con los investigadores y que había visto la elección de la pala por su mano izquierda no había visto en ningún momento el paisaje nevado, sino la pata de gallina. No tenía ni idea de la verdadera razón de esa elección. Sin embargo, en lugar de decir «No sé», que es lo que todos pensaríamos que sería lo más razonable, el hemisferio izquierdo sentía la necesidad imperiosa de justificar el comportamiento del propio individuo. Así, encontraba en el acto una posible explicación y la contaba. Estas personas no mentían. No estaban inventándose una historia deliberadamente con la intención de mentir. Tan solo inventaban una justificación para su conducta. La secuencia mental del paciente en su hemisferio izquierdo debía de ser algo así: «He cogido la pala, pero lo que he visto es la pata de una gallina, ¿por qué habré hecho eso? ¡Ah, ya sé! Debe de ser porque la pala se puede utilizar para eliminar excrementos, y todo el mundo sabe que las gallinas dejan muchos de estos residuos. ¡Eso es!». Esto son *confabulaciones*, no mentiras. Se trata de inventarse algo para rellenar un hueco en nuestro conocimiento. Había una verdadera y simple razón para escoger la pala, pero el hemisferio que hablaba la desconocía por completo. Y la opción más natural es encontrar una explicación, por absurda que pueda parecer.

Abundan los ejemplos de este tipo de conductas en experimentos realizados con estos pacientes. Uno que particularmente me encanta es aquel en el que presentaron brevemente a la izquierda del paciente un cartel que decía: «Ríase». Aunque el hemisferio derecho, que es el que lo recibía, no podía hablar, al no poseer áreas específicas del lenguaje, sí tenía cierta capacidad rudimentaria para la lectura, por lo que lo entendía perfectamente. El paciente, por tanto, se reía. Pero al preguntarle qué era lo que le hacía reír, el hemisferio izquierdo decía cosas como «¡Es que son ustedes muy graciosos!». La respuesta que podría parecer la más razonable, decir «No sé», no era, curiosamente, la que solían encontrar. Michael Gazzaniga y Roger Sperry, quienes lideraron estos experimentos, llegaron a la conclusión de que, en realidad, esta es la forma más habitual de funcionar de nuestro cerebro, no solo de los pacientes con el cerebro dividido en dos mitades. Numerosos experimentos posteriores han demostrado que es así. El lector puede hacer una prueba con un amigo, si así lo desea. Preséntele dos retratos de dos personas, una de ellas claramente más atractiva que la otra, pero sin exagerar. Pongamos que la menos atractiva es rubia y la más atractiva es morena. Dígale que escoja la que más le gusta, pero que se guarde su respuesta para más tarde. A continuación, entreténgale durante unos minutos con cualquier otra cosa; hablen de cualquier tema que no tenga nada que ver con lo que ha visto; por ejemplo, sobre el último libro que está leyendo (que podría ser este). Acto seguido, muéstrele dos retratos, uno será el de la persona menos atractiva de las presentadas hace unos minutos, la rubia; el otro será de una persona morena, en una pose parecida a la de la original, pero distinta, con diferencias apreciables, por ejemplo, en la boca, el color de los ojos o la forma de la nariz. Si su amigo es como la gran mayoría de las personas, dirá convencido que la que le gustó es la nueva persona, pues reconoce inmediatamente que la otra no había sido su elección. Y si se le preguntan las razones de su preferencia se pondrá a describir lo atractivo de los rasgos (la boca, los ojos o la nariz) de la nueva persona.

Decir «No sé» no es la respuesta más humana. Por el contrario, lo normal es explicarlo todo, especialmente en relación con lo que hacemos, lo que elegimos, lo que decidimos, lo que nos gusta. Se trata siempre de justificar nuestros actos... aunque no sepamos qué nos ha llevado a realizarlos. La verdad, en definitiva, no sería lo más importante,

Paisajes para demostrar la existencia del intérprete: ceguera a la elección. Los paisajes primero y segundo son diferentes, pero relativamente intercambiables, de manera que puedo elegir uno de ellos y luego creer que elegí el otro cuando se presenta al lado del tercero.

sino quedarse a gusto con una explicación más o menos creíble, aceptable. Aceptable para uno mismo y para los demás —aunque no sea cierta—. A esta forma de ser de nuestro cerebro, Gazzaniga y Sperry la llamaron el *intérprete* y, más que una entidad alojada en nuestro cerebro, es la forma principal que tiene este de enfrentarse a la realidad. Es una metáfora. El intérprete es un mecanismo dominante en el cerebro humano: siempre está funcionando y pretende explicarlo todo. Es Don Sabelotodo. Además, busca incansablemente causalidad, no admite que las cosas puedan ocurrir por casualidad (a pesar de ser bastante frecuente). En este mundo, por tanto, todo tiene una razón de ser, una causa, solo es cuestión de encontrársela. Y cualquiera que parezca medianamente creíble y aceptable, coherente, aunque no sea verdadera, nos puede valer: una vez que la hemos encontrado, nos quedaremos satisfechos y no hará falta buscar más. El intérprete es un impulso para hipotetizar acerca de la estructura del mundo, incluso ante cualquier evidencia de que no existe ningún patrón. El cerebro humano no busca la verdad, tan solo respuestas que lo dejen satisfecho. Cuando nuestros antepasados pensaban que una inundación o un terremoto eran consecuencia directa del enfado de los dioses, estaban usando el intérprete en toda su plenitud.

Se podría decir que todo nuestro cerebro estaría al servicio del intérprete, aunque algunas partes del hemisferio izquierdo parecen tener mayor protagonismo. Estas se ubicarían en las regiones más anteriores del lóbulo frontal, donde se considerarían posibles relaciones causales, se pondrían en orden y se generaría un relato coherente. Es interesante observar que neandertales y *sapiens* muestran un ensanchamiento de estas partes prefrontales que no aparece en otros miembros del género *Homo*. ¿Tendrían los neandertales un intérprete parecido al nuestro?

DECISIONES VISCERALES

Cuando decimos «Ha sido el instinto» o «Algo me dice» o atribuimos nuestras razones al estómago o al corazón... estamos en lo cierto. Las reacciones de nuestras vísceras, normalmente automáticas e inconscientes, son un elemento crucial de nuestras emociones; sin ellas no habría emociones. Y sin emociones no habría decisiones la inmensa mayoría de las veces.

Para el neurólogo portugués Antonio Damasio, nuestras decisiones, nuestras opiniones, se basan en las señales que el cuerpo nos envía ante cada opción, cada posibilidad. El lector puede entenderlo pensando por un instante en algo muy agradable que le haya ocurrido en su vida. O en algo muy desagradable. Inmediatamente, el cerebro generará reacciones en nuestras vísceras; en el estómago, el corazón, los pulmones, etc. Estas reacciones estarán en consonancia con el estado emocional suscitado por ese recuerdo. Sensaciones similares se generan todos los días, y casi continuamente, según pensemos en diversas opciones y alternativas que estemos considerando para guiar nuestro comportamiento. En función de que el cerebro reciba del cuerpo señales agradables o desagradables, las distintas opciones que barajásemos se irían descartando o seleccionando. En buena lógica, Damasio llama a estas señales *marcadores somáticos*, y lo interesante es que son en gran parte inconscientes. Algunos autores piensan que no son las sensaciones que vienen del cuerpo las que realmente determinan nuestras decisiones, sino que basta con la activación de las partes del cerebro que generan nuestros afectos (sentimientos o sensaciones mentales vinculados a las emociones), que son las que contactarán con las zonas de la corteza cerebral donde se tomará una decisión. En realidad, se encargan de alterar y monitorizar el estado de nuestro cuerpo y nuestras vísceras, con lo que, en el fondo, sería lo mismo.

Mediante el uso de estos marcadores somáticos podemos tomar decisiones de manera rápida, aunque se nos oculten generalmente las verdaderas razones por las que las tomamos. El cerebro, que es una máquina con una gran capacidad de computación, va estudiando alternativas y simulando sus consecuencias. Cada una de estas consecuencias simuladas genera sus propios marcadores somáticos, sus propias reacciones viscerales, que van informando al cerebro sobre su conveniencia o no. Y así hasta que damos con la mejor opción, con la que genera más sensaciones agradables o menos desagradables. Todo esto ocurre rápidamente y basándose en la gran cantidad de información acumulada por nuestro cerebro, de la que en su inmensa mayoría no somos conscientes en ese momento. A *posteriori*, podemos encontrar buenas razones para justificar nuestra elección, pero es muy probable que no fuéramos conscientes de ellas cuando la estábamos llevando a cabo. Incluso puede que las que encontremos no sean las verdaderas razones. Es lo mismo que ocurría en los pacientes de Sperry y Gazzaniga con el cerebro dividido. No importa: nuestro mundo, y especialmente el social, exige decisiones y acciones rápidas. Luego ya, más tarde, podremos explicarlas si es necesario. Es de hecho muy posible que la mayoría de las veces no lleguemos a conocer las verdaderas razones para nuestros actos, o que solo demos con algunas de ellas.

¿Se ha parado el lector a pensar en el ser al que va dirigida la publicidad? La de cualquier medio de comunicación: televisión, prensa, radio. Pues va dirigida a usted, a un miembro de la especie *Homo sapiens*. Sin embargo, da igual el tipo de producto que quieran que compremos: coches, chicles, bebidas alcohólicas, queso, muebles... En todos los casos, con raras excepciones, la forma que tiene la publicidad de intentar convencernos no parece dirigida a un ser que razone y piense fría y sosegadamente. Un anuncio de televisión, por ejemplo, apenas dura unos veinte segundos, a pesar de lo cual el precio que paga la compañía por poder emitirlo suele ser desorbitado. Pero el gasto merece la pena, pues la compañía sabe que va a multiplicar su inversión. En veinte segundos hay poco tiempo para comentar suficientemente la información relevante; hay que ser directo e ir al grano, al nudo de la cuestión, a lo que verdaderamente importa y que sabemos (saben las empresas de publicidad) que funciona: las emociones. La publicidad no suele ser ni verdadera ni objetivamente informativa. La mayoría de la publicidad televisada, por ejemplo, consiste en unas breves imágenes en las que el producto aparece junto con gente que normalmente es atractiva, a veces famosa (esto es muy eficaz, pero sale más caro para el anunciante), y con frecuencia contenta y sonriente: la sonrisa de los demás nos desarma. No necesitamos más argumentos. Si algo motiva y emociona especialmente a un ser humano es otro ser humano. Su opinión, su aprobación, su admiración (que tendremos si compramos el producto que recomienda) nos harán sentir emociones agradables. En realidad, lo que se nos dice acerca del producto —y no digamos de su comparación con otras posibles alternativas— es mínimo, a veces nulo; en veinte segundos no da tiempo para ello. Pero tampoco es necesario. En algunos casos se nos informa de algún dato relevante, como el precio, aunque muy rápidamente, con letra pequeña, no muy visible. Lo importante es lo demás: por ejemplo, en un anuncio de coche, la gente que lo conduce, lo mucho que disfrutan con ello, los lejanos y atractivos sitios a los que los llevan o lo brillante y esplendorosa que es su carrocería (algo normal en cualquier coche nuevo). Pero se nos ofrece poca o ninguna información verdaderamente relevante para tomar una decisión sensata, como puede ser su estabilidad en las curvas, su consumo, su tamaño exterior (importante para aparcar) e interior (que determina la habitabilidad) o el volumen del maletero. Definitivamente, la publicidad busca que asociemos buenas sensaciones corporales (o marcadores somáticos) con determinado producto.

LOS DOS SISTEMAS DE PENSAMIENTO

Puede parecer sorprendente y contradictorio que una de las conclusiones de la primera parte de este libro sea que somos la especie más inteligente del planeta, pero que, por otra parte, resulte que pensamos y tomamos nuestras decisiones de manera inconsciente, sin conocer las verdaderas razones y basándonos fundamentalmente en sensaciones emocionales, viscerales. ¿Es esto posible? Efectivamente, lo es. Nuestro cerebro es tan grande y está tan bien interconectado que incluso en esas condiciones puede pensar adecuadamente y tomar buenas decisiones. No obstante, es cierto que, si no tenemos cuidado, podemos cometer muchos errores, y muy graves. Y de hecho ocurre con más frecuencia de la que quisiéramos.

Muchos autores defienden que el cerebro humano consta de dos sistemas para pensar: uno rápido y otro lento. También se conocen, respectivamente, como sistemas 1 y 2. El más conocido de estos autores es el psicólogo Daniel Kahneman, que recibió el Premio Nobel de Economía por descubrir los extraños mecanismos que llevan a consumidores e inversores a tomar sus decisiones. Para Kahneman, el sistema rápido —o sistema 1— es el que usamos la gran mayoría del tiempo. Es automático, requiere poco esfuerzo, es en gran medida inconsciente, y la mayor parte de las veces sigue una lógica que no solo no es muy estricta, sino que, si fuera sometida a un escrutinio pormenorizado, revelaría que está llena de fallos. En este sentido, es un modo de pensamiento heurístico, es decir, basado en atajos y simplificaciones de los problemas que se deben resolver, en parecidos y apariencias, de poca precisión y apoyado en datos normalmente escasos e insuficientes. Ya comenté en la primera parte que esta forma de pensar se potencia cuando estamos de buen humor. Dadas sus características, es este un sistema proclive a error y al que es muy fácil engañar, y en el cual se van a dar la mayoría de los numerosos y persistentes sesgos del pensamiento humano, de los que hablaremos largo y tendido en el próximo capítulo. No obstante, y a pesar de sus defectos, es un sistema que puede, y suele, ser bastante eficaz. En cualquier caso, en él las emociones tienen normalmente un gran peso. Al fin y al cabo, se basa en lo que muchas veces llamamos intuiciones o corazonadas, y se corresponde bastante bien con la propuesta de Damasio sobre los marcadores somáticos.

Afortunadamente, no todo está perdido para nuestra especie, ya que tendríamos también un sistema lento para pensar, el sistema 2. Este ya necesita más datos, más tiempo, y requiere más esfuerzo, lo que se corresponde con mayores niveles de consciencia, que propiciarían que aflorara cada uno de los argumentos y operaciones que se están barajando. O, al menos, una buena parte de ellos. Sería, además, menos proclive a error y estaría más alejado de sesgos y sentimientos emocionales. Pero se usaría muy poco, todo hay que decirlo. Al necesitar más datos y más tiempo e implicar gran esfuerzo y, por tanto, un elevado consumo energético por parte del cerebro, normalmente no lo utilizamos. Solo lo aprovechamos en algunas ocasiones aisladas, como cuando hacemos operaciones matemáticas, diseñamos una máquina o tomamos decisiones muy trascendentales e importantes. Sería también el modo de pensar que se utiliza en la ciencia.

El sistema 2, o lento, no obstante, tampoco es perfecto. Como todo lo humano, es mejorable. Algunos autores, como, por ejemplo, el psicólogo Gary Marcus, piensan que todavía es un poco *chapucero*, pues es fruto de la evolución de parte del sistema 1 y, por tanto, se halla aún en vías de ajustarse y optimizarse. No estaría totalmente libre de emociones y no necesariamente nos lleva siempre a mejores decisiones que el sistema rápido. De hecho, la existencia de estos dos sistemas como estructuras diferenciadas en el cerebro no está clara. Se han realizado varias propuestas. Por ejemplo, que el sistema 1 estaría integrado por zonas de la corteza más relacionadas con las emociones, como la corteza orbitofrontal o algunas partes del cíngulo anterior, además de ciertas regiones laterales de los lóbulos temporales, mientras que el sistema 2 se relacionaría con las cortezas laterales y mediales prefrontales y con partes laterales del lóbulo parietal. Otras propuestas remiten el sistema rápido a las partes perceptivas de nuestra corteza, las que se sitúan tras la cisura central o de Rolando, mientras que el sistema lento se ubicaría fundamentalmente en el lóbulo frontal. Ninguna de estas propuestas, sin embargo, ha tenido gran éxito, y es muy probable que ambos sistemas estén muy solapados y poco diferenciados, o que en el fondo no sean sino lo mismo, usado de diferentes maneras o bajo diferentes condiciones. En este sentido, cabe que otros seres humanos cercanos a nosotros, como el neandertal, hayan tenido momentos en que su pensamiento se haya puesto en *modo sistema 2*, pues básicamente podrían haber contado con las mismas piezas cerebrales que nosotros y con similares niveles de competencia y eficacia gracias a su gran tamaño. Ocasiones en las que se requiriera un gran esfuerzo mental, como la presencia de algún problema vital, podrían haber hecho funcionar al cerebro a su máxima potencia. Y no descartaría rudimentos de este modo de pensar en especies como *heidelbergensis* e incluso *erectus / ergaster*. Si el sistema 2 es fruto de la evolución, aunque aún no esté del todo perfeccionado, debió de comenzar a rodar en algún momento.

En conclusión, el sistema dominante en nuestra especie sería el rápido, es el que caracteriza mayoritariamente nuestra forma más habitual de pensar. Como han destacado numerosos autores desde hace décadas, en el cerebro humano, como en realidad en el de los demás seres vivos provistos de este órgano, impera la *ley del mínimo esfuerzo*. Así lo hizo notar el lingüista George Kingsley Zipf en los años cuarenta del pasado siglo, tras analizar concienzudamente y con las herramientas de la estadística en la mano cómo es nuestro lenguaje, así como el resto de nuestro comportamiento. Por ejemplo, cuando ciertas palabras o expresiones se usan con más frecuencia que otras, aquellas tienden a acortarse, sencillamente para ahorrar tiempo y esfuerzo utilizándolas. Esta tendencia es la razón de que digamos *bici* o *moto* en vez de *bicicleta* o *motocicleta*, respectivamente, *profe* en vez de *profesor*, *foto* por *fotografía* o, más recientemente, *finde* en lugar de *fin de semana*. Que la ley del mínimo esfuerzo se aplica a nuestra especie también lo demuestra, por ejemplo, la frecuencia con la que procrastinamos —es decir, dejamos para mañana lo que podríamos hacer hoy—. Si podemos salir adelante con poco esfuerzo, mejor, y así parece ser la mayor parte del tiempo. Si la cosa funciona, ¿para qué molestarnos? El sistema 2, o sistema lento, requiere mucho tiempo y esfuerzo. Y además no es infalible. Pero es lo mejor que tenemos, es la joya de nuestra corona. Y, sin él, dudo mucho que hubiéramos salido de las cavernas.

8

¿CÓMO NOS EQUIVOCAMOS LOS HUMANOS?

Decimos: «El hombre es el único animal que tropieza dos veces en la misma piedra». ¿Eso es verdad? ¿Los animales no se equivocan, no cometen errores? Y si los cometen, ¿cometen el mismo dos veces? La respuesta a todas estas preguntas es claramente afirmativa, aunque que los animales se equivoquen dos veces podría no estar tan claro. Los animales, como todo ser provisto de cerebro o, al menos, de sistema nervioso, son perfectamente falibles. La flexibilidad que da un sistema nervioso cada vez más complejo proporciona precisamente mayores *grados de libertad*, más posibilidades de respuesta ante los mismos acontecimientos o ante situaciones nuevas; y, en esa libertad, caben los aciertos y también los errores. Ahora bien, con menos flexibilidad también se cometen errores si las circunstancias cambian y no se dispone de la posibilidad de encontrar respuestas alternativas a las ya programadas.

Con sistemas nerviosos cada vez más grandes y complejos, se supone que las posibilidades de respuesta ante los acontecimientos no solo se hacen más variadas e incluso enrevesadas, sino que, al menos en principio, tendrían más posibilidad de éxito. De acertar, en definitiva. Ya hemos visto, no obstante, que nuestro sistema nervioso, nuestro cerebro, no siempre da lo mejor de sí, y que incluso en *modo sistema 2* o lento podemos cometer errores. En el caso de nuestra especie, las decisiones se complican por lo enmarañado del mundo social humano, que incluye no solo un número grande de individuos, sino una rica gama de posibles relaciones, deudas y conexiones, de reacciones, intenciones, estados de ánimo, de interpretaciones y conocimientos. En definitiva, nuestro mundo social es tal que el comportamiento de los demás, incluso el propio, se hace la mayoría de las veces impredecible. Las personas asumimos más riesgos que los animales, y tomamos decisiones más complejas porque, precisamente, intentamos anticipar el comportamiento de los demás —que es igual de complejo e irracional que el nuestro—. Por eso repetimos errores, por eso podemos fácilmente tropezar dos y hasta más veces en la misma piedra. Si una vez algo no funcionó, esto no quiere decir que no pueda funcionar la próxima. O la siguiente. Quizá en otra ocasión las circunstancias sean diferentes. Así, si el mundo social o el entorno físico fueran perfectamente predecibles, con un error sería suficiente. Es lo que ocurre en numerosos grupos animales relativamente simples. En caso contrario, repetir un error entra dentro de lo aceptable.

Somos falibles, eso está claro. El sistema 2 es falible, aunque no tanto como el 1. Sin embargo, la mayor parte del tiempo estamos en *modo sistema 1*, por lo que la posibilidad de equivocarnos es casi siempre muy alta. El error humano es algo normal, natural. Tanto el sistema 1 como el 2 no están libres de las dos principales fuentes de error de nuestro cerebro: los sesgos y el ruido. Los primeros consisten en errores sistemáticos o distorsiones en la interpretación de los hechos, en la forma de pensar. La manera de ser del sistema 1 o rápido de nuestro pensamiento lo hace más proclive a caer en estos errores; al imperar el modo heurístico, es decir, atajos y simplificaciones del pensamiento, los sesgos se mueven como pez en el agua. Pero en absoluto el sistema 2 está libre de ellos. El ruido, por su parte, es una fuente de error más aleatoria e impredecible, más relacionada con la idiosincrasia de cada uno, incluso del momento, y puede depender, como veremos, de multitud de factores, muchas veces inverosímiles. De nuevo, el sistema 1 es más proclive al ruido, aunque esta fuente de error también puede lanzar sus tentáculos sobre el sistema 2.

En este capítulo voy a hablar de cómo y por qué nos equivocamos los humanos; en nuestras decisiones, en nuestros juicios, en nuestros pensamientos. Hablaré de sesgos, de ruido y de algunas cosas más.

QUÉ SON LOS SESGOS

El término *sesgos cognitivos* fue introducido por los psicólogos Daniel Kahneman y Amos Tversky en 1972. Del primero ya he hablado, pues a él debemos la propuesta de los dos tipos o sistemas de pensamiento, el rápido y el lento (1 y 2), aunque a esta idea también contribuyó Tversky. Los sesgos son errores sistemáticos, recurrentes, y muy comunes, en nuestra forma de pensar. También se los conoce como falacias o ilusiones del pensamiento, aunque el de sesgos es sin duda el nombre más popular. Son muchos y muy interesantes, y se están estudiando a fondo en las últimas décadas, pues podrían explicar numerosos fenómenos sociales y del comportamiento, tanto individual como colectivo. Los sesgos, para bien o (más frecuentemente) para mal, tienen importantes repercusiones en lo que ocurre a nivel social, político y económico. Vamos a comentar algunos de ellos, los más conocidos y destacables, aunque la lista podría ser interminable.

Un sesgo nada infrecuente es el conocido como *sesgo de*

confirmación. Este consiste en la tendencia a recolectar, atender o seleccionar información que confirma nuestras ideas previas. Si tengo una convicción sobre algo, busco pruebas que la respalden, pero ignoro quizá otras muchas que indicarían que estoy equivocado. Efectivamente, ignorar ciertas evidencias es una parte importante de este sesgo. Un juicio imparcial no debería conformarse así, pero el juicio humano es como es, y casi nunca son todos los datos los que guían nuestro razonamiento. Este sesgo puede funcionar a escalas temporales largas, de días, meses o años, pero también puede darse en el término de unos pocos segundos. Cuando, por ejemplo, nos describen a una persona como sociable, meticulosa, sutil y sin escrúpulos, podemos extraer una opinión distinta que si nos la describen como sin escrúpulos, sutil, meticulosa y sociable. Son los mismos adjetivos, pero en distinto orden: al primer adjetivo ya nos formamos una opinión sobre esa persona, lo que hace que demos menos importancia y no atendamos a los adjetivos siguientes, que podrían matizar o cambiar esa impresión. También ocurre cuando nos encontramos por primera vez con alguien físicamente atractivo y con buena presencia, de quien automáticamente nos formaremos una buena impresión, que se mantendrá contra viento y marea, aunque algunas evidencias nos puedan ir indicando que quizá no sea oro todo lo que reluce. A veces, el sesgo de confirmación se entremezcla con el de *deseabilidad*, pues la información que seleccionamos apoya una idea no solo que ya teníamos, sino que deseamos que sea cierta. Ambos sesgos son muy comunes en los creyentes en pseudociencias y fenómenos paranormales, pero también son omnipresentes en la vida cotidiana. Muy unido al sesgo de confirmación está el de *falso consenso*: creer que las opiniones propias y nuestros puntos de vista están más extendidos de lo que realmente lo están. Expresiones como «Todo el mundo piensa» o «Cualquiera lo ve así» formarían parte de los síntomas típicos de este sesgo. Lo que explicaría, por ejemplo, por qué preferimos y nos fiamos más de unos medios de comunicación que de otros, y es que disfrutamos leyendo o escuchando lo que nos da la razón.

Como vemos, los sesgos conviven muy bien con un cerebro tan social como el nuestro. Algunos de ellos, de hecho, son típica o exclusivamente sociales, como el *sesgo de veracidad* y el *sesgo de transparencia*, que están íntimamente relacionados. Por culpa del primero, tendemos a creer que lo que nos dicen los demás es cierto, y eso que sabemos que mentir es muy fácil y que todo el mundo lo puede hacer relativamente bien. Por defecto, creemos que los demás son siempre honestos; tendemos a confiar en los demás, incluidos los desconocidos. Este sesgo está realmente muy extendido, y de ahí vienen numerosos timos, estafas y otros delitos inaceptables que afectan tanto a individuos como, en ocasiones, a instituciones, públicas o privadas. El sesgo de trasparencia, por su parte, consiste en creer que sabemos leer las expresiones faciales emocionales de las personas, que nos darían una información fehaciente y fidedigna de lo que en realidad les pasa por la cabeza. Ciertamente, muchas expresiones emocionales son involuntarias y difíciles de controlar, por lo que podríamos decir que son, hasta cierto punto, sinceras. Pero esto no es del todo verdad por varios motivos. Por un lado, muchas personas son capaces de controlar sus expresiones faciales de manera muy exitosa. Bastan varias técnicas, entre las que está el autoengañarse y convencerse de una idea que podemos saber que no es cierta, pero que nos disponemos a creer, siquiera momentáneamente y en nuestro beneficio. El ser humano puede ser muy virtuoso en el autoengaño. También se pueden ejercitar, y es de hecho lo que hacen los actores y muchos políticos. Aunque el cerebro humano está supuestamente especializado en leer las expresiones emocionales y detectar posibles engaños, estos abundan y nos la pueden colar en numerosas ocasiones. El sesgo incluye, curiosamente, creer que esto nunca sucede, siendo por tanto complementario del sesgo de veracidad. Por otra parte, y al margen de su posible control voluntario, las expresiones emocionales parecen no ser tan simples y universales como se ha venido creyendo. Hablaremos de esto más adelante, pero baste decir ahora que el sesgo de transparencia implica creer que las expresiones emocionales sí son simples y universales, y que somos más transparentes de lo que en realidad somos.

En nuestra vida social cometemos, o podemos cometer, muchos errores cegados por nuestros sesgos. Normalmente creemos que las personas, cuando nos perjudican, actúan según sus propias intenciones, y lo hacemos sin tener en cuenta que muchas veces el comportamiento de los demás puede estar condicionado por las circunstancias o el contexto o por otras personas, que son quienes habrían puesto las condiciones. A este sesgo se lo conoce como *error de atribución*. En él se incluye el que no interpretemos ni juzguemos de la misma manera el comportamiento de los demás y el nuestro propio. Es como si hubiera un doble rasero. Para nuestro propio comportamiento, curiosamente, sí estamos dispuestos a admitir circunstancias, contextos y otros muchos atenuantes —acordémonos del *intérprete*, siempre dispuesto a proteger nuestra imagen—, pero para el comportamiento de los demás, no. En este sentido me parece oportuno mencionar el llamado *sesgo de autoservicio*, que consiste en asignarnos más responsabilidad por nuestros éxitos que por nuestros fracasos, ya que estos últimos casi siempre serán debidos a circunstancias ajenas o a la intervención de terceras personas. Es igualmente una forma de preservar nuestra autoestima.

Creer que todo debe tener un final, cuando no siempre es así, es otro sesgo, el de *necesidad de cierre*. Y cuando un acontecimiento extraordinario, como un accidente aéreo, ha ocurrido recientemente solemos sobreestimar la probabilidad de que ocurra, lo que de nuevo es un sesgo. Por otra parte, estimamos con frecuencia que los proyectos nos van a llevar un determinado tiempo, pero luego resulta que necesitan mucho más; este es un ejemplo de un sesgo conocido como *falacia de la planificación*. Como consecuencia del *sesgo de retrospectiva* solemos creer que algo que ha ocurrido era obvio y fácil de prever, cuando en realidad ha sido, con toda probabilidad, fruto de una cadena de acontecimientos en gran parte fortuitos e impredecibles. Creer que ciertas razas, etnias o grupos sociales son más proclives a delinquir, por ejemplo, suele ser otro ejemplo de sesgo que puede contaminar injustificadamente veredictos y resoluciones judiciales, como veíamos que ocurría con el algoritmo que se probó como ayuda a los jueces. Los sesgos muchas veces pueden deberse a experiencias personales, interacciones sociales y tradiciones culturales, y mayoritariamente se trata de creencias parciales y no basadas en una recolección sistemática de los datos.

Las listas de sesgos son muy extensas. Algunos reciben nombres y otros no, e incluso un mismo sesgo puede aparecer bajo distintos nombres o en diferentes variantes. Con estos ejemplos el lector se puede hacer una idea de lo que son y de cómo influyen en nuestra vida diaria, incluso en el ámbito profesional e institucional.

LOS ERRORES DE LA MEMORIA

Algo que a la mayoría de la gente le cuesta entender es que la memoria, la memoria humana, es muy falible. No ya porque se nos olviden ciertas cosas, sino porque lo que creemos recordar con todo detalle en numerosas ocasiones está lleno de errores. Incluso puede ser falso. También puede haber datos añadidos, que no estaban en la situación original, o modificaciones y hasta ausencias importantes de algunos elementos de la escena. Lo vimos al término de la primera parte; la memoria puede verse alterada desde el momento mismo en que se codifican los datos para su almacenamiento. Uno de los sesgos del pensamiento humano se conoce, precisamente, como *sesgo de memoria*: la fe ciega en su fiabilidad. La gente tiene un exceso de confianza en su memoria, en el «Yo lo vi con mis propios ojos». La memoria no es tan de fiar como creemos, y lo demuestran infinidad de experimentos. De hecho, los tribunales de justicia suelen ser muy conscientes de estas circunstancias, de manera que los testimonios recogidos respecto a un caso se deben tomar con cautela, por muy convencidos que estén los testigos de la veracidad de sus declaraciones. Efectivamente, y esto es muy curioso (es parte del sesgo), las personas pueden estar realmente convencidas de estar relatando fielmente lo que vieron, pero estar absolutamente equivocadas. No están mintiendo, tampoco se sienten inseguros; es simplemente que están convencidos de la fiabilidad de su memoria.

Desde hace años son muy conocidos algunos de los mecanismos mediante los que se puede inculcar en las personas falsos recuerdos, recuerdos de experiencias que nunca existieron, pero de los que estarán absolutamente convencidas. Una forma de conseguir esto es, precisamente, a través de otro sesgo, el de *autoridad*. Según este, tenemos una tendencia a creer y aceptar, sin verificarlo, lo que nos dice una autoridad o alguien a quien le hayamos otorgado ese rango. Por supuesto, es un sesgo de relativa utilidad por diversas razones. Entre otras, porque muchas veces acierta y, de alguna manera, se evita perder tiempo realizando comprobaciones por cuenta propia. Pero, a veces, se puede utilizar de manera perversa. O de manera experimental, para inducir falsos recuerdos. En un experimento tipo, se suele contar con la colaboración de los padres de un grupo de adolescentes o adultos jóvenes a quienes se pretende inculcar un falso recuerdo. Los padres ayudarán a crear esa historia que nunca ocurrió. En una primera entrevista, a esos jóvenes se les dice vehementemente que sus padres han relatado al entrevistador una experiencia que les sucedió cuando eran niños. Por ejemplo, haberse perdido, haber tenido un accidente de tráfico o un viaje en globo. En ocasiones, aunque no es necesario, se les pueden enseñar fotografías manipuladas. A continuación, se les pregunta por detalles acerca de la misma: cuándo y dónde ocurrió, quién estaba, si pueden rememorar imágenes, sensaciones, detalles, etc. Lógicamente, la mayoría dicen no recordar nada. Pero tenemos nada menos que dos fuentes de autoridad: los padres y el propio entrevistador. Al cabo de unos días se repite la entrevista y se sigue insistiendo en que intenten recordar aquel suceso. Y, tras unos días más, se llega a una tercera entrevista, en la que ya, curiosamente, en torno a la mitad de los entrevistados estarán absolutamente convencidos de que el hecho falso ocurrió de verdad. E incluso añaden datos nuevos con todo lujo de detalles.

Es interesante destacar que, una vez inculcado, un falso recuerdo es muy difícil de eliminar. No sirve de nada decirles que todo fue un montaje, ni buscar o señalar contradicciones ni evidencias en contra. No funciona. Así es la memoria humana. Estudios recientes han mostrado, no obstante, que el proceso se puede revertir si el entrevistador, haciendo uso de su autoridad, hace conscientes a los participantes del estudio de que existen dos posibles fuentes de falsos recuerdos. Por un lado, se les dice que los recuerdos no siempre son fruto de la experiencia propia, sino que muchas veces vienen de lo que nos dicen los demás; de fotos o historias que nos cuentan. Por ejemplo, mucha gente cree tener recuerdos de sus primeros 3-5 años de vida, y cuentan detalles de anécdotas de ese periodo, como que se escaparon de casa o que se les cayó una sartén con aceite hirviendo. Sin embargo, salvo muy raros casos, estos recuerdos son imposibles por la llamada *amnesia infantil*, la desaparición de todo recuerdo de los primeros años de vida como consecuencia de la inmadurez del hipocampo y de sus conexiones con la corteza cerebral. ¿Alguien se acuerda del día de su nacimiento? Y eso sí que fue un acontecimiento importante. Por otra parte, se les dice que a veces se generan recuerdos falsos solo por el mero hecho de pedirles varias veces que se recuerden las cosas. De hecho, es así como se los inculcaron en el experimento. Tras asimilar estas afirmaciones, los participantes parecen ser capaces de acabar *descreyendo* sus falsos recuerdos. Al margen de experimentos como estos, en la vida real mucha gente vive y convive con falsos recuerdos, a veces condicionando su vida de manera importante. Según parece, muchos de los casos clínicos que trató Sigmund Freud por presuntos abusos sexuales ocurridos en la infancia resultaron estar basados en falsos recuerdos.

EL RUIDO

Además de los sesgos, hay otro tipo de factores que pueden y suelen determinar nuestra forma de pensar, nuestras decisiones, nuestros razonamientos. Incluso cuando estamos en modo sistema 2, aunque este sea menos vulnerable a estos factores que el 1. Lo llaman ruido y, aunque mucho menos conocido y estudiado que los sesgos, es otra fuente importante de error que puede afectar no solo a nuestras decisiones personales, sino a las institucionales, políticas y empresariales, entre otras muchas. El ruido es causa de numerosas arbitrariedades en la justicia, la sanidad o la educación, con los consiguientes costes personales y económicos. El ruido es lo que hace que la decisión que yo tomo sobre un tema en particular el lunes por la mañana pudiera ser muy distinta si la tomara el viernes por la tarde. Este ruido acompaña en su día a día a la especie más inteligente del planeta. La complejidad de sus decisiones y la impredecibilidad objetiva de la mayoría de los asuntos sobre los que tiene que decidir, normalmente vinculados con la complejidad del mundo social, son un estupendo caldo de cultivo para el ruido.

Daniel Kahneman (de nuevo), Olivier Sibony y Cass R. Sunstein han dedicado recientemente todo un libro a abordar este problema. Para estos autores, el ruido como fuente de error en nuestras decisiones se puede desglosar en dos tipos principales: el *ruido de nivel* y el *ruido de patrón*. El ruido de nivel es, de alguna manera, el que más tiene que ver con el carácter general de cada uno, con nuestra personalidad a la hora de entender y abordar el mundo. Ser pesimista u optimista, severo o indulgente, ahorrador o derrochador, cariñoso o arisco, son ejemplos de rasgos relativamente estables que influirán en nuestros juicios y decisiones, en nuestros razonamientos acerca de cómo queremos y debemos proceder o cómo consideramos y tratamos a los demás. Qué significan para uno determinadas palabras que dan cabida a individualidades interpretativas, como *probablemente*, que puede interpretarse como *simplemente posible* o como *muy posible*, es también un ejemplo de lo que es el ruido de nivel. Que una persona considere que en una escala de 0 a 6 un 4 es una puntuación muy alta mientras que otra lo vea como una puntuación intermedia también lo es. Ante un mismo problema o situación, la decisión tomada o las conclusiones a las que se lleguen pueden verse enormemente influidas por este tipo de ruido, dando lugar a resultados muy variables dependiendo de las personas. Por su parte, el ruido de patrón se dividiría en dos: el ruido de patrón estable y el ruido de ocasión. El primero es muy dependiente e idiosincrático de cada persona, más allá de sus rasgos de personalidad general. Depende, en gran medida, de experiencias muy particulares en la vida de un individuo. Por ejemplo, un juez puede adjudicar una pena más suave a alguien que le recuerda físicamente a su propia hija, o porque el caso se parece al de un familiar que cometió los mismos errores. A qué le dé más importancia cada uno también es fuente de ruido de patrón estable. Que uno considere sus libros como uno de sus mayores tesoros personales hará, por ejemplo, que, si alguien no nos devuelve un libro prestado, esto se considere una falta mucho mayor que si no nos devuelven una batidora, aunque el precio de ambos objetos sea el mismo. Ya saben el dicho de que quien presta un libro a un amigo, pierde un libro y un amigo.

El otro tipo de ruido de patrón es el llamado ruido de ocasión. Podría llamarse ruido de patrón no estable, pues precisamente su inestabilidad es su mayor característica. En general, hay que decir que la importancia de este tipo de ruido es relativamente menor respecto a la de las otras fuentes de error, como los sesgos y los ruidos de nivel y de patrón estable. Pero está ahí y no conviene ignorarlo. Nuestro cerebro nunca funciona exactamente igual, y ante un mismo problema podemos llegar a diferentes soluciones en dos momentos distintos. Así, es posible que un médico evaluando una misma radiografía llegue a un diagnóstico en un momento dado y a otro distinto varios días después. Lo mismo ocurre con los expertos que examinan las huellas dactilares para la policía. O con los profesores que evalúan un trabajo. Dan igual los sesgos que cada uno tenga, o sus fuentes de ruido de nivel o de patrón estable; aún es posible dar lugar a diferentes conclusiones en diferentes momentos simplemente porque entre uno y otro hay algún elemento distinto. Parece ser que la principal fuente de este tipo de ruido es el estado de ánimo, el estado emocional en el que nos encontremos. Por eso, se ha comprobado que nuestras conclusiones respecto a un problema pueden variar dependiendo de si nuestro equipo ganó o perdió un torneo la noche anterior. O de si acabamos de ver una película de humor o una de terror. En la primera parte de este libro comenté cómo las emociones y la cognición se relacionan mutuamente y se interfieren, y vimos algunos ejemplos, como el efecto de las emociones en la memoria o en la preferencia por pensar de modos más heurísticos o analíticos (que ahora podríamos identificar como propios de los sistemas 1 y 2 del pensamiento, respectivamente). Además del estado emocional o estado de ánimo, hay otros factores que con frecuencia se han descrito como fuentes de ruido de ocasión. El cansancio es uno de ellos: no decidimos igual si estamos al comienzo de la jornada laboral que si estamos a punto de terminarla. Estudios realizados con médicos, por ejemplo, han mostrado que estos tienden a recetar más opioides y antibióticos al final de su jornada laboral que al principio. Si hemos dormido bien o no la noche anterior también puede hacernos decantar por unas opciones más que por otras. El hambre, asimismo, influye significativamente en nuestras decisiones. El clima, por su parte, es otra fuente de ruido de ocasión; nuestras decisiones pueden variar significativamente dependiendo de si en la sala hay aire acondicionado o no.

Como vemos, hay infinidad de factores que pueden introducir ruido de ocasión en nuestros razonamientos sin que seamos conscientes de que es así. Sin embargo, la mayoría de ellos parecen hacerlo, en última instancia, por su impacto sobre nuestras emociones y estados de ánimo, que en principio podríamos considerar como una de las principales fuentes del ruido de ocasión, si no la única y principal. Y, como discutiremos dentro de un momento, las emociones también podrían estar en la base del resto de las fuentes de error.

El placer de decidir

Una solución que han propuesto Kahneman, Sibony y Sunstein para reducir o eliminar toda esta cantidad de ruido y fuentes de error es recurrir a los algoritmos de la inteligencia artificial. Pero resulta que las personas que tienen que tomar decisiones importantes, tanto en el ámbito empresarial o privado como en el institucional, se resisten enérgicamente a ser sustituidas e incluso ayudadas por un algoritmo. ¿Por qué, si saben que se equivocan con tanta frecuencia? La explicación, nuevamente, tiene que ver con las emociones. Los seres humanos se sienten muy a gusto con sus decisiones y confían exageradamente en ellas. Se ha demostrado una y otra vez que la exactitud de nuestros juicios, especialmente si son predictivos, suele ser no solo sorprendentemente baja, sino notablemente inferior a la de los algoritmos. Pero, curiosamente, lo que da esa sensación de confianza a los seres humanos es una *señal interna* de recompensa que genera nuestro cerebro al encajar los hechos y nuestras decisiones en una historia coherente y, generalmente, causal. Y ¿quién quiere renunciar a una recompensa?

Sin embargo, en la inmensa mayoría de las ocasiones las relaciones causales no existen, son solo aparentes. Con frecuencia, las causas nos parecen evidentes, pero siempre lo son solo *a posteriori* (lo que hemos llamado sesgo de retrospectiva). Y es que, en el complejo mundo de los humanos, las posibilidades de predecir el futuro suelen ser prácticamente nulas. Kahneman, Sibony y Sunstein ponen un ejemplo que me gustaría traer aquí porque me parece muy ilustrativo. Una madre, principal sostén económico de su familia, fue despedida hace unos meses y no encontró trabajo en los posteriores, por lo que la familia no pudo pagar todo el alquiler de su vivienda. Hizo pagos parciales, suplicó al administrador del edificio un poco de comprensión y paciencia, e incluso solicitó a los servicios sociales que intervinieran para convencer al administrador. El administrador no tuvo clemencia y finalmente fueron desahuciados. La historia parece coherente y la vemos como una cadena de acontecimientos perfectamente causales, lógicos y hasta previsibles, inevitables, y nos damos una señal interna de recompensa cuando lo vemos así. Sin embargo, la madre podría haber encontrado otro trabajo rápidamente, un familiar podría haber ayudado económicamente, el administrador podría haber sido más compasivo y dar unas semanas de respiro y los servicios sociales podrían haber sido más vehementes. La historia sería completamente diferente e igualmente posible. Es muy fácil predecir el pasado.

Todo esto me recuerda tremendamente al intérprete de Gazzaniga y Sperry; es la forma de ser de nuestro cerebro: busca coherencia y relaciones causales donde no las hay. Y una vez que las encuentra se da un premio. Esto es una emoción, un afecto, una sensación agradable que tenderemos a repetir. Las emociones son también la fuente principal del ruido de ocasión, como hemos visto. Y, si nos fijamos, los otros tipos de ruido, al menos en su gran mayoría, ocurren por las distintas emociones o afectos que provocan en nosotros las soluciones que demos a las distintas situaciones o problemas a los que nos enfrentamos. Son los marcadores somáticos de los que hablábamos en el capítulo anterior, que se activan ante las conclusiones y soluciones que estemos barajando. No serán los mismos para todas las personas y en todas las ocasiones. Están condicionados por nuestros sesgos, nuestro ruido de nivel, nuestro ruido de patrón estable y nuestro ruido de ocasión. Así de simple. Las emociones forman parte de todo el proceso.

Y donde hay emociones o afectos, hay neurotransmisores. Precisamente, un neurotransmisor de gran relevancia en el cerebro humano, y que sin duda participa en la recompensa que nos damos al llegar a una historia coherente, es la *dopamina*. Se trata de un neurotransmisor destacado en nuestro cerebro y puede explicar parte de su idiosincrasia. En comparación con el de otros primates, en el cerebro humano abunda la dopamina, y eso que las células que la producen solo suponen el 0,0005 por ciento del total de sus neuronas. Se suele decir que la dopamina conlleva placer, pero no es exactamente así. Es una sensación agradable, sí, de sentirse bien, pero es mucho más. Proporciona energía, entusiasmo, ilusión, ganas de hacer cosas, ganas de vivir. Sin dopamina no haríamos prácticamente nada, y mucha gente se pasa la vida buscando aumentar sus niveles de dopamina. Nos hace tener esperanzas, expectativas de que vamos a conseguir estar mejor, de ganar más, de obtener éxito, de sentir placer. Pero no es exactamente placer lo que conlleva, es más bien la esperanza de conseguirlo. El placer en sí vendría de otros tipos de neurotransmisor, como la serotonina, las endorfinas o la oxitocina. De hecho, hay gente que tiene un predominio de dopamina en su cerebro, pero bajos niveles de sustancias relacionadas con la satisfacción. Estas personas estarán siempre insatisfechas, buscando cada vez más estimulación, más retos, más oportunidades de conseguir ese placer que, cuando llega, dura poco. Siempre quieren más. Parece ser el caso de muchos emprendedores y personas muy activas. Otras personas muestran el patrón contrario; en ellas predominan las sustancias de la satisfacción frente a las que promueven las ganas de actuar. Son más conformistas y con menores niveles de iniciativa. Lo ideal, dicen, es tener ambos tipos de sustancias equilibradas.

La dopamina se produce en algunos núcleos del tronco del encéfalo (como el área tegmental ventral), pero lo importante —aparte de su abundancia en el cerebro humano— son los lugares a los que llega. Una gran parte de la dopamina es recibida por el cuerpo estriado, un conjunto de estructuras bajo nuestra corteza cerebral que participa en la regulación del movimiento. Ya he hablado de él. Lo interesante es que también participa en la cognición social. A este respecto, está implicado en la detección y la comprensión de las señales y las convenciones sociales. Es, de hecho, crucial para la tolerancia hacia otros miembros del grupo y la reducción de la agresividad hacia ellos. El cuerpo estriado humano es dos veces más grande, en términos relativos, que el del chimpancé. Esto nos indica que posee una gran importancia en nuestra evolución. Efectivamente, es posible que nuestros caninos reducidos sean, al menos en parte, consecuencia de nuestra abundancia de dopamina, que podría haber arrancado en los tiempos de *Ardipithecus ramidus*, uno de nuestros ancestros más antiguos, hace unos 4,5 millones de años.

Las sensaciones agradables que produce la dopamina se deben especialmente a su acción sobre una pequeña parte del cuerpo estriado, el conocido como *núcleo accumbens*. Cualquier experiencia que nos parezca satisfactoria suele activar el accumbens, y muchas de ellas son de carácter social: que nos sonrían o nos den una palmadita en la espalda, que nos riamos, que hayamos conseguido un objetivo o que alcancemos la solución de un problema. La mayoría de las drogas que producen adicción lo hacen precisamente porque estimulan el núcleo accumbens; hablaré de esto más adelante.

ANATOMÍA DE LAS EMOCIONES

Tomar decisiones, llegar a conclusiones o resolver un problema produce sensaciones agradables. Incluso cuando nos equivocamos, algo que ocurre con bastante frecuencia; por término medio, casi la mitad de las veces, según diversas estimaciones. Lo que sucede es que la mayoría de las veces no sabemos aún que esas decisiones, conclusiones o soluciones son erróneas; se trata de proyecciones de futuro. Las emociones, las sensaciones emocionales, parecen ser cruciales en todo este proceso. Necesitamos de nuestras emociones para pensar.

Hay expertos que afirman que las emociones, a las que les estamos dando todo el protagonismo en nuestra toma de decisiones, no existen; no serían más que meras etiquetas lingüísticas. Lo que hay en realidad son afectos, activaciones de las zonas del cerebro que alteran y monitorizan constantemente el estado del cuerpo. A esas activaciones les ponemos nombres en función del contexto, de la situación, y esas etiquetas son las emociones. Ya lo comenté en la primera parte: es la red por defecto la que da sentido, y un nombre, a lo que sentimos en cada momento. Sin esta red solo sentiríamos afectos o sensaciones corporales, que es lo que les pasaría a los demás animales por no tener lenguaje. Esto que siento es desagrado, es antipatía, es asco, es odio, es miedo, es culpa, es orgullo, es alegría..., pero en realidad solo se trata de unas reacciones químicas que están teniendo lugar en zonas del cerebro que se dedican a vigilar el estado del cuerpo. El núcleo accumbens es una de ellas; pero también la amígdala, el hipotálamo, el cíngulo anterior o la corteza orbitofrontal. Y estructuras aún más profundas, en el tronco del encéfalo, como las que producen dopamina o serotonina. La red por defecto detecta esas reacciones y da sentido a lo que está ocurriendo en función de la situación, del contexto.

Esto sería así incluso para las que se conocen como emociones más básicas. El modelo más conocido respecto a estas es de 1972 y se lo debemos al psicólogo Paul Ekman, que las clasifica en seis: ira, tristeza, disgusto, sorpresa, miedo y alegría. A pesar de que ha llovido mucho desde entonces, el modelo es tremendamente popular, y ha servido de guía para muchos productos de nuestra cultura popular, incluidos libros, series de televisión y alguna película, como *Inside out* (o *Del revés*), del exitoso tándem Disney-Pixar. Según la propuesta de Ekman, las emociones, particularmente las básicas, serían innatas y universales, grabadas a fuego en nuestro código genético. No se necesitaría una red por defecto que les diera sentido, basta con activar las zonas del cerebro correspondientes. Igualmente, las emociones básicas y sus expresiones faciales serían discretas y claramente identificables por todo el mundo, independientemente de la cultura o el país donde uno haya nacido.

Pero numerosos estudios de los últimos años están cuestionando estas afirmaciones. Según estos, en muchas ocasiones las expresiones emocionales son difíciles de interpretar, siendo una mezcla de varias posibilidades, llegando incluso a parecer la expresión de una emoción mientras que en realidad se está sintiendo otra distinta. El triunfo de un deportista se puede expresar con una cara de rabia o enfado; cuando tenemos un orgasmo nuestra cara puede reflejar sufrimiento. A veces también podemos no expresar nada a pesar de estar profundamente emocionados. Por otra parte, al observar el cerebro, no encontramos estructuras específicas para cada una de las emociones. Prácticamente todas las regiones cerebrales que participan en las emociones lo hacen con independencia de la emoción concreta que estemos sintiendo. Las reacciones corporales que suelen acompañar a las emociones son también muy inespecíficas, y el pulso se nos puede acelerar tanto cuando tenemos miedo como cuando nos enamoramos. Por supuesto, hay sensaciones o afectos agradables y desagradables, en gran parte basados en los estímulos que nos llegan del cuerpo, de las vísceras. Una emoción negativa puede acompañarse de molestias en el sistema digestivo; una positiva, de sensaciones de plenitud y expansión del cuerpo. He aquí el quid de la cuestión, y es en definitiva lo que nos suele servir de guía en nuestras decisiones. Pero, en general, son las mismas estructuras cerebrales las que procesan estas sensaciones e informan a la red por defecto de lo que está ocurriendo. A veces, que las sensaciones sean positivas o negativas puede depender de la intensidad de la activación de una estructura. Es lo que ocurre, por ejemplo, con el núcleo accumbens, que cuando se estimula se interpreta como algo muy agradable, pero cuya baja activación se interpreta como muy desagradable.

La idea de que las emociones no son otra cosa que etiquetas lingüísticas que otorga la red por defecto, basadas en lo que ocurre en las regiones del cerebro que alteran y monitorizan el estado del cuerpo y las vísceras, se ve respaldada por la existencia, en realidad, de infinidad de emociones. Las listas son enormes, y pueden superar ampliamente la centena, dependiendo de la cultura, la sociedad o, precisamente, el lenguaje. Así, tenemos muchas palabras para definir emociones en diversos idiomas que no se encuentran en otros. Son fruto de las reflexiones de una sociedad respecto a cómo nos sentimos en ocasiones. Basten algunos ejemplos. *Kilig*, en tagalo, es una palabra que designa la agitación nerviosa que sentimos al hablar con alguien que nos gusta. *Uitwaaien*, en holandés, remite a los efectos revitalizadores de pasear al viento. *Mbuki-mvuki* es una palabra bantú que significa «deseo irresistible de quitarse la ropa al bailar». *Dadirri*, en aborigen australiano, es lo que sentimos durante un acto espiritual profundo de reflexión y escucha respetuosa. *Tarab*, en árabe, es el éxtasis provocado por la música. *Schadenfreude*, en alemán, es la alegría por el mal ajeno. Las palabras son específicas de cada cultura, pero seguramente ninguno de nosotros pueda decir que nunca haya sentido algo parecido a lo que algunas de estas palabras describen.

QUE DECIDAN LOS ALGORITMOS

Utilizamos nuestras emociones, los afectos, para pensar, para decidir, sopesar, razonar, llegar a conclusiones, tomar determinaciones o formarnos opiniones. Cuando llegamos a una conclusión que parezca coherente y, preferiblemente, tenga relaciones de causa-efecto, nos quedamos ahí y nos damos un premio, una sensación agradable, una emoción positiva. Por eso erramos con tanta frecuencia: la mayoría de las veces nos damos premios anticipadamente. Parece que tenemos prisa: nos basta con creer que hemos resuelto el problema, aunque no hayamos tenido en cuenta una gran cantidad de información ni sopesado otras muchas alternativas.

Llegar a ese punto ha supuesto también una serie de diversas sensaciones afectivas (los marcadores somáticos), unas agradables y otras desagradables. Entre las agradables, algunas lo serán aún más que otras, y lo mismo ocurrirá con las desagradables. Estos afectos surgirán ante cada una de las opciones que el cerebro esté considerando, y lo harán en función de nuestros sesgos, de nuestra forma de ser más general (ruido de nivel) o más personal (ruido de patrón estable) y, cómo no, del ruido de ocasión. Irán surgiendo hasta quedarnos con la resolución que mejores sensaciones haya provocado. Esta será la que elijamos, e incluso puede que la única de la que seamos conscientes, y por la que nos daremos el premio final y la correspondiente sensación de confianza. En principio, todas estas sensaciones afectivas, estos afectos, no serían emociones en sentido estricto, pero pueden dar lugar a emociones si hacemos que la red por defecto intervenga para etiquetar lo que sentimos. También es posible que no seamos conscientes de todos o la mayoría de los afectos que han jugado un papel en el proceso de nuestra toma de decisión.

Las emociones, los afectos, serían por tanto fundamentales para pensar y llegar a una conclusión. Esto es así especialmente cuando usamos el sistema 1 o rápido, el modo en el que pensamos la gran mayoría del tiempo. Puede que con el sistema 2, o, lo que sería lo mismo, cuando usamos la inteligencia a su máxima potencia (recordemos que en el cerebro ambos sistemas no parecen claramente separables, y que usemos un sistema u otro podría depender de cómo utilizamos las mismas estructuras y circuitos y del tiempo que nos demos), la influencia de las emociones o afectos no sea tan determinante. En general, se puede decir que las personas más inteligentes se equivocan menos. ¿Son las emociones entonces contraproducentes para nuestro pensamiento? Los algoritmos, la inteligencia artificial, que carece de emociones, ¿lo haría mejor que nosotros? Las emociones, al fin y al cabo, no son sino valoraciones, puntuaciones que les ponemos a cada una de las alternativas que baraja nuestro cerebro en un momento dado. Sin embargo, llegamos a ellas muchas veces con prisa y mediante atajos y razonamientos erróneos. Como he dicho, algunos autores defienden el uso de algoritmos, pues la evidencia demuestra que cometen menos errores que nosotros. Este es un tema muy polémico, con repercusiones sociales de gran calado. Ya comenté en su momento que la inteligencia artificial o los algoritmos no están libres de sesgos, en la medida en que la información que reciben, sobre todo durante su aprendizaje y ajustes, esté sesgada. Sin embargo, Kahneman, Sibony y Sunstein lo tienen muy claro y afirman que, si aun a pesar de la evidencia, seguimos prefiriendo intuitivamente a las personas antes que a los algoritmos, lo que tendríamos que hacer es revisar nuestras preferencias intuitivas. La inteligencia artificial no solo puede superarnos en memoria y en capacidad y rapidez de procesamiento, no solo no se fatiga y no necesita comer ni beber, sino que también puede eliminar las fuentes de ruido. Y evitar los sesgos, si ponemos especial cuidado en la cantidad y la calidad de la información que recibe. Por último, pero no menos importante, carece de la necesidad de tener que sentir emociones positivas rápidamente y de evitar a toda costa las desagradables.

9

CUANDO EL CEREBRO FUNCIONA MAL

Hemos visto que nuestro cerebro no siempre funciona todo lo bien que debiera, que no siempre utilizamos todo nuestro potencial. Somos la especie más inteligente del planeta, pero con frecuencia no lo demostramos. Convivimos la mayor parte del tiempo con nuestros frecuentes errores, y a pesar de ello podemos llevar una vida aceptable, incluso plena y satisfactoria.

Pero, a veces, la situación es bien distinta. Existen numerosas patologías que pueden hacer de nuestra vida un verdadero infierno. No solo la nuestra, sino la de la gente que está a nuestro alrededor. Si normalmente el cerebro humano funciona relativamente mal, en ocasiones —y en algunas personas— puede hacerlo muy mal. Esto puede ocurrir, por supuesto, como consecuencia de una lesión; un accidente cerebrovascular, un traumatismo, un virus o un tumor. Estas patologías dejan una huella bien visible en el cerebro, detectables fácilmente gracias a algunas de las técnicas disponibles hoy día para estudiarlo. Pero existen otros trastornos mucho más sutiles, que apenas dejan huella en la estructura del cerebro y que, sin embargo, afectan considerablemente a su función. Estamos hablando de las llamadas enfermedades mentales. Tal vez en un futuro estas alteraciones del cerebro sean detectadas claramente mediante técnicas de imagen cerebral. De momento, solo hay avances parciales e incompletos, muchas veces contradictorios, y mediante métodos normalmente poco asequibles y costosos. Por eso aún se nos escapan. Saber qué se altera en el cerebro en el caso de las numerosas patologías mentales supondría un paso de gigante de cara no solo a su diagnóstico, que muchas veces es ambiguo, sino también para determinar sus causas concretas. Con un diagnóstico preciso y con un conocimiento completo y exacto de sus causas podríamos empezar a pensar en solucionar de una vez por todas un problema de salud que conlleva un coste económico enorme, de miles de millones de euros anuales en todo el mundo. Un gasto mayor que la suma de lo destinado a luchar contra la diabetes, el cáncer y las enfermedades respiratorias crónicas.

Si al mirar un cerebro que padece uno de estos trastornos con la tecnología actual normalmente no se ve nada evidente, ¿qué es lo que está pasando entonces?, ¿no ocurre nada en el cerebro? Sí, sí que ocurre. A veces se pueden apreciar algunas alteraciones, normalmente poco evidentes, ambiguas. La mayoría de las veces, ni siquiera eso. Lo que está pasando es que lo que se altera más frecuentemente son las sustancias químicas que utilizan las neuronas para intercambiarse información, los neurotransmisores, esos elementos químicos simples de los que hablaba Carl Sagan. Bien sea por exceso, bien por defecto o por una combinación de ambas situaciones y para varios neurotransmisores a un tiempo; y esto en algunos lugares del cerebro pero no en otros. Lo sabemos porque muchas de las enfermedades mentales reaccionan relativamente bien a fármacos que modifican determinados neurotransmisores cerebrales. Pero detectar lo que está ocurriendo exactamente en un cerebro humano concreto respecto a sus neurotransmisores alterados es aún bastante problemático e inaccesible.

Nos movemos por tanto en un terreno farragoso. No en vano la psiquiatría es la especialidad médica en la que más abunda el ruido. Además, alterar los niveles de un neurotransmisor en un cerebro es una complicada tarea en la que se puede ver afectado, de maneras a veces impredecibles, el delicado y complejo equilibrio del sistema que constituyen los neurotransmisores cerebrales. Estos se suelen clasificar en familias. Las principales familias de neurotransmisores incluyen la acetilcolina, las monoaminas y los aminoácidos. Estos últimos comprenden el glutamato y el GABA (siglas de ácido gamma-aminobutírico en inglés), cuya biosíntesis está relacionada pero cuyos efectos en la corteza cerebral son totalmente antagónicos: el glutamato es excitador y el GABA inhibidor. Las monoaminas, por su parte, se dividen en catecolaminas (dopamina, noradrenalina y adrenalina) e indolaminas (serotonina). Que los neurotransmisores se clasifiquen en familias bioquímicas indica que hay un alto grado de parentesco entre algunos de ellos. De hecho, es normal que en la biosíntesis de unos neurotransmisores participen otros, lo que explica que si alteramos los niveles de uno esto tenga consecuencias, a su vez, en los niveles de otros. Por ejemplo, la biosíntesis de la adrenalina está estrechamente relacionada con la de la noradrenalina, que depende de la que produce dopamina. Esta última, a su vez, depende de la biosíntesis y los niveles de otras moléculas precursoras. Como consecuencia, la química de los neurotransmisores hace muy difícil afectar a uno sin interferir en otros. Además de por razones estrictamente bioquímicas, los niveles de unos neurotransmisores también pueden afectar a los de otros por razones fisiológicas. Así, cada neurotransmisor posee sus circuitos preferentes en

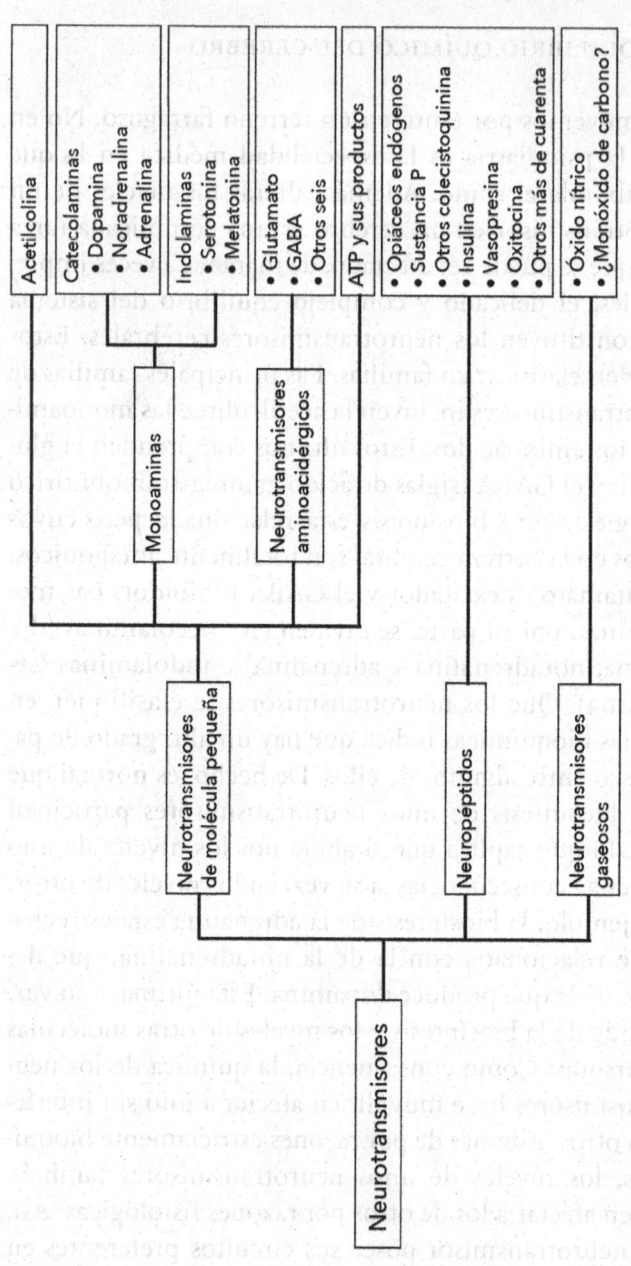

Las diferentes familias de los neurotransmisores de nuestro cerebro.

Neurotransmisores

- **Neurotransmisores de molécula pequeña**
  - **Monoaminas**
    - Acetilcolina
    - **Catecolaminas**
      - Dopamina
      - Noradrenalina
      - Adrenalina
    - **Indolaminas**
      - Serotonina
      - Melatonina
  - **Neurotransmisores aminoacidérgicos**
    - Glutamato
    - GABA
    - Otros seis
- **Neuropéptidos**
  - ATP y sus productos
  - Opiáceos endógenos
  - Sustancia P
  - Otros colecistoquinina
  - Insulina
  - Vasopresina
  - Oxitocina
  - Otros más de cuarenta
- **Neurotransmisores gaseosos**
  - Óxido nítrico
  - ¿Monóxido de carbono?

el cerebro, pero muchos de estos están interrelacionados, regulándose unos a otros. De esta forma, si afectamos a un circuito que utiliza un neurotransmisor específico, otros que usen neurotransmisores distintos pero que interactúen con aquel se podrían ver igualmente afectados.

Como dije en el capítulo anterior, los neurotransmisores están en la base de las emociones. En psiquiatría y psicología existe un punto de vista según el cual la mayoría de las patologías mentales, si no todas, tendrían su origen en la vivencia de emociones con mayor intensidad de lo que se considera habitual. La emoción sentida puede ser adecuada en muchos casos y tener causa conocida, pero su intensidad sería excesiva, y de este exceso vendría el trastorno. Yo añadiría que en algunos casos el problema puede venir más bien de sentir emociones con menor intensidad de lo normal. Es el caso de la psicopatía, por ejemplo. En el capítulo anterior vimos cómo las emociones son esenciales en la mayoría de nuestros procesos de pensamiento, contribuyendo en gran medida también a que nos equivoquemos. Si los trastornos mentales se originan en sentimientos emocionales inadecuados, sería lógico que en estos casos los procesos de pensamiento tampoco sean correctos y que se multipliquen los errores.

Jugar al despiste: un modo de regular las emociones

Se ha propuesto la posibilidad de regular esas emociones de intensidad patológica mediante estrategias cognitivas. De hecho, esta es una aproximación clásica de la psicología. Si lo cognitivo y lo emocional están tan estrechamente entrelazados, no parece descabellado que mediante lo cognitivo podamos alterar lo emocional. No va a ser siempre a la inversa. Si somos tan listos, ¿por qué no demostrarlo regulando nuestras emociones cuando estas están causando molestias? En este contexto, habría al menos tres posibles frentes de ataque mediante los que normalizar la intensidad de las emociones cuando estas son inadecuadas. Uno sería el control de la atención: a qué aspectos de una situación se presta atención y en qué grado. Sería algo así como una distracción en sentido positivo. A veces, atendemos en exceso cosas que en el fondo son de poca importancia, minimizando a la par la cantidad de atención que dedicamos a otros aspectos de una experiencia o situación que la harían más aceptable y llevadera, más compatible con emociones adecuadas y equilibradas. Trastornos como la ansiedad, la depresión o el trastorno obsesivo-compulsivo podrían tener sus raíces en una atención inadecuada. Las estrechas conexiones entre la corteza dorsolateral prefrontal —responsable, como ya sabemos, de los llamados *procesos ejecutivos*, que incluyen la atención— y la amígdala —una de las estructuras más relevantes del cerebro emocional— serían una base anatómica importante para este tipo de intervención. Curiosamente, mediante la atención se pueden obtener ventajas en otros ámbitos más allá de los trastornos mentales. Por ejemplo, en el control del dolor: la distracción disminuye notablemente su intensidad, y esto se puede aplicar, con éxito, al tratamiento del dolor crónico. Un buen ejemplo de esto lo tenemos en la hipnosis como método para focalizar la atención de manera controlada, que parece tener gran éxito como tratamiento para el dolor.

Otra forma de abordar los trastornos mentales mediante la cognición consiste en la reinterpretación: pensar activamente para reinterpretar una situación. De nuevo, se trata de aprovechar las estrechas conexiones entre las regiones prefrontales y las estructuras relacionadas con los afectos o emociones. Podemos reinterpretar lo que está ocurriendo de muchas maneras, sopesando y revisando la importancia que les damos a ciertos acontecimientos o necesidades, y se ha comprobado cómo mediante este abordaje se puede reducir la activación de ciertas estructuras afectivas como la amígdala o el hipotálamo. Y, al igual que se pueden minimizar ciertos pensamientos, gracias a la reinterpretación se pueden potenciar otros que sean contrapuestos y beneficiosos. Una forma muy común de reinterpretar la realidad es a través del reetiquetado, usando el lenguaje. No es lo mismo decir que algo es nefasto, fatídico o insoportable, que simplemente decir que está mal, es mejorable o que no está muy bien. El lenguaje es muy importante por su poder para etiquetar la realidad y hacérnosla ver de determinada manera. Aquellas personas con más riqueza de vocabulario emocional (más allá de decir que se sienten «bien» o «mal») regulan mejor sus emociones; van menos al médico, usan menos medicación y reducen los tiempos de hospitalización. La reinterpretación, lógicamente, repercutiría en última instancia en lo que da sentido a todo en nuestro cerebro: la red por defecto. La vinculación entre una disfunción de esta y diversas patologías psiquiátricas como la esquizofrenia, la depresión o el trastorno bipolar es algo que se viene estudiando de un tiempo a esta parte.

La tercera forma por la que podemos normalizar la intensidad de las emociones a través de la cognición sería la inhibición, selección o modulación de nuestras respuestas. Aquí se aplicaría el principio de que, si algo haces mal, no lo hagas o haz lo contrario. Pongamos un ejemplo. Parece ser que hay un efecto de nuestras expresiones faciales sobre nuestros sentimientos emocionales.

Es este un tema que no está exento de polémica, pero algunos experimentos muestran que si sonreímos nos sentimos más felices, o que, si ponemos cara de enfado, en parte nos sentiremos como si lo estuviéramos de verdad. Es decir, si lo habitual es que nuestras caras expresen lo que ocurre dentro de nuestro cerebro a nivel emocional (aunque ya hemos visto que no siempre de una forma fidedigna), lo contrario también puede ocurrir. En algunos estudios se ha comprobado que las expresiones emocionales forzadas pueden alterar la activación de la amígdala y otras regiones relacionadas con los afectos. Si esto es así, expresar, aunque sea forzadamente, un sentimiento contrario o incompatible con el que queremos eliminar podría anularlo o, al menos, mitigarlo. Si estamos excesivamente tristes, deprimidos, sonriamos. O, al menos, dejemos de poner la expresión de tristeza característica de muchos deprimidos y que, parece ser, suele espantar a los demás, mermando el contacto social que tanto podría ayudarnos.

Si somos tan listos, ¿por qué nos hacemos adictos?

Mediante técnicas cognitivas y comportamentales como estas se pueden conseguir grandes beneficios a la hora de abordar algunos trastornos mentales. Esto es así especial y particularmente cuando lo hacemos guiados por un profesional de la psicología. Pero en algunos casos la cosa no funciona. Hay trastornos que se resisten enconadamente a cualquier tratamiento psicológico y en los que la tasa de éxito es muy baja. Las adicciones son un buen ejemplo. ¿Cómo se explican comportamientos autodestructivos como el de las adicciones? ¿Cómo puede ocurrir esto en un ser tan inteligente como el humano? ¿Cómo puede ser que voluntariamente uno se haga tanto daño? Hay que decir, también, que contra las adicciones tampoco suele servir de mucho la farmacología con el objetivo de alterar los niveles de ciertos neurotransmisores propia de los tratamientos que se administran desde la psiquiatría. Tampoco la neurocirugía, en una vertiente que se deriva de los conocimientos de la psiquiatría, la psicología y la neurología y que se conoce como *psicocirugía*. Esta se ha ensayado contra este comportamiento tan dañino, al parecer con éxitos parciales, pero, en muchas ocasiones, con una buena cantidad de efectos colaterales no deseados.

Las adicciones tienen que ver con el valor que les damos a las cosas. Le damos más peso a una sensación agradable o placentera inmediata que a una, quizá mayor, pero a largo plazo. No queremos esperar. Esto en sí es relativamente habitual, pero en el caso de las adicciones que son dañinas para nuestro organismo, para nuestra mente, para nuestra vida, los circuitos que tienen que ver con el deseo se han alterado en tan gran medida, de manera artificial, que nos vemos presos en una trampa fatal. Los principales circuitos del deseo utilizan dopamina, e involucran especialmente las comunicaciones entre una región del tronco del encéfalo, el área tegmental ventral, y el núcleo accumbens. Ya conocemos estas estructuras cerebrales de cuando hablé de las sensaciones agradables que se producen en el momento en que llegamos a una conclusión o tomamos una decisión. Precisamente ese circuito se activa si estamos ante algo de valor, algo interesante, importante, de relevancia, especialmente —al menos en sus orígenes— para la supervivencia y la reproducción. La comida, el sexo, el confort, especialmente de los hijos. Pero no es lo mismo desear que disfrutar. La activación de este circuito produce ganas de conseguir logros, metas, objetivos; deseamos algo.

No es en sí placer, pero sí la expectativa segura de que lo vamos a conseguir, la predicción inminente de que algo bueno nos llega, una ilusión, lo cual es una sensación muy agradable, que, como humanos y como animales, buscamos siempre que podemos.

Las drogas que producen adicción, aunque unas más que otras, estimulan este circuito de manera absolutamente intensa, como ninguna otra cosa en el mundo: mucho más que el sexo o que la comida cuando tenemos hambre. Por eso son tan adictivas: vamos buscando esa sensación intensa de estar a punto de conseguir algo impresionantemente bueno. Aunque nunca llegue. Es cierto que algunas drogas adictivas generan cambios mentales, estados alterados de consciencia, que en sí pueden ser experiencias interesantes, recreativas. Curiosamente, la nicotina no es una de estas, y lo mismo produce excitación que relajación, pero sin alterar cualitativamente la consciencia: solo produce adicción en sí misma, el comportamiento compulsivo de tomarla. Cuando se es adicto, no es necesariamente alterar el estado mental lo que se busca, sino más bien aliviar un dolor, salir de la miseria de no estimular el núcleo accumbens al nivel que te lo activa la sustancia a la que eres adicto. Esta altera las conexiones cerebrales, lo que hace que sea difícil escapar a la espiral del sinsentido: todo, absolutamente todo, circunda alrededor de la droga. Estar solo o acompañado, triste o de celebración, de vacaciones o en casa, cualquier situación de la vida es una buena excusa para tomar la droga. Al final, no hay familia, ni trabajo, ni amigos, lo único importante es esa sustancia, y cada vez se reacciona menos a otras cosas, que ya no tendrán la capacidad de estimular el circuito del deseo. Considero importante señalar que la capacidad de estimular en exceso este circuito no sería patrimonio exclusivo de algunas sustancias químicas, pues existen adicciones a otro tipo de estímulos, como el juego o la pornografía, entre muchas otras. Se habla incluso de adicción a las redes sociales.

El circuito del deseo solo podría contrarrestarse a través de otro que también utiliza dopamina. Tiene su origen en las mismas áreas del tronco del encéfalo que este, pero su objetivo no es el núcleo accumbens, sino las regiones prefrontales de la corteza. Son precisamente estas las que se utilizan para la planificación y el cálculo, determinando si lo que desea el otro circuito merece la pena y cómo conseguirlo. Pero cuando este ha sido invadido por las drogas, la fuerza de estas es tal que la capacidad de maniobra del circuito prefrontal de la corteza se ve subyugada, esclava de deseos aberrantes y autodestructivos.

Que un ser tan potencialmente racional como el humano pueda caer preso de las adicciones no es otra cosa sino parte del «sello indeleble» de nuestro «ínfimo origen» animal, parafraseando las últimas palabras de Charles Darwin en *El origen del hombre*. Caemos víctimas de las adicciones, por muy autodestructivas que sean, porque se está haciendo un mal uso de unos circuitos que en realidad son absolutamente fundamentales para la supervivencia y la reproducción. Son circuitos que compartimos con los demás mamíferos, en los que también se pueden dar comportamientos adictivos aberrantes, como en nosotros, y por las mismas razones. Si a una rata se le da la opción de autoadministrarse a voluntad pequeñas descargas eléctricas en el circuito que comunica el área tegmental ventral con el núcleo accumbens, lo que va a ocurrir es que solo va a querer apretar la palanca que produce esas descargas. Y lo va a hacer una y otra vez, incluso miles de veces por hora. No va a comer ni beber. Y lo va a seguir haciendo durante horas, días, hasta el punto de morir de inanición.

Otro comportamiento aparentemente absurdo, sin sentido y extraño de nuestra especie es la crueldad. De hecho, el diccionario de la RAE la define como «Inhumanidad, fiereza de ánimo, impiedad». ¿Cómo es posible que los seres humanos manifiesten de manera tan peculiar un comportamiento que se define por ser inhumano? ¿Esto no es una contradicción? ¿Cómo explicamos la existencia de la crueldad? ¿Quizá tengamos que apelar de nuevo al «sello indeleble» de nuestro «ínfimo origen», o solo los seres humanos muestran crueldad? La crueldad suele implicar no solo violencia, sino hacer sufrir a la víctima y —esto es importante— sentir placer al hacerlo. A veces no es necesario infligir daño activamente, basta con ver sufrir a otros y no hacer nada por evitarlo, a pesar de estar en nuestra mano, para ser cruel.

Hay animales que parecen comportarse cruelmente, al menos en ocasiones. Algunos, por ejemplo, parecen cazar por mera diversión, no se comen a sus víctimas. No es infrecuente ver gatos que cazan ratones y no se los comen; los mantienen vivos y juegan con ellos: tan pronto los dejan correr como los lanzan al aire y vuelven a cogerlos. Sin duda, el ratón sufre, pero no sabemos si realmente el gato disfruta torturándolo, requisito imprescindible para poder decir que está siendo cruel. Tan solo lo parece, pero no estoy tan seguro. Lo más probable es que esté jugando, entrenándose para futuras ocasiones en que tenga que cazar por necesidad y disfrute de ello. Pero disfruta del acto, no de lo que siente el ratón. Muchos animales son extremadamente agresivos, y a veces aparentemente sin necesidad: atacan a cualquier ser vivo que entre en su campo de visión o en su territorio. Osos, leones, cocodrilos o tiburones, entre otros, suelen atacar con gran violencia. Sin embargo, no lo harían por diversión, al menos aparentemente, sino por mantener su espacio vital; incluso aunque este en realidad no esté en peligro aparente, lo podrían hacer *por si acaso*. Serían, así, agresivos porque, en principio, estarían defendiendo sus recursos, que normalmente son escasos y limitados. He aquí la diferencia: una cosa es ser agresivo o matar en defensa de *lo suyo* y otra disfrutar con el sufrimiento del otro.

He visto escenas de caza de chimpancés acorralando y atacando a pequeños monos de otras especies. Es una persecución dura, con un final trágico, que llega tras un seguro sufrimiento por parte del monito. Los chimpancés, en principio, son carnívoros solo ocasionalmente, como complemento no del todo necesario de su dieta. Parece que sus cacerías tienen mucho más que ver con las demostraciones de fuerza y habilidad, con los roles y posiciones dentro del grupo, que con la necesidad de comer. Los chimpancés son, hasta cierto punto, al menos, empáticos, tendrían la capacidad para saber si la víctima está sufriendo. Sus expresiones emocionales son tan variadas y completas como las de los humanos, y creo que pueden entender que el mono al que persiguen siente terror. Aunque este sea de otra especie, la cercanía física es muy grande. Pero tampoco creo que disfruten exactamente con ese sentimiento ajeno, al menos no siempre. Lo que están haciendo tiene otros objetivos.

¿Solo el ser humano, por tanto, mostraría crueldad en sentido estricto, es decir, disfrutaría del sufrimiento ajeno? ¿Solo el humano presenta este comportamiento tan inhumano? Cabe la posibilidad de que así sea. Para explicarnos por qué esto es así, podemos adoptar una perspectiva basada en la psicología evolucionista. Según esta, nuestros sistemas y mecanismos mentales tendrían su origen en lo que ocurrió durante cientos de miles de años en África, donde evolucionó en gran parte nuestro cerebro; mucho del comportamiento humano sería la consecuencia de adaptaciones psicológicas que surgieron para resolver ciertos problemas en los ambientes ancestrales del Pleistoceno. Entre estos problemas está la necesidad de inferir lo que los demás tienen en su mente. Ya mencionamos en la primera parte cómo lo social ha sido un motor importante de nuestra evolución. Esto habría sido así hasta el punto de tener una extremada capacidad para ponernos en el lugar de los otros, muchísimo mayor que la de cualquier otro animal, incluidos los demás primates. Nos ponemos en los zapatos de los demás de manera automática y eficaz —aunque a veces nos engañen—; es algo inevitable, no podemos escapar a esto. Si partimos de esta premisa, podríamos entender que un animal con enorme capacidad empática pero que, a la vez, es muy violento con los miembros de otros grupos —una constante humana— desarrolle un mecanismo que le permita hacer el mal a seres que son semejantes a él sin sufrir mentalmente. Es más, disfrutar haciendo daño podría ser una especie de mecanismo compensatorio que permitiera adoptar una postura contraria para poder llevar a cabo su cometido cuando se necesita luchar y exterminar a seres como nosotros pero que son nuestros enemigos, pues compiten por los mismos recursos.

A veces se habla de la necesidad de *deshumanizar* a las víctimas para poder expresar comportamientos crueles, como los que aparecen en las guerras, sin remordimientos. Pero esto tiene varias objeciones, y muy posiblemente la deshumanización no explique esta crueldad. Antes al contrario, la mayoría de las veces se intenta hacer sufrir a quienes se piensa que tienen la misma capacidad de sufrir que nosotros; si los deshumanizamos, no sufrirían como lo haríamos nosotros y, por tanto, no se infligiría un verdadero castigo, una venganza, una *lección* que no olvidará. De hecho, deshumanizar, considerar a quienes hacemos daño voluntariamente como no humanos, como animales, no arreglaría nada. Y es que también sentimos empatía por el sufrimiento animal, somos capaces de ver que un animal sufre y sufrir con él. Y se puede ser cruel con los animales. Es más, cuando es persistente y repetitiva, la crueldad con los animales se considera un trastorno psicológico, igual que cuando lo es hacia los humanos. Y es que todos podemos ser crueles, llevamos, como seres humanos que somos, esa capacidad dentro, y hasta somos capaces de mostrarla ocasionalmente. Pero cuando se va de madre estamos ante un comportamiento patológico. Es lo mismo que ocurre con algo bastante relacionado con la crueldad: el sadismo sexual, la excitación sexual derivada de provocar sufrimiento, físico o psicológico, a otra persona. En ciertas dosis, se puede considerar sano o normal; su exceso puede ser un problema grave de conducta.

Unas líneas más arriba hablé de una palabra del idioma alemán que denota la alegría por el mal ajeno: *schadenfreude*. No es algo que sientan solo los que hablan alemán, sino cualquier ser humano. Aunque en principio se podría manifestar ante multitud de situaciones, esta emoción se aplica generalmente a la alegría que se siente cuando alguien por quien no sentimos gran estima ha sufrido una desgracia. Y normalmente consideramos a esa persona merecedora de un castigo: bien porque en el pasado haya cometido una tropelía, bien porque nos haya infligido algún daño que necesita venganza. En el fondo, son los recovecos de las relaciones humanas y la regulación de nuestra convivencia. Los humanos, los seres más empáticos del planeta, somos así. Y por eso también somos capaces de lo contrario, de sentir compasión. A esto sí nos gusta llamarlo *humanidad*. Sin embargo, la compasión no sería exclusivamente humana. Al menos ocasionalmente, algunos grandes simios, como los gorilas o los chimpancés, muestran comportamientos compasivos con sus semejantes, el grupo ayuda a quien no puede valerse por sí mismo. Es un comportamiento que se ha observado también desde muy antiguo en nuestra línea evolutiva, antes incluso de que hiciera su aparición la especie *Homo sapiens*. Si esto es así, como parece, es porque primates como los chimpancés muestran cierta capacidad de empatía, aunque no lleguen a nuestros niveles. Y también cabe, por tanto, que sean ocasionalmente crueles.

Psicopatía

Si hablamos de desarreglos emocionales que parecen muy humanos o, al menos, muy peculiares en nuestra especie, podemos hablar de la psicopatía. Ya la he mencionado por ser un ejemplo de trastorno mental en el que las emociones se hallan disminuidas, especialmente las que un psicópata siente por los demás. En la psicopatía no hay empatía, al menos la conocida como empatía emocional. Saben que los demás pueden sufrir, y lo saben por su experiencia. A esto se le llama *empatía cognitiva*. Pero la más rápida, el sentimiento de las emociones ajenas como propias, la *empatía emocional*, se encuentra, en estas personas, gravemente limitada o, incluso, ha desaparecido. No hay remordimientos ni arrepentimiento; los psicópatas son personas que manipulan a los otros a su antojo, sin sufrir. Junto con estas características suelen aparecer la desinhibición, el egoísmo y la tendencia desmesurada al riesgo, a la osadía. Normalmente se conoce también como sociopatía, precisamente por tratarse de un trastorno que se manifiesta especialmente en las relaciones con los demás.

Como tal, el término de psicopatía no aparece en algunos de los últimos manuales de diagnóstico psiquiátrico, entendiéndose más como un trastorno de la personalidad que puede presentar dos posibilidades. Por un lado, el *trastorno de personalidad antisocial*, que se caracterizaría por violar sistemáticamente los derechos de los demás, y por la incapacidad de mantener relaciones sociales estables. Por otro, cuando lo que se sufre es un *trastorno de personalidad disocial*, la gente te importa un bledo y no sigues, por sistema, las obligaciones sociales. Lo cierto es que los límites entre una u otra opción son muy difusos, y no es difícil que se entremezclen. En cualquier caso, el término genérico de psicopatía aún se usa ampliamente.

En principio, la psicopatía no implica necesariamente disfrutar del mal ajeno. No es, por tanto, crueldad en sí. Simplemente no se siente lo que sienten los demás, lo que facilitaría sacar provecho de ello. No obstante, la crueldad y la psicopatía pueden estar separadas por líneas muy tenues, algo que ocurre con frecuencia cuando hablamos de alteraciones mentales. Dadas sus características, la psicopatía se relaciona frecuentemente con casos de violencia, especialmente con agresiones a sangre fría, y se encuentra en un porcentaje apreciable de casos de violencia doméstica. Algo parecido ocurre con violadores y agresores sexuales, e incluso con el crimen organizado, incluido el de guante blanco. También se asocia a casos de terrorismo y crímenes de guerra. El hecho de que pueda haber un componente genético en el origen de esta conducta ha hecho pensar que, por sus características, este tipo de individuos diseminan sus genes a través de sus acciones con mayor frecuencia que otros, especialmente en los casos de violencia sexual. Esto explicaría por qué sigue habiendo psicópatas a pesar de sus enormes desventajas respecto a la convivencia en grupo. No obstante, la contribución de los genes puede que no sea muy robusta, habiendo otras explicaciones posiblemente más firmes. Entre estas, destaca el hecho de haber vivido experiencias fuertemente negativas en los primeros años de vida, como maltrato o abusos sexuales. Otro posible origen para la psicopatía sería la existencia de alguna lesión o daño cerebral.

Sea por uno u otro motivo, se ha encontrado que la psicopatía se asocia con disfunciones en determinadas áreas del cerebro. Una de ellas es la corteza orbitofrontal, que ya ha sido mencionada varias veces en este libro por su vinculación con lo social y lo emocional. Precisamente, una alteración de esta parte de la corteza podría ser en gran parte responsable de la falta de empatía de estas personas. Su importancia para la psicopatía es tal que se la ha llegado a llamar «el lugar del mal» en el cerebro. En general, la corteza orbitofrontal se activa cuando tenemos que determinar si algo está bien o está mal, por lo que su disfunción acarreará graves consecuencias en este sentido. Otra región que también he mencionado anteriormente y que se vincula con la psicopatía es la amígdala. Se supone que su alteración explicaría la falta de miedo que muestran los psicópatas, aunque también podría contribuir a su menor empatía en general. El primer tiroteo masivo ocurrido en Estados Unidos tuvo lugar en 1969, a manos de un francotirador que, tras asesinar a su familia, se subió a una torre y mató a varias personas antes de suicidarse. Había dejado una nota donde pedía que se le analizara el cerebro en la autopsia, pues no entendía lo que le pasaba. Así es como se descubrió que tenía un tumor junto a la amígdala.

Otras partes del cerebro podrían estar igualmente implicadas en la psicopatía, aunque en general no parecen tener tanto protagonismo en ella como las dos anteriores.

Una es la corteza dorsolateral prefrontal. Ya la conocemos, es de las más importantes desde el punto de vista cognitivo, y está implicada en el control de impulsos, en la inhibición de comportamientos inadecuados. La ínsula es otra de ellas, de gran relevancia para sentir el estado de nuestro cuerpo y, por tanto, para la empatía emocional. Curiosamente, la ínsula es una de las zonas del cerebro más estrechamente relacionadas con lo que sería lo contrario de la psicopatía, la compasión. La contribución de una misma zona del cerebro a patologías y comportamientos aparentemente contrapuestos es normal, y depende no solo de que aquella se exceda o se muestre deficitaria en su funcionamiento, sino de muchos otros factores que afecten a su funcionamiento, como la sincronía o coordinación con otras regiones, la cantidad y la calidad de sus conexiones internas o externas y multitud de otras variables. Por último, debemos mencionar al cíngulo anterior, que se activa cuando estamos ante algún conflicto, especialmente social, como un dilema moral. Parece que si no funciona adecuadamente no vemos el conflicto, y esto podría contribuir al comportamiento psicopático. Las disfunciones de estas áreas del cerebro que provocarían la psicopatía no tienen por qué tener un origen físico reconocible en una enfermedad, tumor o lesión estructural. Así, por ejemplo, los soldados que participan en una guerra se podrían convertir transitoriamente en psicópatas simplemente por necesidades de supervivencia, alterándose el funcionamiento de sus cerebros por causas culturales, sociales. No es necesario por tanto apelar a la *deshumanización* de los otros para entender nuestro comportamiento en las guerras. Por otra parte, personas criadas en ambientes delictivos pueden ver la violencia y, en general, el comportamiento psicopático como algo *normal.*

La visión mayoritaria en ciencia es que la mente es enteramente un producto del cerebro, de su funcionamiento. La mente nace de las conexiones neuronales del cerebro, donde se intercambian unos cuantos elementos químicos simples, como decía Sagan. No hay nada más. Los experimentos de Libet sobre cómo la actividad neuronal precede a la consciencia y no a la inversa son una buena clave en este sentido. Que unas sustancias químicas externas, ingeridas, puedan alterar la mente de manera notable como lo hacen las drogas psicodélicas es otra pista importante. Es curioso reconocer que muchas de estas drogas son sustancias naturales, que se encuentran en diversas plantas dispersas por el planeta. La biología botánica y la zoológica no parecen muy alejadas. Hay lesiones del cerebro que alteran la mente de manera sorprendente. La *prosopagnosia*, debida a una lesión en las regiones basales de los lóbulos temporales, se traduce en que el individuo es incapaz de reconocer a la gente por su rostro, incluidos el de sus seres queridos o el suyo propio en una fotografía. Otras lesiones pueden provocar que una parte del cuerpo nos parezca ajena a nosotros mismos. En el *síndrome del miembro extraño*, consecuencia normalmente de lesiones en regiones mediales del lóbulo parietal, se cree que la propia mano (generalmente la izquierda) es de otra persona, es un intruso. Este trastorno resulta tan molesto que algunos pacientes han llegado a pedir que se les ampute ese miembro, que parece tener ideas propias e incluso podría, según ellos, llegar a agredir (a abofetear, por ejemplo) al propio paciente. Algunas lesiones, y aun el cansancio y la fatiga extremos, pueden provocar que la gente tenga alucinaciones y que estas incluyan verse a sí mismo; por increíble que parezca, puedo ver un doble de mí mismo que está junto a mí, y convencerme de que mi mente está tanto en mí como en mi copia. Incluso se puede experimentar que la mente abandona el cuerpo durante un tiempo y que luego vuelve. Lo que ocurre en el cerebro, sustancia física, repercute directamente en lo que ocurre en la mente. Cualquier posibilidad de desgajar la mente del cuerpo, del cerebro, ha sido sistemáticamente refutada por la ciencia. Supuestas evidencias que podrían defender dicha separación entre mente y cuerpo, como las experiencias cercanas a la muerte o los sueños, tienen todas explicaciones científicas simples.

Hemos visto que parecen subyacer en la psicopatía unas bases neurológicas muy concretas. Este trastorno sería, por tanto, fruto de lo que pasa en el cerebro. La psicopatía, entonces, ¿es un problema psicológico, psiquiátrico o neurológico? Buena pregunta; podría afirmarse que es todo a la vez. Incluso un problema social, también. Prácticamente lo mismo podemos decir de cualquier trastorno o enfermedad mental, de cualquier alteración del comportamiento: la depresión, la ansiedad, los trastornos alimenticios, las compulsiones, la esquizofrenia y tantos otros. Psicología, psiquiatría y neurología: ¿estas ciencias son amigas o se tienen celos y envidias? ¿Se pisan unas a otras o se ayudan? Voy a contestar a estas preguntas dando mi visión personal al respecto.

La psicología se encarga del estudio de la mente y de la conducta, y, según las definiciones más académicas, la mente podría entenderse como una faceta de nuestra conducta; una conducta o comportamiento interior. Por su parte, la psiquiatría aborda las enfermedades mentales. En principio, esto también le compete a la psicología, pues, aunque esta estudia la normalidad, también afronta la anormalidad; es lo que se conoce como psicología clínica. Por último, a la neurología le competen las enfermedades del sistema nervioso, tanto del central (cerebro y médula espinal) como del periférico (todos los nervios y ganglios nerviosos que se distribuyen por el cuerpo). En la medida en que la mente es producto del cerebro, la mente sería también competencia de los neurólogos, al menos teóricamente. Recordemos que Sigmund Freud, el padre del psicoanálisis, era neurólogo. Efectivamente, los intereses y competencias de las tres disciplinas se solapan en gran medida. Aunque también tienen sus competencias propias. Los psiquiatras, como médicos, pueden recetar fármacos, y es así como tratan en gran medida las enfermedades mentales. Los psicólogos no tienen permitido echar mano de estos remedios farmacológicos y, por lo tanto, suelen abordar los trastornos mentales mediante métodos conductuales, mediante el control cognitivo directamente. En este sentido, psiquiatras y psicólogos son absolutamente complementarios en el tratamiento de los trastornos mentales.

La neurología, en teoría, podría encargarse también de los trastornos mentales. No lo hace, pero sí lo hace una especialidad médica estrechamente relacionada con ella: la neurocirugía. Mediante la llamada psicocirugía se destruye (lobotomía) o aísla (leucotomía) parte del tejido cerebral para aliviar casos muy graves de depresión, ansiedad, trastorno obsesivo-compulsivo o incluso esquizofrenia. Como vimos, también se ha ensayado como posible tratamiento de las adicciones, aunque con resultados dudosos. En los años cincuenta del pasado siglo, el psiquiatra Walter Freeman pasó tristemente a la historia por haber practicado miles de lobotomías para tratar las más diversas afecciones mentales, desde trastornos de ansiedad a casos de déficit de atención con hiperactividad. Siendo psiquiatra, no tenía la autorización necesaria para abrir cráneos, para lo que habría necesitado ser neurocirujano. Pero ideó una forma de llegar al cerebro sin abrir la cabeza: introduciendo un estilete entre el ojo y el párpado superior, podía llegar a la corteza prefrontal rompiendo el fino hueso que constituyen las cuencas de los ojos. Fue un caso de abuso de la psicocirugía, con consecuencias nefastas y dramáticas para muchas personas. Los trastornos mentales, al menos por el momento, es preferible tratarlos desde la psiquiatría y la psicología; solo en casos muy extremos estaría recomendada la neurocirugía. En los últimos años se ha incorporado un campo muy prometedor de la neurocirugía en el tratamiento de los trastornos mentales: la estimulación cerebral profunda, la inserción de electrodos o dispositivos de estimulación eléctrica diminutos en las profundidades del cerebro, que permiten regular el funcionamiento de determinadas estructuras y circuitos. Mediante estos sistemas es posible tratar la depresión, el trastorno obsesivo-compulsivo o la esquizofrenia, entre otras dolencias. Volveré a hablar de la estimulación cerebral profunda en la tercera parte de este libro.

Más que competir, la psicología, la psiquiatría, la neurología, la neurocirugía y algunas ramas más del saber científico pueden y deben confluir para tratar de mejorar el bienestar de las personas. Y lo hacen en numerosas ocasiones. Son un ejemplo de cómo la inteligencia humana, normalmente cuando está en el modo 2 del pensamiento, puede ser capaz de aliviar el sufrimiento de muchos miembros de nuestra especie. Aunque no siempre seamos todo lo listos que podemos ser, a veces sí podemos demostrar hasta dónde puede llegar nuestro cerebro. Afortunadamente.

10

A QUÉ SE DEDICA EL CEREBRO CUANDO PENSAMOS

Si el pensamiento es en gran medida una gestión de nuestras emociones, ¿a qué se dedica el cerebro cuando creemos que está *pensando*? La razón última de la mayoría de nuestras decisiones la vamos a encontrar en una de sus misiones más importantes, quizá la principal: conservar nuestra propia imagen de nosotros mismos, preservar nuestra autoestima.

Cuando tenemos alta la autoestima, sea realista o no, nos sentimos más fuertes, más seguros de nuestras decisiones, más importantes, más confiados en nuestras capacidades. Como consecuencia, es verdad —y es curioso— que mejora nuestra competencia en multitud de tareas, y nos sentimos más propensos a aprender nuevas habilidades. Una autoestima alta provoca emociones positivas, con la consiguiente flexibilidad y apertura mentales, que ya he comentado en otra parte de este libro. La autoestima es un bien enormemente preciado. Sin duda, la autoestima se acompaña de altos niveles de dopamina.

Pero una autoestima elevada puede tener su lado negativo. Exceso de confianza o errores no suficientemente ponderados, e incluso la ignorancia activa de evidencias que pudieran mermarla (una especie de sesgo de confirmación), son solo algunos de los peligros de ello. En 1999, los psicólogos Justin Kruger y David Dunning advirtieron de la existencia de lo que desde entonces se conoce como *efecto Dunning-Kruger*. Según este, cuando carecemos de competencias en algo somos mucho más propensos a excedernos en nuestra confianza en nuestras propias conclusiones sobre ese particular. Efectivamente, todo el mundo opina de todo, y normalmente las personas se sienten más confiadas en sus propias opiniones y decisiones que en las que aportan los profesionales de cada campo. Sería algo parecido a lo que en el lenguaje coloquial se conoce como *cuñadismo*. La gente cree saber más de ciencia que los científicos (lo hemos visto con la pandemia del COVID-19), más de decisiones políticas que los políticos o más de fútbol que los propios futbolistas y entrenadores. Curiosamente, y podríamos decir que por desgracia, quienes tienen las opiniones más favorables sobre sus propios méritos en campos que desconocen son quienes obtienen las puntuaciones más bajas en pruebas de razonamiento lógico, gramática o sentido del humor.

Este tipo de efectos, al igual que todos nuestros sesgos y falacias del pensamiento, deben ser conocidos, estudiados, analizados y explicados si queremos un mundo mejor. Debemos conocernos en profundidad, de verdad, sin excedernos en nuestra valoración de nosotros mismos, sin engañarnos. Como individuos y como especie. Para estar en equilibrio, para avanzar, para mejorar. La ciencia está aportando mucho a este respecto. La ciencia es uno de los mayores inventos de la humanidad, probablemente lo mejor que tenemos como fruto del trabajo colectivo de nuestra especie, aunque a veces duela, pues pone de manifiesto verdades que pueden no resultarnos agradables. Será precisamente conociendo en profundidad esas debilidades como tendremos oportunidad de superarlas. Como dice Steven Pinker, es preferible trabajar con la forma de razonar de la gente y mejorarla que descartar a la mayoría de nuestra especie como crónicamente incapacitada por falacias y sesgos. Estoy totalmente de acuerdo. Es una obligación social, moral si se quiere. Y, como también afirma Pinker, es lo que sugieren los principios de la democracia.

MENTIR PARA VIVIR

No está muy lejos de esa autoestima excesiva ese mecanismo de nuestro cerebro que se descubrió al estudiar a los pacientes con el cerebro dividido, el intérprete. Recordemos que lo que la existencia del intérprete revela acerca de nuestro gran cerebro es que la verdad no es precisamente lo más importante, y que cuando no tenemos explicación para algo se confabula: se inventa una explicación que parezca plausible, aceptable. Para Gazzaniga, uno de los descubridores del intérprete, una de las principales misiones de este mecanismo es darnos seguridad y mejorar nuestra autoestima para estar a gusto con nosotros mismos. Y para conseguir esto, como seres enormemente sociales —o hipersociales— que somos, el intérprete se encargaría de que todas nuestras decisiones y nuestro comportamiento estén justificados moralmente. Aunque sea *a posteriori* y *ad hoc*, disponiendo justificaciones específicas para cada caso concreto. Al cerebro no le interesa la verdad, sino ganar discusiones. A veces, si nos vemos acorralados, podemos justificarnos diciendo cosas como «No quise hacerlo» o «No era dueño de mí mismo». O usamos algunos de los mecanismos de defensa que ya enumeró Sigmund Freud y que sirven para proteger nuestra idea de nosotros mismos de posibles peligros que mermen nuestra autoestima. Así, podemos negar que algo ha ocurrido, y esto incluye el negárnoslo a nosotros mismos. No querer recordar algo que no nos gusta o echar las culpas a otros forman parte de estos mecanismos. Aunque el psicoanálisis no se considera una aproximación científica, Freud fue un gran observador del comportamiento humano y algunas de sus ideas son realmente valiosas. En realidad, estos mecanismos de defensa no son sino parte de nuestros sesgos y falacias del pensamiento.

El intérprete siempre pretenderá explicar nuestro comportamiento de manera que nos deje en buen lugar, que evidencie que somos buena gente, aceptables miembros del grupo, que somos dignos. Se trata por tanto de un perfecto mecanismo social para preservar y, si es posible, ensalzar nuestra autoestima, nuestra aceptabilidad por parte de los demás y de nosotros mismos. El intérprete, pues, protege nuestra integridad social. Es, de hecho, un buen mecanismo para mantener la *homeostasis* en un ser social. La palabra homeostasis se refiere a la regulación de la situación de equilibrio del organismo, al hecho de que todas sus condiciones químicas y físicas (líquidos, sales, temperatura, etc.) deben estar en sus niveles óptimos. Si no fuera el caso, el organismo se autorregularía, actuando de inmediato para volver a esa situación de equilibrio. En la gran mayoría de los vertebrados, una situación de desequilibrio orgánico genera una sensación que impulsa al organismo a encontrar la forma de recuperar sus niveles óptimos. Si estamos bajos de agua, sentimos una sed irresistible que nos impulsa inexorablemente a buscar y beber agua. Muchos autores creen que las emociones que sentimos tienen su origen en señales que nos indican que hay que hacer algo para recuperar un equilibrio perdido. Es curioso que, en el ser humano, y también en la mayoría de los primates, el equilibrio del organismo incluya también factores sociales: si tenemos algún problema en nuestra convivencia o en nuestro estatus, se desencadenan mecanismos que nos hacen sentir emociones. Bastantes tienen mucho que ver con nuestra naturaleza social y están muy desarrolladas en nuestra especie, como la culpa, el orgullo o la vergüenza. Para evitar algunas de estas emociones —como la culpa—, o para sentir otras que nos resultan agradables —como el orgullo—, el intérprete sería un buen mecanismo, un aliado.

Esta manera de ser tan destacada de nuestro cerebro está muy relacionada con la *teoría de la mente*, que no es otra cosa sino la capacidad del ser humano para desentrañar lo que otras personas tienen en su cabeza: sus intenciones y deseos, sus emociones, sus conocimientos. En ocasiones, a esta capacidad se la llama intencionalidad, o también empatía, aunque este término tiene también otras acepciones más centradas en lo emocional. Uno de los objetivos primordiales de nuestro cerebro es hacer que lo que los demás tienen en sus mentes sobre nosotros mismos sea bueno, que nos vean bien, nos estimen. Así nos apreciaremos a nosotros mismos, y esto es básicamente lo que alimenta nuestra autoestima.

En la consecución de unos niveles óptimos de autoestima no escatimamos medios. Si hay que mentir, consciente e intencionadamente, se miente; incluso a nosotros mismos. De hecho, somos una especie bastante mentirosa. No es que otras especies no lo sean, es que la nuestra lo lleva a gala. A veces, mentir es obligatorio: es lo que dictan las normas de convivencia, las normas de buena educación. No podemos decir la verdad en numerosas ocasiones, pues podemos hacer daño. Es mejor una mentira piadosa. A veces, mentimos para no tener que dar explicaciones, para no perder el tiempo. Nos preguntan «¿Qué tal?» y la respuesta suele ser «Bien», aunque no sea verdad; no nos paramos a contar nuestros problemas, nuestras preocupaciones. Dicen que mentimos al menos dos veces al día. La mentira, además, es algo que cuidamos. Nos la enseñan desde pequeños, como cuando nos dicen que llamemos a nuestros abuelos y les digamos que los queremos mucho, aunque no teníamos la menor intención de hacerlo. Algunas investigaciones ponen de manifiesto lo bien que mentimos: nuestras mentiras suelen ser creíbles. Somos conscientes de que, si exageramos mucho, por ejemplo, sobre nuestras capacidades o nuestros logros, no nos van a creer. Tanto es así que algunos experimentos muestran que, aunque exagerar sobre nuestras capacidades podría reportarnos más dinero, preferimos no hacerlo. Mentimos diciendo que somos mejores de lo que realmente somos, sí, pero con mesura. Para que seamos creíbles, para que parezca realista. Lo importante no es el dinero, sino que nos vean como más capaces de lo que realmente somos. Así, la mentira es una buena herramienta para mejorar nuestra autoestima.

Creo que es muy probable que nuestros primos hermanos los neandertales, e incluso otros miembros del género *Homo*, mintieran; a los demás y a sí mismos. Incluso que tuvieran algo parecido a un intérprete, una forma de explicar las cosas no necesariamente basada en la verdad, pero necesaria para que todo encaje y para tener un buen lugar en el grupo, un estatus. Los chimpancés y otros seres no humanos también mienten: ocultan información, simulan situaciones, esconden objetos. Quizá los neandertales utilizaran igualmente estos mecanismos para mejorar su autoestima. Su gran cerebro, fruto, como el nuestro, de una constante presión evolutiva de carácter social, lo haría admisible.

CÓMO CONSTRUIMOS LAS MENTIRAS EN LAS QUE CREEMOS

Que la autoestima sea tan relevante para nosotros, junto con el intérprete cerebral, podría explicar, al menos en parte, muchas aparentes anomalías y contradicciones que observamos en las sociedades humanas. Así, nos encontramos con que algunas creencias aparentemente increíbles están muy extendidas entre la población mundial, por paradójico que parezca, y tienen una capacidad de expansión abrumadora. Entre estas creencias están los horóscopos, las pseudociencias (como la acupuntura o la homeopatía), las teorías de la conspiración, el negacionismo (negar evidencias empíricamente verificables, como el Holocausto, o gran parte del saber científico, o creer que la Tierra es plana), las supersticiones o los fenómenos paranormales. Mención aparte merece otro fenómeno, por su tremenda universalidad y su relevancia en la historia de la humanidad: las creencias religiosas. El éxito de estas ideas es abrumador. Se estima que estas creencias son seguidas por aproximadamente un 80 por ciento de la población mundial, o quizá más. En el mundo occidental, las creencias paranormales son aceptadas por algo más del 20 por ciento de la población, mientras que las pseudociencias lo son por aproximadamente un 50 por ciento. El porqué de todas estas creencias viene siendo objeto de estudio por parte de la comunidad científica. Su relevancia para entender de verdad al ser humano y así deshacerse de viejos mitos acerca de su supuestamente admirable capacidad racional es una razón. Pero también las consecuencias que muchas de ellas pueden tener en escenarios sociales de gran calado, como la política o la economía.

Seguir estas creencias sería una manera nada desdeñable de preservar e incluso elevar nuestra autoestima. Estar en posesión de *la verdad*, frente otras personas que no pertenecen al mismo grupo de creyentes, nos da una superioridad moral que no conseguiríamos tan fácilmente por otras vías. Los demás, los que no creen, vivirían en un engaño, son unos ignorantes. Además, una vez que adoptamos como nuestro uno de estos sistemas de creencias, no somos capaces de admitir que podemos estar equivocados. Entrar es fácil, pero salir no, pues esto mermaría nuestra autoestima. La necesidad de autoestima parece parte de la explicación para la existencia y el éxito de estas creencias. Pero hay más factores. El fenómeno es complejo, y lo volveré a abordar extensamente en la tercera parte de este libro. Pero sí puedo comentar aquí que uno de esos otros factores es el lenguaje y su enorme capacidad de persuasión.

Teniendo en cuenta cómo es el ser humano, cómo piensa, cómo decide, autores como el neurocientífico Chris Frith han propuesto que el lenguaje humano se originó principalmente para poder persuadir a los demás, para poder engañarlos y sacar partido de ellos. Incluso para mentirnos a nosotros mismos, algo que solo ocurriría en nuestra especie. ¿Compartiríamos este rasgo con los neandertales? Pocas cosas hay más persuasivas que el lenguaje bien utilizado, con las palabras, la cadencia y la convicción adecuadas. Abre todas las puertas. El lenguaje humano tiene la cualidad de poder inventarse la realidad. A diferencia de otros lenguajes no humanos, el nuestro puede hablar de situaciones alejadas en el tiempo y en el espacio: no tienen por qué estar presentes, y pueden haber ocurrido en el pasado o ser acontecimientos del futuro. O ser completamente falsas.

Los griegos clásicos ya eran conscientes de la vulnerabilidad de la mente humana ante propuestas que no son argumentos lógicos e información objetiva, sino artificios, embelecos y otros ardides. Una disciplina que se inició en aquellos tiempos, la *retórica*, ha sobrevivido y se ha desarrollado a lo largo de los siglos. Esta herramienta para expresarse de forma que se consiga persuadir a las personas tiene, por tanto, miles de años. Y, desde luego, es una disciplina que proporciona claves muy eficientes para conseguir dominar la voluntad de los seres humanos con independencia del argumento, del contenido. Los antiguos griegos ya sabían que, para persuadir, no hace falta decir la verdad o transmitir información objetiva. Lo que importa verdaderamente no sería tanto lo que se dice, sino cómo se dice. La forma de organizar, administrar o dosificar la información tiene una enorme capacidad para conmover, inquietar, motivar y convencer. Más que los argumentos lógicos o basados en el razonamiento o la evidencia.

Así, por ejemplo, si queremos convencer a alguien, podemos intercalar en nuestro discurso los llamados *adjetivos disuasorios*. Se trata de adjetivos contundentes que podemos añadir, aunque no sean del todo (o nada) fieles a la verdad, logrando que nuestras afirmaciones no admitan réplica o, al menos, que, si alguien quiere rebatir nuestra argumentación o contradecirnos, hacerlo pueda suponerle un problema o tener que emplear mucha energía. Si decimos que algo es «indiscutible» o «incuestionable», estamos dando mucha fuerza a nuestras afirmaciones, de manera que desarmamos a nuestros posibles oponentes. Podemos asegurar que algo es «evidente» (aunque no lo sea), o que «todo el mundo lo sabe» o lo ve como nosotros (apelamos directamente a la sociedad como testigo), y tendremos altas posibilidades de ganar una batalla dialéctica. Algunos estudios han demostrado que palabras y afirmaciones como estas elevan nuestro nivel de estrés, nuestra activación fisiológica y, con ello —a la larga y si se usan muy frecuentemente—, incluso pueden afectar negativamente a la expresión de genes que tienen que ver con el buen funcionamiento del sistema inmunitario.

La retórica también nos revela que, si tenemos algunos argumentos más flojos que otros, lo mejor será poner los más sólidos al principio y, especialmente, al final, pues las conclusiones que sacará el destinatario del mensaje serán diferentes. Los argumentos flojos o menos convincentes sumarán casi tanto como los más robustos, pero su detalle se perderá si los colocamos a mitad de nuestra argumentación. Se aprovechan así los conocidos efectos de *primacía* y *recencia* de la memoria humana, según los cuales lo que solemos recordar es justo el comienzo y, especialmente, el final de una serie de ideas o elementos que hayamos visto u oído. La retórica también dice que podemos potenciar nuestro poder de persuasión mediante *licencias*, que incluyen pequeñas mentiras, desinformaciones u ocultamientos de parte de la verdad. Todo sea por la causa, aunque haya que saltarse algún que otro principio ético; pero que no se note mucho. Muchas de estas estrategias son muy habituales, tristemente, en el mundo de la política.

La persuasión que ejercen ciertas personas mediante sus estrategias retóricas es capaz de cualquier cosa. Los sesgos tampoco ayudan a mejorar la situación, y uno muy común en las creencias no basadas en la evidencia es el de autoridad. Que algo aparezca en un libro o en un vídeo de YouTube o se escuche en televisión les da una aureola de credibilidad a ciertas ideas que no deberían tenerla. El caso del éxito de las pseudociencias es muy llamativo, ya que son aceptadas por mucha gente con formación científica. La creencia en medicinas tradicionales, especialmente orientales, como la acupuntura, tiene numerosos seguidores en el mundo occidental. Esto es así con independencia de la formación académica de las personas, y algunos las creen incluso más eficaces que la medicina basada en evidencia científica. No se sabe muy bien por qué, aunque lo cierto es que las pseudociencias, a diferencia de —por ejemplo— los fenómenos paranormales o las creencias religiosas, no fuerzan a creer cosas que van claramente en contra de nuestro sentido común, de lo que solemos percibir con nuestros sentidos. No necesariamente implican violaciones de nuestros conocimientos más cotidianos de física o biología. Simplemente proponen que se admitan como ciertas ideas que podrían serlo, pero para las que no hay evidencia. Algunos científicos del comportamiento, como Gordon Pennycook, han encontrado que muchas pseudociencias —aunque también algunos mensajes que fomentan las creencias paranormales— utilizan un lenguaje con unas características muy peculiares. Lo llaman *sandeces pseudoprofundas* (*pseudo-profound bullshit*). Son afirmaciones rebuscadas e imprecisas que, en realidad, no dicen nada, pero que, a base de utilizar una mezcla de términos difíciles de relacionar entre sí, muchos de ellos poco conocidos, dan la sensación de estar afirmando algo profundo. Muchos conocidos *gurús* hacen uso de este tipo de expresiones. Por ejemplo: «La atención y la intención son la mecánica de la manifestación», o «La naturaleza es un sistema autorregulado de consciencia». Como han demostrado algunos trabajos, se pueden conseguir frases similares simplemente mezclando términos al azar. El receptor, sin duda, queda impresionado por esta palabrería, y esto es precisamente lo que se busca. Mucha gente cae en estas verdaderas trampas mentales, que hacen creer que hay un mensaje profundo, importante. Y ser escéptico no te hace inmune a ellas.

TAN *SAPIENS* IGUAL NO SOMOS

El arte de la persuasión es tan antiguo que probablemente arranque desde mucho antes de que los griegos lo sistematizaran en sus manuales de retórica. Ha sido utilizado por la humanidad en multitud de ocasiones, especialmente cuando se trata de convencer y motivar a grupos grandes de personas, a poblaciones enteras, a naciones. Quien encabezaba el aparato de propaganda del régimen nazi, Joseph Goebbels (ministro para la Ilustración Pública y Propaganda del Tercer Reich), sabía mucho de esto. Parece que es suya una frase muy conocida que dice que «Una mentira repetida mil veces se convierte en verdad». Una afirmación que muchos experimentos de las últimas décadas están no solo confirmando, como se sospechaba, sino entendiendo, explicando y ampliando. Muchos de estos estudios nos muestran que, incluso cuando a alguien le decimos explícitamente que una afirmación es falsa (las conocidas como *fake news*), solo el hecho de haberla visto o escuchado hace que, a la larga, se pueda recordar como una verdad. Esto es algo que, además, se incrementa con la edad. La memoria humana falla con bastante frecuencia, como ya sabemos, y puede perder fácilmente el detalle de que esa noticia había sido etiquetada de falsa. Otra de las consecuencias de la pobre memoria humana es que basta con que un solo individuo lance una falsedad repetidas veces para que a las personas les parezca que es algo que está diciendo mucha gente. Y si lo dice mucha gente, hay más motivos para creerla. La repetición, la persistencia, es una herramienta muy poderosa. «Miente, miente, que algo queda», dice una máxima que se ha atribuido a varios autores, entre ellos al propio Goebbels, a Lenin o a Voltaire, aunque también dicen que puede tener su origen en uno de los consejeros de Alejandro Magno.

Llamarnos *sapiens* posiblemente también tenga que ver con la preservación de nuestra imagen colectiva como especie: somos los sabios, a pesar de algunas evidencias en contra. Es una mentirijilla que nos hemos contado para aumentar nuestra autoestima. Es la autoestima de nuestro grupo, de nuestra especie, y, por ende, de cada uno de nosotros. Incluso, cuando nos comparamos con los neandertales, llegamos a llamarnos *sapiens sapiens*. Qué exageración. Sin duda, somos listos, muy listos; y ahora, los más listos del planeta. Pero con tantos y evidentes defectos en nuestros razonamientos, a título individual y colectivo, el término *sapiens* como forma principal de describirnos, como rasgo permanente y constante, nos viene quizá un poco grande. De hecho, otras alternativas se han propuesto, en parte con humor, en parte en serio. Una de ellas consiste en sustituir *sapiens* por *faber*, el hombre que fabrica, que hace herramientas. Esta es una propuesta que se remonta al menos al filósofo Henri Bergson y a su obra *La evolución creadora*, de 1907, aunque ya otros autores como Karl Marx habían jugado con la idea, que incluso podría provenir de los tiempos clásicos. Para Bergson, la inteligencia sería la capacidad de crear objetos artificiales, herramientas y herramientas para fabricar herramientas, así como de modificarlos de modo ilimitado. Dicho así, *Homo faber* y *sapiens* no serían definiciones muy diferentes, si entendemos que sabiduría e inteligencia pueden ser sinónimos, aunque la de Bergson es desde luego una definición muy particular de la inteligencia.

Otra propuesta seria vino de la mano del historiador holandés Johan Huizinga, que publicó en 1938 una obra titulada *Homo ludens* para destacar lo tremendamente juguetona que es nuestra especie. No es que nos dediquemos al juego en sí, a lo que todo el mundo entendería como juego. Lo que ocurre es que mucho de nuestro comportamiento se podría caracterizar como mero juego, como forma de vida en una realidad que no es la más material, necesaria o de utilidad inmediata. Así, el arte, las naciones, los uniformes, las banderas y tantas cosas que nos caracterizan y que forman parte de una realidad inventada y consensuada, con sus reglas de uso, podrían considerarse mero juego. Y creo que lleva mucha razón. Es más, probablemente esta forma de ser nos caracterice bastante más que la que se desprende de la etiqueta *sapiens*. Hablaré largo y tendido sobre esto en la tercera parte de este libro. De la mano de autores como John Stuart Mill, en el siglo XIX surgió también el término *Homo economicus*, el cual destaca que las decisiones en economía se toman de manera racional, egoísta y aislada del mundo, algo que modernamente se ha demostrado falso de la mano de autores como Kahneman y Tversky.

Aparte de *Homo faber*, *Homo ludens* u *Homo economicus*, ha habido otras propuestas, indudablemente de menor alcance intelectual y quizá en un intento de llamar la atención hacia aspectos muy particulares de nuestros tiempos. Así, *Homo videns* se ha propuesto a causa de la importancia de la televisión en nuestras vidas, intentando a la par destacar a esta como forma de manipulación. Más recientemente, y dado el protagonismo de las tecnologías de la información y la comunicación en nuestro tiempo, ha surgido el nombre de *Homo digitalis*. Estas últimas, y algunas otras, son propuestas de alcance relativamente limitado, obviamente, pero que al menos nos sacan un poco de la reputación de sabiduría en la que nos habíamos entronizado.

Intentando mejorar nuestra autoestima como especie, también nos hemos engañado de alguna manera al considerarnos como los bondadosos. Decimos de un comportamiento cruel que demuestra *poca humanidad*, lo que es una mentira flagrante. Al contrario, la crueldad resulta muy humana, como hemos visto. Creemos o queremos creer que ser humano significa necesariamente ser bueno, caritativo, misericordioso, compasivo. Hablamos de *acciones humanitarias* o de *ayuda humanitaria* para referirnos a las labores de salvar vidas, aliviar el sufrimiento de otros seres humanos o atender sus necesidades básicas. Sin embargo, la humanidad ha demostrado *poca humanidad* a lo largo de toda la historia de la especie. Y lo sigue haciendo. Forma parte de su cultura, pero también probablemente de sus genes, de su naturaleza como primate. Decir esto último es algo que en los años ochenta del pasado siglo hubiera podido considerarse políticamente incorrecto, y hasta científicamente, en un ejemplo de cómo la política puede infiltrarse en la ciencia, algo que en principio no es deseable. En 1986, un grupo de veinte científicos de todo el mundo y de diversas disciplinas, incluyendo la neurobiología, la etología y la paleoantropología, firmaron la que se conoce como la Declaración de Sevilla sobre la Violencia, en la que se establecían cinco principios, según los cuales sería científicamente incorrecto afirmar, entre otras cosas, que tenemos una tendencia heredada de nuestros ancestros animales a hacer la guerra, o que la guerra y la conducta violenta están genéticamente programadas en nuestra naturaleza. La declaración fue adoptada por la Unesco y por la Asociación Psicológica Americana. Pero pronto fue muy criticada desde el mundo académico. Y el tiempo, de hecho, ha atemperado estas afirmaciones. Entre otras cosas, porque no hay evidencia científica que las respalde, sino más bien todo lo contrario.

En realidad, los seres humanos somos capaces de todo, tanto de lo muy bueno como de lo muy malo. Y esto es así tanto individual como colectivamente. Todos llevamos dentro de nosotros las semillas del bien y las del mal. Tan humana es la compasión como el odio y la crueldad. Ambos están en nuestra naturaleza, una naturaleza que se remite a nuestra pertenencia al orden de los primates, donde también hay guerras despiadadas y se observan actos de compasión, particularmente en grandes simios como los chimpancés. Aunque sus parientes más cercanos, los bonobos, hacen más el amor que la guerra, lo que quizá sea más la excepción que la regla. En nuestro caso, con una gran inteligencia y un carácter tan hipersocial, con un cerebro primate tan grande, todo es más exagerado. De ahí que nuestra bondad y nuestra violencia puedan ser tan excesivas. En la medida en que nuestros ancestros estuvieran más cerca de nosotros evolutivamente hablando, como sin duda fue el caso de los neandertales o de *Homo erectus / ergaster*, sus comportamientos en este sentido podrían haberse asemejado bastante a los nuestros.

EL MÉTODO CIENTÍFICO, O CÓMO HACER QUE EL ERROR NOS HAGA MÁS LISTOS

Pero dentro del orden de los homininos, de entre todos los miembros del género *Homo*, solo nosotros hemos descubierto algo que ningún otro ser de este planeta ha conocido: la ciencia. Lo hemos conseguido por evolución cultural y por el devenir de la historia, que ha permitido ir alcanzando hitos culturales tan significativos como la escritura o la imprenta. Y por la aparición, a lo largo de la vida de nuestra especie, de individuos que, poniendo a trabajar sus cerebros en modo 2, han conseguido que la humanidad avance a pasos de gigante. Desde filósofos a científicos destacados, son muchas las grandes mentes que nos han traído este regalo. El método científico es la gran respuesta del ser humano a sus errores de pensamiento, el intento más exitoso de sortear las barreras de su propia inteligencia. Es la puesta en práctica de toda su capacidad para escudriñar el mundo sin caer en falacias y sesgos. Con la ciencia hemos dejado de engañarnos a nosotros mismos.

Ya en la Grecia clásica hubo grandes pensadores que podríamos considerar científicos, como Eratóstenes, quien fue capaz de estimar la circunferencia de la Tierra usando la sombra proyectada por dos palos en dos lugares distintos del planeta. Pero el método científico en sí es un invento más reciente. Se suele considerar que uno de sus impulsores fue el filósofo Francis Bacon (1561-1626), el primero en darse cuenta de la presencia de sesgos en nuestro modo habitual de pensar, y de que uno de ellos era el de confirmación, aquel por el que solo aceptamos la información que confirma nuestras creencias previas, rechazando la que pudiera ponerlas en entredicho. Bacon lo consideraba el culpable de la existencia de supersticiones y supercherías. Precisamente en esta misma línea iría lo que otro filósofo, Karl Popper (1902-1994), propuso más recientemente como uno de los pilares más sólidos y destacados del método científico, de las ideas científicas: la falsación. Para apoyar una afirmación científica no debemos centrar toda nuestra atención en evidencias que la verifiquen o confirmen; también debemos buscar, activamente, datos que pudieran ir en su contra. Si los encontramos, la hipótesis es falsa, no se sostiene. En caso contrario, podemos seguir defendiéndola. Es por esto por lo que las teorías e hipótesis científicas deben ser formuladas de manera que permitan buscar la forma de falsarlas, de encontrar evidencias que pudieran demostrar su falsedad. No pueden ser un conjunto de ideas cerrado en sí mismo.

Es lo que le ocurre al psicoanálisis, cuyas ideas no pueden falsarse. Su cuerpo de conceptos y conocimientos es un sistema cerrado en el que unos y otros se explicarían mutuamente, pudiendo haber cientos de versiones sin que ninguna de ellas pudiera falsarse o considerarse de mayor o menor valía. Un buen ejemplo de la no falsabilidad de las teorías psicoanalíticas lo tenemos en el conocido complejo de Edipo, piedra angular del psicoanálisis. Según este, el niño ama a la madre, con quien desea mantener relaciones sexuales, y odia al padre. Pero este sería el complejo de Edipo positivo, ya que en el negativo el niño ama al padre y rechaza a la madre. De esta manera, cualquier circunstancia encajará con el modelo teórico, pues está lleno de ambigüedades e ideas imprecisas. No hay ninguna predicción posible, pues puede ocurrir de todo. En 1927, el antropólogo Bronisław Malinowski, desde el mismo psicoanálisis, refutó la supuesta universalidad del complejo de Edipo tal como lo había planteado Freud. Entre los habitantes de las islas Trobriand, en Papúa Nueva Guinea, por ejemplo, un niño era de su madre y del espíritu de sus ancestros, lo que dejaría vacío el lugar del padre. Sin embargo, desde la visión ortodoxa se contestó que el complejo de Edipo seguía siendo universal, dado que, en el sistema matriarcal de los trobriandeses, habría una negación del rol del padre en la reproducción, sustituido por un desplazamiento hacia la figura del tío. Esta discusión continúa hoy día. El hecho de que haya muchas variantes y *escuelas* del psicoanálisis da una idea, a mi entender, de lo espurio de esta corriente. El propio Popper fue en un principio un entusiasta del psicoanálisis, hasta que se dio cuenta de que los psicoanalistas siempre explicaban lo que les ocurría a sus pacientes *a posteriori*. Nunca hacían predicciones que pudieran someterse a comprobación experimental. Ni para verificar ni para falsar sus postulados.

La experimentación, precisamente, es uno de los puntales básicos de la ciencia. Se trata de manipular o presentar distintos valores de una variable (por ejemplo, cantidad de alcohol ingerido) y comprobar lo que ocurre en otra (por ejemplo, capacidad para conducir un vehículo). Los resultados, además, no basta con observarlos una vez: hay que repetirlos, es decir, deben ser reproducibles siempre que se den las mismas condiciones (por ejemplo, que la edad y el sexo de las personas que ingieren alcohol sean siempre los mismos, ya que estos factores influyen en su metabolismo). Si mi hipótesis es que el alcohol no merma nuestra capacidad de conducción y los resultados de los experimentos indican que esto no es así, mi hipótesis sería falsa. Es por tanto una hipótesis que se puede falsar. La experimentación nos demuestra que el método científico incluye como uno de sus hábitos más comunes el ensayo y error. Incorpora el error como parte del proceso de aprendizaje. El error ensancha la inteligencia.

El método científico también incluye el trabajo del sistema 2, o modo más esforzado del pensamiento, como premisa básica. Este modo de pensar conlleva más implicación consciente en el razonamiento. Esto, entre otras cosas, tiene una indudable ventaja, crucial para el trabajo científico: permite que podamos contar a otros, y discutir con ellos, nuestros razonamientos. La ciencia es discusión en voz alta. Varias personas, especialistas en el campo o la materia en cuestión, debatirán acerca de la validez o aceptabilidad de los argumentos que apoyan una hipótesis o una teoría. No solo resaltarán sus puntos débiles y fuertes, también las maneras de falsarlas, de refutarlas, o traerán a la palestra resultados que ya lo hagan. Se busca minimizar la influencia de la subjetividad del científico en su trabajo y erradicar posibles sesgos. En la mayoría de estas discusiones se aplican varios principios omnipresentes en ciencia. Uno de ellos es el de la *plausibilidad*, es decir, que el argumento o la propuesta sea aceptable, creíble, posible, en función de nuestro conocimiento ya acumulado. Por eso se suelen rechazar las supuestas evidencias de la parafernalia paranormal, no solo porque normalmente son poco o nada reproducibles, sino porque además chocan de lleno con lo que sabemos de la física o la biología del mundo, que es bastante. Que un objeto inanimado se mueva solo o que algo sólido pueda atravesar una pared se antoja inaceptable; no es plausible.

Otro principio científico es el de *parsimonia*. Esta palabra tiene varios significados en castellano, y uno de ellos es el de tomárselo con calma. No es este el que aquí se aplica. La parsimonia en ciencia se refiere a que siempre debemos elegir la solución más sencilla, la propuesta más simple para explicar los datos. Si unos mismos datos o una misma evidencia se pueden explicar de dos maneras distintas, elijamos la que menos suposiciones implique. Si un objeto se mueve aparentemente solo, puede deberse a que está siendo llevado por el viento o a que un fantasma o ente inmaterial está empujándolo para asustarnos. La primera solución es la más parsimoniosa porque implica realidades que ya se han constatado, y de hecho también es más plausible porque encaja muy bien con lo que sabemos del mundo (el viento mueve objetos). La segunda podría explicar también la observación, pero necesita que aceptemos un sinnúmero de suposiciones no demostradas. Al principio de parsimonia se lo conoce también como la navaja de Ockham, pues fue el fraile franciscano Guillermo de Ockham quien lo estableció en el siglo XIV para aplicarlo a las ideas filosóficas. El nombre de *navaja* se lo debemos, al parecer, a una expresión que apareció en el siglo XVI y que decía que «Ockham afeitaba como una navaja las barbas de Platón». El filósofo Platón había sido muy amigo de llenar la realidad con entidades de todo tipo, como los entes físicos, los matemáticos y las ideas. Mediante el principio de parsimonia de Ockham, se constataban la gran mayoría de estas entidades como claramente innecesarias.

En el quehacer de la ciencia hay algo más que me parece admirable. En ciencia no existe *la verdad*, no hay nada *demostrado*. Tan solo se puede afirmar que una hipótesis o una teoría en cuestión es la más plausible, es una verdad provisional, siempre dispuesta a ser refutada. La ciencia siempre está abierta a revisión y cambio; no hay nada inamovible; forma parte de su esencia, de su naturaleza. Es justo lo contrario del efecto Dunning-Kruger.

Al cabo de varios siglos acumulando conocimiento obtenido mediante el método científico, la ciencia nos cuenta un nuevo relato acerca de nosotros mismos, de la humanidad, de los seres humanos, los seres más listos del planeta. De sus orígenes, sus limitaciones, de su lugar en el universo. Sin embargo, la ciencia se ha incorporado solo muy recientemente a la historia de nuestra especie. Durante decenas, cientos de miles de años, los seres humanos se han contado a sí mismos narraciones al margen de la ciencia pero que han calado hondo y marcan profundamente cómo son nuestras sociedades y culturas. Narraciones que han sido necesarias para satisfacer la enorme curiosidad de nuestra especie. Relatos que nos definen, que nos ayudan, que nos consuelan, que nos apoyan, que nos motivan. En fin, que dan sentido a nuestras vidas. Ha llegado el momento de que revisemos esos relatos que la humanidad se ha contado a sí misma para dar sentido a su existencia.

III

LOS RELATOS QUE NOS CONTAMOS A NOSOTROS MISMOS

En el ser humano se da una curiosa confluencia de factores. Por un lado, somos la especie más inteligente del planeta Tierra. A la par, nuestro cerebro comete innumerables y llamativos fallos en su razonamiento. Efectivamente, un cerebro tan grande como el nuestro es capaz de tomar decisiones casi sin pensar, o pensando de manera inadecuada. A veces acierta, pero otras muchas produce ideas un tanto descabelladas, auténticas locuras. Antes de inventarse la manera de sortear nuestros sesgos y falacias mentales, antes de constatarse siquiera que los tenemos y que dominan nuestro pensamiento, la humanidad ha recorrido un larguísimo camino en el que se ha contado a sí misma historias donde las falacias del pensamiento han tenido un enorme protagonismo. Es más, esos relatos no son de este mundo, pero el ser humano ha construido su realidad alrededor de ellos. La realidad del ser humano es, así, un mundo de fantasía y mitología donde las ideas pueden ser incluso más importantes que comer y vivir. Esos relatos nos dan sentido, nos definen, marcan nuestro camino. Son la fuente de nuestras alegrías y, también, de nuestros padecimientos. Pero han sido necesarios, y todo por culpa de nuestro gran cerebro, de nuestra gran inteligencia, que nos lleva a plantearnos innumerables preguntas a las que tiene una necesidad urgente de responder. Preguntas sobre nosotros mismos, sobre nuestro origen, nuestro destino, nuestro lugar en el mundo y en el universo. Sobre lo que pasa con nuestros muertos, a dónde van. O sobre quiénes somos. Hemos respondido a estas y otras preguntas de las maneras más variopintas. Variopintas desde nuestro punto de vista actual, ya que esas respuestas han sido siempre muy respetadas, solemnes y veneradas. Y, para muchos, aún lo siguen siendo. Tenemos que respetarlo, pero, a la par, deberíamos buscar la forma en que la humanidad puede deshacerse de ciertas limitaciones y sesgos de su pensamiento. Es hora de que la especie *Homo sapiens* use su inteligencia en todo su potencial, siquiera sea para hacerse el bien a sí misma.

¿QUÉ RELATOS SE CUENTAN LOS HUMANOS?

Como somos bastante listos, dominamos el lenguaje y el objetivo principal de nuestro cerebro es conservar la imagen que tenemos de nosotros mismos (que hemos construido laboriosamente a través de la historia personal, familiar y de nuestro grupo social), nos contamos relatos, y a partir de ellos armamos tanto nuestra visión del mundo como la de nuestro lugar en él. Esto es único y exclusivo del ser humano, además de recurrente, universal. La creación de estos relatos define a nuestra especie.

En un ser tan tremendamente social como es el humano, los relatos más importantes son los de grupo. Lo interesante de la mayoría de ellos es que están construidos para sobrellevar algunas de las grandes contradicciones e incongruencias que padecemos los humanos. Ante la evidencia, al menos parcial, pero pertinaz, de que no somos perfectos, de que nos equivocamos, de que no siempre conseguimos nuestras metas, de que no somos tan pacíficos, o de que no somos tan listos, surgen historias que tratan de dar sentido a todo y dejarnos en buen lugar a pesar de las evidencias en contra. Son relatos que justificarían nuestros errores y nuestras atrocidades, que nos contamos para entender lo malo e inaceptable de nosotros mismos; para soportarlo y superarlo. También incluyen lo que tenemos de bueno, lógicamente; para ensalzarlo y exagerarlo.

La mayoría son relatos sin ciencia, fruto de decenas de miles de años en los que los seres humanos se han contado a sí mismos historias al margen de aquella. No es algo reprochable; al fin y al cabo, la ciencia es una recién llegada. Pero, al haberse construido al margen de la ciencia, esas historias están llenas de sesgos. Todos los sesgos que se aplican al pensamiento individual se aplican igualmente al pensamiento colectivo. Parece como si, sin ciencia, los grupos humanos hayan pensado preferentemente usando el sistema 1, el sistema rápido, más automático, emocional y menos consciente, que requiere poco esfuerzo. Los esfuerzos, cuando los ha habido, han sido para justificar y mantener los resultados de conclusiones que se obtuvieron con modos poco racionales de pensamiento. Cuando el ser humano, individual o colectivamente, llega a una conclusión que le convence, siente placer y se pega a ella. Que sea cierta o no es indiferente, como ya sabemos. La hace suya y la defiende hasta donde haga falta. La mayoría de los más importantes relatos que la humanidad se ha contado y se sigue contando son sistemas complejos y cerrados de creencias en los cuales unas ideas dependen de otras. Si tocas una, todo puede tambalearse y venirse abajo. Se hundiría así su mundo, algo completamente inaceptable. Cualquier contradicción genera una disonancia incómoda que debe por tanto ser atacada, y violentamente si hace falta. O simplemente ignorada. Es parte del sesgo de confirmación.

Las historias que se ha contado la humanidad durante los miles de años en que no ha existido la ciencia han calado hondo, marcando profundamente nuestras sociedades y culturas. Se trata de historias que han sido necesarias, en muchas ocasiones, para satisfacer la enorme curiosidad de nuestra especie. El intérprete de nuestro cerebro quiere saberlo y entenderlo todo. Son historias que nos definen, que nos ayudan, que nos consuelan, que nos apoyan, que nos motivan. Sí, esas historias dan estabilidad y sentido a nuestras vidas.

Es curioso observar que, a pesar de que la ciencia lleva entre nosotros al menos desde el siglo XVII, a pesar de las grandes ventajas que esta forma de entender la realidad ha demostrado y sigue demostrando, el relato científico no ha calado aún hondo en las sociedades humanas. Como veíamos al final de la segunda parte de este libro, las creencias inverosímiles siguen enormemente extendidas entre la población mundial. Y esto es así a pesar de los grandes avances de los últimos decenios por universalizar la alfabetización, la educación, el conocimiento técnico y científico y el acceso a la información. Algo hay en nuestra naturaleza que rechaza el relato científico, basado en la evidencia y libre de sesgos, mientras que recibe con los brazos abiertos relatos que no se sostienen ni en la percepción ni en el razonamiento sosegado y reflexivo. Algo hay en nosotros que nos impide ser nosotros mismos en todo nuestro potencial. Aunque, en general, sigamos siendo los seres más listos del planeta.

APRENDER A PENSAR CIENTÍFICAMENTE

Steven Pinker, a quien ya he mencionado por sugerir que es preferible tratar de mejorar la forma de razonar de nuestra especie que descartar a la mayoría de sus miembros por incapacidad crónica, es uno de los pensadores actuales que más se ha preocupado por la proliferación de lo irracional en nuestras sociedades. En su obra *Racionalidad. Qué es, por qué escasea y cómo promoverla*, Pinker sugiere que la forma natural de creer que tenemos los seres humanos es contraria a la de la ciencia. Estaría en nuestra esencia no aceptar un modo de creencias que, por otra parte, parece muy deseable, sí, pero que sencillamente no va con nosotros. Sobre todo cuando se trata de creer en la realidad menos inmediata, cercana y tangible. La idea de Pinker es que los seres humanos dividiríamos el mundo en dos secciones, dos realidades. Por un lado, una en la que se encuentran los objetos físicos que nos rodean, las personas con las que tratamos cara a cara, lo que recordamos de estas interacciones y las reglas y normas que regulan nuestras vidas. En esta realidad, nuestras creencias son básicamente precisas y parece que razonamos relativamente bien: creemos que existe un mundo real, lo que resulta evidente, y nuestras creencias acerca de este son verdaderas o falsas, sin elección; no habría mucho espacio para opinar. De hecho, sería la única forma de tener gasolina en el coche o dinero en el banco. Esta realidad es inevitable, ineludible, y sugiere llamar a lo que concierne a estas creencias la *mentalidad realista*. Por otra parte, existiría una sección del mundo, una realidad, que va más allá de la experiencia inmediata. En esta se incluirían, entre otras cosas, el pasado lejano, el futuro por conocer, los pueblos y lugares remotos, los círculos de poder, lo microscópico, lo contrafactual, lo metafísico. Sobre lo que ocurre en este mundo la gente puede tener ideas, pero no hay forma de comprobarlas y corroborarlas. No importa, ya que creer una u otra cosa respecto a esta realidad no tendría efectos apreciables en su vida. Podrá seguir cargando gasolina y teniendo dinero en el banco. Para Pinker, las creencias en esta realidad son relatos, y pueden ser entretenidos, inspiradores o moralmente edificantes. Su función sería la de construir una realidad social que dé cohesión al grupo (a la tribu o a la secta) y le confiera un propósito moral, un sentido. Si los relatos en esta realidad son literalmente *verdaderos* o falsos no sería una pregunta adecuada. Estos relatos formarían parte de nuestra *mentalidad mitológica*.

Someter todas nuestras ideas y creencias a los juicios de la razón y las evidencias es antinatural, no estaría en nuestra genética. Por predisposición de la naturaleza humana, nuestra mente, nuestro cerebro, estaría adaptado para comprender lo lejano, lo no tangible, lo no inmediato, mediante una mentalidad mitológica. Así ha sido siempre, y así sigue siendo. El método científico es un descubrimiento reciente, pero antinatural. Por eso es tan difícil de adoptar, pues integrarlo en nuestra forma de pensar es algo que necesitaría mucho tiempo y esfuerzo. Un ejemplo parecido lo tendríamos en la alfabetización. El lenguaje oral sí es innato, sí está en nuestra naturaleza. Por diversos mecanismos que aún se están estudiando, nuestro cerebro encuentra relativamente fácil aprender a hablar y a comprender el lenguaje en su formato auditivo —siempre y cuando no se tengan problemas de sordera—. Esto es así especial y particularmente si somos expuestos a un idioma, el que sea, a las edades adecuadas, generalmente, en los primeros años de vida, como ya he comentado antes. Siempre podemos aprender un segundo idioma a mayores edades, pero normalmente con gran esfuerzo y poca fluidez. Aprender a hablar desde pequeños resulta fácil; no necesitamos mucha instrucción, salvo quizá la corrección ocasional de algún que otro error. Pero, en general, basta con estar rodeado de gente que habla para que hablemos. Es nuestra naturaleza. Aprender a leer y escribir, en cambio, es harina de otro costal. No es natural en nosotros. Los sistemas de escritura apenas tienen 5.000 años (nuestra especie, unos 250.000). A principios del siglo xix, no más de un 10 por ciento de la población mundial sabía leer y escribir; a principios del xx no eran muchos más. Solo se ha conseguido llegar a rondar el 90 por ciento en los momentos actuales, tras esforzadas campañas y acciones por parte de instituciones nacionales e internacionales. El lenguaje hablado, en cambio, lo ha usado prácticamente el cien por cien de la población desde el principio de los tiempos. Para que un cerebro humano sea capaz de leer y escribir correctamente y con fluidez, el niño debe ser instruido formalmente, durante un largo periodo y con grandes esfuerzos por su parte. Esos esfuerzos modificarán parte de sus circuitos cerebrales para la percepción e identificación visual de objetos, circuitos que estaban ahí para otra cosa y que compartimos con los demás primates, pero de los que seleccionaremos parte para este nuevo cometido, fruto de la evolución cultural de nuestra especie.

Una mentalidad científica para generar, entender y aceptar relatos acerca de la realidad lejana, al no ser natural, también requeriría mucho tiempo y esfuerzo. Para minimizar o eliminar automatismos y atajos del pensamiento como los sesgos. Para no llegar a respuestas inmediatas y rápidas, sino sosegadas, fruto del esfuerzo que tanto nos cuesta emplear para todo. La formación en ciencia es, por tanto, de capital importancia. Y, si es posible, desde las primeras edades, pues, al igual que ocurre con el aprendizaje de destrezas como el habla o la escritura, existen periodos de nuestra vida en los que aprender es mucho más fácil que en la edad adulta, cuando ya se han consolidado muchos circuitos cerebrales que se han vuelto más difíciles de modificar. La formación en ciencia es sin duda un factor importante, y quien la posee suele ser menos propenso a dejarse atrapar por las *fake news*, los mitos o las pseudociencias. Pero no es inmune; tener formación científica no garantiza que te enfrentes siempre al mundo con el método científico por delante. Quizá no sea suficiente. O puede que la calidad de dicha formación no sea del todo buena y apropiada, que no se produzca en las edades adecuadas o que solo se enseñe para determinados tipos de conocimiento, para determinadas materias, cuando su aplicación puede y debe ser universal.

LAS REALIDADES IMAGINARIAS

La división entre mentalidad realista y realidad mitológica que propone Pinker me recuerda mucho a la división de nuestra visión de las cosas del mundo que ha propuesto Yuval Noah Harari en su libro *Sapiens. De animales a dioses*, un agudo y crítico examen de las peculiaridades de nuestra especie. Harari propone que el ser humano consiguió superar el umbral de las relaciones en grupos relativamente pequeños y cercanos de personas para poder fundar ciudades con decenas de miles de habitantes e imperios de millones de personas gracias a la aparición de lo que él llama «la ficción». La cooperación humana con miles de personas, la inmensa mayoría de ellas desconocidas, ha sido y es posible por la creación de mitos comunes que existirían única y exclusivamente en la imaginación colectiva de la gente. Así, los *sapiens* vivirían en una realidad dual. Por un lado estaría la realidad objetiva de los ríos, los árboles y los leones. Sería muy similar a la mentalidad realista de Pinker. Por otro, estaría la realidad imaginada de los dioses (las religiones), las naciones, las corporaciones y otras muchas invenciones. Esta segunda realidad me recuerda mucho a lo que Pinker llama la mentalidad mitológica.

Ciertamente, hay mucha realidad que no existe físicamente, sino solamente en la imaginación de los seres humanos. En sus cerebros. Un ejemplo paradigmático serían las naciones. Harari pone como muestra de las ventajas de estos mitos comunes para facilitar la cooperación humana a gran escala con completos desconocidos el caso de dos serbios que nunca se hayan visto antes. Ambos pueden arriesgar su vida, e incluso perderla, para salvar la del otro simplemente porque creen en la existencia de la nación serbia, la patria serbia y la bandera serbia. Podemos sustituir la palabra *serbios* por cualquier otra nacionalidad, aceptada o no por Naciones Unidas, o por cualquier otra institución internacional y el ejemplo es igualmente válido. Y, por cierto, tanto Naciones Unidas como cualquier institución, sea nacional o internacional, también son realidades inventadas, meramente imaginadas; solo existen en las cabezas de varios seres humanos. Son meros relatos que nos contamos unos a otros: «No hay dioses en el universo, no hay naciones, no hay dinero, ni derechos humanos, ni leyes, ni justicia fuera de la imaginación común de los seres humanos». Entre otras cosas, para esto nos sirve ser tan listos.

Las realidades inventadas obtendrían, gracias a la capacidad de nuestros cerebros, el carácter y el estatus de entidades reales, se convertirían en *cosas* sobre las que se puede trabajar, a las que se puede hacer algo y de las que se puede esperar algo, ya sean acciones, productos o beneficios. Y esto lo conseguiríamos mediante el lenguaje. Es probable que lo que en arqueología se ha venido definiendo como *mente simbólica* para definir una característica presuntamente única de la mente de nuestra especie se refiera precisamente a esto, a la creación de realidades cuya existencia no es real, pero para la que existen representaciones, mitos, nombres, banderas; símbolos, en definitiva, que se pueden plasmar en el arte, en las creencias, alrededor de los cuales organizamos nuestra propia vida. Es precisamente mediante el lenguaje, que es puro símbolo, como se pueden crear estas realidades imaginarias, poniéndoles nombres (el nombre se refiere a algo, es un símbolo) y generando relatos que nos contamos a nosotros mismos. Y aquí nos pode-

mos preguntar si otros miembros de nuestra familia evolutiva poseyeron o hubieran podido poseer algo parecido a
esta realidad tan irreal, pero tan importante. Es muy posible que los neandertales tuvieran un lenguaje similar al
nuestro, aunque no todos los autores estarían de acuerdo
en esto. Si lo aceptamos, no obstante, ya tendríamos un
primer requisito en el cerebro de los neandertales para generar realidades inexistentes. Incluso puede que, aunque
muy rudimentaria y limitada, esta capacidad existiera ya
en *erectus / ergaster*. Si aceptamos el origen del arte como
propiciado por una mente simbólica, debemos tener en
cuenta que los neandertales también dejaron dispersas obras
de arte, aunque escasas y rudimentarias, y que incluso especies más primitivas podrían haber mostrado en parte
comportamientos parecidos. Volveré sobre el arte y su evolución más adelante.

Pero si los neandertales u otros humanos no *sapiens* llegaron a crear retazos de esta realidad simbólica, muy probablemente su alcance fue muy escaso y limitado. Lo mismo debió de ocurrir en nuestra especie durante varios de
sus primeros miles de años de vida, especialmente cuando
coincidimos en el tiempo con los neandertales. Puede —o
no, pues no está del todo claro— que nuestro cerebro tenga cierta ventaja sobre el de otros miembros de nuestro
género, incluidos los neandertales; pero la creación de relatos sobre entes y entidades imaginarios con aspiraciones
a ser realidad parece más el fruto de una evolución cultural, no biológica, de nuestro cerebro. Al menos, para llegar
a las cotas a las que ha llegado nuestra especie. De hecho,
la aparición de los primeros estados, de las primeras naciones, llevó su tiempo; no surgieron hasta hace unos cinco
milenios. Organizaciones sociales más primitivas y simples, como las llamadas *jefaturas*, tendrían sus mitos y relatos, qué duda cabe, y una variada realidad imaginaria, y

podemos admitir que también existirían en épocas más primitivas. Pero nuestra capacidad de inventiva estalló en tiempos más modernos y es la que impera, sin lugar a duda, en el mundo actual. Como dice el mismo Harari, la realidad imaginada se fue haciendo cada vez más poderosa, hasta el punto de que, en la actualidad, la supervivencia de las cosas reales (los ríos, los árboles y los leones) depende de lo que digan entidades imaginadas tales como dioses, naciones y corporaciones.

Para entender hasta qué punto el mundo moderno se mueve en función de las realidades imaginarias, Harari pone el ejemplo de una corporación o compañía de responsabilidad limitada. Me parece un ejemplo supremo, significativo, por lo que representa, aunque sea un simple caso entre un millón. Harari nos habla de la *leyenda de Peugeot*, la compañía automovilística francesa. ¿En qué sentido podemos decir que Peugeot S. A. existe? Los vehículos que fabrica la compañía no son la compañía: si los redujéramos todos a chatarra y se vendieran como metal, Peugeot S. A. seguiría existiendo. Fábricas, maquinaria, concesionarios, talleres, mecánicos, contables y administrativos de Peugeot S. A. podrían desaparecer por una catástrofe y aun así la compañía podría pedir un crédito y volver a tener fábricas, maquinaria, concesionarios, talleres, mecánicos, contables y administrativos. Los gerentes tampoco son la compañía: se les puede despedir y contratar a otros. Los accionistas tampoco son la compañía: pueden vender todas sus acciones y la compañía seguiría intacta. Si el presidente de la empresa muere, la compañía no muere; cambiaría de presidente. Sin embargo, Peugeot S. A. existe como entidad legal. En este sentido, puede disolverse y desaparecer si un juez lo ordena, aunque sigan existiendo sus trabajadores, contables y accionistas. Está obligada a regirse por las leyes de los países en los que opere. Tiene que pagar impuestos; puede pedir créditos o ser demandada y procesada independientemente de cualquiera de las personas que trabajan en ella o son sus propietarias. Para Harari, las corporaciones son «una de las invenciones más ingeniosas de la humanidad», pues son legalmente independientes de las personas que las fundan o invierten en ellas, y además se las trata como si fueran seres humanos de verdad. En este sentido, serán las responsables de las deudas y riesgos del negocio, y no las personas de carne y hueso involucradas, que no tendrán que responder con su patrimonio o el de su familia en caso de que llegara una catástrofe. Gracias a inventos como este se pueden emprender negocios de enorme calado que de otra manera jamás habrían existido.

La liturgia de las realidades imaginadas

Para que exista una corporación solo habría que seguir una liturgia y unos rituales que Harari ve comparables a los del mundo religioso, como cuando un pedazo de pan y una copa de vino se convierten en carne y sangre de Dios: la persona adecuada (el sacerdote), con la vestimenta adecuada y en el lugar adecuado pronuncia las palabras adecuadas y... «¡Abracadabra!». En el caso de una corporación, y según lo que han decidido los legisladores de un país, si un abogado autorizado o un notario escribe todos los conjuros y juramentos adecuados en un pedazo de papel bellamente decorado y añade su firma y sello al final del documento, se constituye legalmente una nueva compañía: ¡abracadabra! A partir de ese momento millones de ciudadanos se comportarán como si la compañía existiera realmente. De actos como este nacerían la inmensa mayoría de las realidades en las que vivimos y por las que vivimos —e incluso en algunos casos morimos— los seres humanos: Estados, Iglesias, sistemas legales. Universidades, colegios, ministerios, ayuntamientos, clubes, asociaciones, partidos políticos, monarquías, repúblicas, cadenas de televisión, emisoras de radio... Y hasta la propia liga de fútbol y todos y cada uno de sus equipos. La lista de invenciones humanas en las que estamos inmersos, que forman parte de nuestro nicho —de nuestro mundo—, no tiene fin. Para esto, entre otras cosas, es para lo que nos sirve ser tan listos. Aunque cometamos errores y seamos proclives a cometerlos. O quizá precisamente por eso. Sea como sea, tenemos la increíble capacidad de crear mundos inauditos, extraordinarios, a veces extravagantes y absurdos. La humanidad no sería lo que es sin esos mundos.

La distinción entre dos mundos, uno realista, material, tangible, que se puede señalar con el dedo, y otro inventado, ficticio, intangible, aunque real en virtud de nuestra imaginación, me parece muy acertada. Pinker y Harari parecen conocer muy bien al ser humano, y coinciden en situarlo entre estos dos mundos. Hay alguna ligera diferencia entre sus propuestas, no obstante. Para Pinker, por ejemplo, la mentalidad realista incluye las leyes, «las reglas y normas que regulan nuestras vidas», mientras que Harari las coloca en el plano imaginario compartido. Por otra parte, Pinker asegura que la mentalidad mitológica es contraria a la ciencia. Harari no dice nada en este sentido, aunque supongo que estaría en buena parte de acuerdo. Al menos, aceptaría que muchos de nuestros mundos imaginarios son incompatibles con la ciencia. Por mi parte, creo sin embargo que distinguir entre tres mundos, el realista, el imaginario y el científico, no sería necesario; nos basta con los dos primeros. El científico se hace hueco entre ambos: considera datos, evidencias tangibles y reales, independientes de nuestra imaginación, y mediante esta da sentido a lo que ve para generar una interpretación, a la que llamamos teoría, hipótesis o modelo, que dé sentido y ponga orden en los datos. La teoría de la evolución o la del origen del universo basada en el *big bang* serían ejemplos de estos mundos inventados por la ciencia. A diferencia de la gran mayoría de todas nuestras invenciones, estas serían producidas mediante el método científico, lo que las hace de algún modo especiales.

Exceptuando las hipótesis y los modelos científicos, la mayoría de los productos de nuestra mente, de nuestra mentalidad mitológica o de *ficción*, no se entenderían sin tener en cuenta la forma de ser habitual de nuestro cerebro. Que la práctica totalidad de las invenciones que componen la realidad imaginada del ser humano existan y se mantengan en el tiempo —incluso durante milenios— es posible gracias a que nuestra especie piensa la mayor parte del tiempo con el sistema 1, un modo de pensamiento basado en atajos y simplificaciones, de poca precisión y apoyado en datos generalmente escasos e insuficientes. Recordemos también que, en la mayoría de las ocasiones, cuando llegamos a una solución aparentemente coherente, nos quedamos con ella y no nos movemos de ahí; nos damos un premio y obtenemos una irresistible sensación de confianza. Si muchas de nuestras creaciones imaginarias fueran escrutadas con el sistema 2, probablemente no existirían. Se haría evidente que no se sostienen, que están llenas de contradicciones, de falacias y errores, que faltan evidencias o que algunas de ellas son rotundamente falsas.

Esta es una paradoja única de nuestra especie. Por un lado, si usáramos todo el potencial de nuestra inteligencia, de nuestro cerebro, funcionando siempre en el modo del sistema 2 del pensamiento, podríamos llegar muy lejos. Quizá viviéramos en un mundo más justo, mejor repartido, con una población que no excediera los límites de los recursos disponibles, sin contaminar, viviendo en armonía, sin conflictos y durante más años. No habría nada que discutir. No habría guerras. Pero, por otra parte, si no existiera el sistema 1 es muy probable que nunca hubieran existido las pirámides de Egipto, las catedrales góticas de Europa o cualquier otra manifestación artística, desde los bisontes de Altamira hasta la *Mona Lisa*, pasando por las composiciones de Mozart, el cine, el teatro o la danza. Sin el sistema 1, que permite y aprueba la existencia de mundos imaginarios más allá de los que propone y admite la ciencia, e incluso incompatibles con esta, la vida sería probablemente muy aburrida. La vida de la mayoría de los seres humanos carecería de todo sentido sin los relatos originados mediante el sistema 1.

LOS CUENTOS QUE MÁS NOS GUSTAN

¿Qué relatos son comunes a todos los humanos? O preguntado de otra manera: ¿nuestro cerebro se fascina por determinado tipo de historias, por ciertas estructuras narrativas? Parece que la respuesta es sí. De hecho, la mayor parte de las historias, de los relatos que conforman el mundo imaginario en el que viven los seres humanos, intentan responder a las preguntas básicas que todos nos hemos planteado y que parece plantearse la humanidad allá donde esté. Estas serían siempre las mismas: qué y quiénes somos, de dónde venimos, cuál es el futuro. El gran filósofo Immanuel Kant (1724-1804) sistematizaba esto mismo en las cuatro grandes preguntas que, según él, debía responder la filosofía. Por un lado, la de «¿Qué puedo conocer?», que sería el cometido de la metafísica, rama de la filosofía que se encarga de estudiar el «ser en cuanto ser», el conocimiento de todo lo que existe o puede existir. La siguiente pregunta sería

«¿Qué debo hacer?», de la que se encargaría la moral, que, si bien forma parte de todas las sociedades, como rama de la filosofía se encargaría de estudiar el bien en general y las acciones humanas en cuanto a su bondad o maldad. La filosofía también debe responder a la pregunta «¿Qué puedo esperar?», que sería algo así como la más común de «¿A dónde vamos?» o «¿Cuál es el futuro?», cuyas respuestas, según Kant, las debe aportar la religión. Por último, la filosofía debería contestar a una pregunta realmente fundamental, «¿Qué es el hombre?», que, usando una terminología más acorde con nuestros tiempos, sería «¿Qué es el ser humano?». De su respuesta, según Kant, se debe encargar la antropología. La filosofía era la ciencia de la época de Kant. Sustituyamos la palabra *filosofía* por *ciencia* y tendremos una propuesta más en línea con los tiempos modernos.

Estas preguntas y sus muchas variantes han perseguido a la humanidad desde el principio de los tiempos. Puede que desde que posee un cerebro tan grande como el nuestro. Si fuera el caso, habría que admitir también la posibilidad de que el cerebro neandertal se hiciera las mismas preguntas, o al menos muy similares. La mayoría de las sociedades humanas conocidas, desde las más básicas de cazadores-recolectores hasta las que forman naciones de millones de personas, parecen haber respondido a estas preguntas con mayor o menor fortuna con sus relatos, con sus mitos, con sus ficciones; y siempre —al menos hasta ahora— al margen de la ciencia. Esto indicaría que esas preguntas son universales, que a nuestro cerebro le resultan naturales e inherentes a su condición. Por eso parece admisible que otras especies humanas se las hayan planteado, y algunas muestras del comportamiento de los neandertales indican que habrían podido vivir también en realidades imaginarias que bien pudieran ser parte de las respuestas a esas preguntas. Adornos corporales, cierto sentido de la estética, muestras rudimentarias de arte o el enterramiento de seres queridos parecen formar parte del despliegue de conductas propias del neandertal. Las diversas culturas humanas parecen moverse en torno a estas preguntas, que se diría que son su foco esencial. De hecho, las culturas se distinguen y se definen al menos en parte por las respuestas específicas que dan a cada una de las preguntas fundamentales. Por eso cabe también admitir que estas preguntas sean el resultado de una evolución cultural, no necesariamente natural. La cultura y las preguntas básicas que nos hacemos sobre nosotros mismos parecen ir de la mano, ser una sola cosa. Pero la cultura es también fruto del cerebro, y nada indica que los neandertales carecieran de ella, o que esta fuera muy diferente de la nuestra en sus primeros tiempos. Por otra parte, se habla de culturas animales, y muchos primates no humanos, especialmente los grandes simios, muestran diferentes organizaciones y costumbres dependiendo de su localización geográfica, lo que para muchos autores es cultura.

Es posible por tanto que las respuestas a las preguntas fundamentales comenzaran a darse tan pronto como el ser humano fue capaz de hablar, y, por lo que sabemos, es muy posible también que estas narrativas se manifestaran, a veces en forma de mitos y leyendas, en las reuniones grupales que se harían alrededor de una hoguera tras cada dura jornada de caza y recolección. No todos los autores admiten esta costumbre de contarse historias para los neandertales, aunque las evidencias en las que se basan quizá no sean del todo firmes. A medida que se van haciendo nuevos descubrimientos, las capacidades del neandertal parecen cada vez más próximas a las nuestras. En un principio, neandertales y *sapiens* se contarían historias muy concretas sobre la realidad inmediata y los demás miembros del grupo; quizá chismorreos y cotilleos sin importancia. Pero a medida que pasara el tiempo y se incorporaran al vocabulario palabras como *origen*, *futuro*, *identidad*, *naturaleza* o similares, las historias podrían haber versado sobre estos particulares, sobre las preguntas fundamentales.

Estas continúan persiguiendo a la humanidad, incansables, perseverantes. Y lo hacen porque aún no hay una respuesta rotunda y contundente para cada una de ellas. O al menos eso parece. Puede que algunos seres humanos, quizá muchos, encuentren satisfactorias las respuestas que su grupo social acepta y transmite. Pero otros muchos no lo ven así. Aunque su cultura o su sociedad den respuestas coherentes, cuenten relatos que pretendan explicar nuestros más inquietantes misterios pasados, presentes y futuros, no se sienten convencidos. Debemos dar gracias de que esto sea así; es lo que ha propiciado el surgimiento de la ciencia.

QUIÉNES SON LOS NUESTROS

Las narrativas más extendidas y universales surgen como posibles respuestas a las preguntas fundamentales de la humanidad. La mayoría de los autores coincide en que hay al menos dos narrativas que son esenciales y están presentes en todos los grupos humanos: los nacionalismos y las religiones. Secundarias y derivadas de estas, apoyándolas o apoyadas por ellas, aunque a veces también como mero entretenimiento o enseñanza práctica, las narraciones pueden versar sobre mitos y leyendas, sobre historias concretas. Muchas de estas narrativas secundarias son, efectivamente, enseñanzas sobre situaciones de la vida y cómo salir airoso de ellas. Las narrativas secundarias pueden ser de todo tipo. Podríamos incluir aquí a las corporaciones que tanto fascinan a Harari. De las narrativas que podríamos llamar primarias, sin duda las más extendidas e influyentes, quizá por eso las más antiguas, han sido las religiones. Su importancia es tal que dedicaré el próximo capítulo a hablar de ellas. Las naciones, los grupos, son el otro tipo de narrativa que también empuja de manera inexorable a las personas a hacer cosas tan increíbles como matar o morir por ellas.

Las naciones existen, al menos en parte, porque se fundan en narrativas que responden a algunas de las preguntas fundamentales. Nos dicen, por ejemplo, qué y quiénes somos, de dónde venimos, y quizá también cuál es el futuro. Y lo hacen, como los individuos, tapando sus posibles vergüenzas, los malos momentos de su historia, minimizándolos o ignorándolos, y potenciando, o incluso inventándose si es necesario, lo bueno y admirable. Como podemos ver, las naciones o grupos se comportan como si fueran individuos. De hecho, no dejan de estar formadas por individuos y, no lo olvidemos, solo existen gracias a su imaginación. De ahí que mucha de la psicología y el comportamiento que observamos en los seres humanos individuales se pueda advertir también en los grupos. La búsqueda del prestigio social, típico anhelo individual humano, también la vamos a encontrar en los grupos, en las naciones. Qué duda cabe, las naciones compiten entre sí por su prestigio. Las olimpiadas, o las competiciones deportivas internacionales en general, son una buena forma de luchar por él. Cuando el prestigio está amenazado, o ha sido humillado o vejado, las naciones, como los individuos, pueden reaccionar con violencia. Parece que al menos dos tercios de las guerras que han sucedido en el mundo desde el siglo XVII han estado motivadas por el intento de recuperación de un prestigio perdido, más que por intereses comerciales. Es lo que pasó, por ejemplo, con Alemania tras perder la Primera Guerra Mundial, una humillación que propició el ascenso del fascismo y el totalitarismo del partido nazi, lo que desembocó en la Segunda Guerra Mundial. Más recientemente, dicen, la guerra de Rusia contra Ucrania habría sido un intento de reafirmarse internacionalmente tras la caída de la Unión Soviética. Las naciones son narrativas que sirven con frecuencia para justificar muchas de las atrocidades de las que es capaz el ser humano.

Los relatos nacionales se montan elevando la autoestima del grupo o nación, lo que, en consecuencia, afecta a la autoestima individual. Ya lo mencionábamos en la segunda parte, donde hablábamos de la importancia de la autoestima para nuestro cerebro. Quien pertenece a un grupo, a una nación, se puede aplicar las bondades y virtudes de aquel. Y sentirse orgulloso, una sensación enormemente placentera para un primate hipersocial y curiosamente muy común a todos los nacionalismos. Para esto nos sirve ser tan listos: una vez que encontramos una narrativa coherente, que nos dé sentido y seguridad, que justifique lo injustificable, la defendemos hasta el final, pues entre otras cosas es una fuente importante de sensaciones placenteras. Y ponemos toda nuestra inteligencia al servicio de esa narrativa, protegiéndola de cualquier evidencia que pudiera contradecirla.

BONDAD Y BELLEZA

Las identidades grupales o nacionales también contestan a la pregunta «¿Qué debo hacer?», y, como decía Kant, responden con la moral, con los valores morales del grupo. ¿Qué es para nuestro cerebro lo bueno? ¿Por qué lo identificamos con lo bello y con la verdad? O al revés: ¿qué es lo malo, por qué es grotesco y mentira? Es interesante observar cómo las narrativas del grupo se graban a fuego en las profundidades del cerebro. En los juicios morales, una parte de nuestro cerebro implicada de manera importante es la ya conocida red por defecto. Es el circuito de la imaginación, de la mentalización y de la cognición social. No obstante, una estructura cerebral que se solapa en parte con esta red por defecto y que es de crucial importancia para determinar lo que está bien y lo que no es la corteza orbitofrontal, de la que ya he hablado por su vinculación con lo social y lo emocional. Una de las funciones fundamentales de esta corteza es la de determinar qué nos conviene y qué no a nivel primario. En este sentido, esta función de la corteza orbitofrontal la compartimos con la mayoría de los mamíferos: si tenemos hambre, la comida es buena, apetecible; si tenemos sed, lo mismo ocurre con la bebida. Además, las valoraciones que establece esta parte de la corteza cerebral son normalmente relativas: la comida o la bebida no siempre son buenas, ya que si estamos saciados en uno u otro caso, más comida o más bebida puede ser visto como algo negativo, algo que repudiamos. Asimismo, mediante el aprendizaje y la experiencia, la corteza orbitofrontal puede determinar qué alimentos son mejores que otros. También en función del tipo de nutrientes o componentes de los que carecemos en un momento dado: a veces nos apetece algo salado, a veces algo dulce, dependiendo del equilibrio interno de nuestro organismo y de aquello que se encuentre descompensado.

Cuando se ha estudiado la estética en el cerebro, con qué partes de este determinamos que algo nos resulta bello o, por el contrario, feo o desagradable, esta corteza orbitofrontal destaca sobre las demás. Para algunos autores, incluso, es la única importante. Está involucrada en el juicio estético de todo tipo de obras de arte, desde paisajes o bodegones hasta retratos, e incluso piezas musicales. Y de hecho también está implicada a la hora de enjuiciar la belleza de otros seres humanos, tanto de su rostro como de su cuerpo. Aunque es verdad que para gustos los colores, lo que nos parece bello o feo viene en gran parte determinado por nuestro grupo, por nuestra cultura. Lo mismo ocurre con los valores morales, que son diferentes dependiendo del grupo. Robar, por ejemplo, está mal visto en nuestra cultura; de hecho, lo está en la mayoría, pero no en todas: hay culturas o naciones donde robar es una demostración de astucia o de dominio sobre los demás. La corteza orbitofrontal, por tanto, es crucial no solo para nuestra supervivencia, estableciendo lo que nos conviene comer y beber en cada momento; también es trascendental para interiorizar los valores del grupo, sirviendo, entonces, para tres funciones: lo que es bueno desde el punto de vista natural, por ejemplo para comer o beber; lo que es bello desde el punto de vista estético, y lo que es apropiado y aceptable desde el punto de vista moral. Las tres comparten un mismo espacio en el cerebro. Y por eso lo que es aceptable y está en consonancia con nuestro sistema de creencias es bello; lo contrario, feo o repulsivo. Aún dentro de la corteza orbitofrontal, podríamos distinguir una parte destinada a establecer lo que es bueno, bello o correcto moralmente y otra dedicada a determinar lo que es malo, feo o inaceptable en nuestras relaciones con los demás. Lo bueno y lo malo, lo bello y lo feo, el bien y el mal, dios y el diablo, estarían en el cerebro, en la misma estructura y no muy lejos los unos de los otros.

Pero la corteza orbitofrontal es parte de nuestro cerebro afectivo, emocional. No contribuye mucho al sistema 2 o modo más sosegado de pensar, sino más bien al más rápido, intuitivo y emocional sistema 1. Por eso los juicios morales no siguen una estructura lógica, un cálculo matemático preciso cuyo balance determine lo que está bien o lo que está mal, lo que hay que hacer y lo que no. Es una respuesta intuitiva, automática. Esto se demuestra con ejemplos como el del famoso *dilema del tranvía*, ideado por la filósofa Philippa Foot. Imaginemos que un tranvía ha perdido el control y se dirige a toda velocidad hacia cinco operarios que están trabajando en la vía y a los que inexorablemente va a atropellar si no hacemos nada. Poco antes de estos cinco operarios hay un cambio de agujas que, en caso de ser activado, dirigiría el tranvía a otra vía en la que solo trabaja un operario. Si activamos el cambio de agujas, solo una persona resultaría atropellada; si no hacemos nada, serían cinco. Matemática y racionalmente está muy claro lo que habría que hacer, pero no lo ven igual los seres humanos. La mayoría de las personas a las que se les plantea este dilema consideran inadecuado realizar el cambio de agujas; no lo ven moralmente aceptable. Supondría matar intencionadamente a alguien que no estaba destinado a morir; sería nuestra acción, nuestra decisión, la que determinaría ese resultado. Sería visto como un asesinato.

Vivir del cuento

Los relatos del grupo nos definen, nos guían, nos protegen de las incertidumbres, nos dan identidad. Los necesitamos. Vivir bajo un relato tiene grandes ventajas. Por eso a veces incluso hacemos nuestros relatos que no nos pertenecen. Es una forma de adherirnos a un grupo que no es el nuestro, pero de cuya pertenencia podemos beneficiarnos. Este tipo de situaciones no es extraño, pues, como ya sabemos, el ser humano es perfectamente capaz de mentir, incluso a sí mismo, interiorizando profundamente un relato ajeno hasta el punto de convencerse de que es verdaderamente real y suyo. Esto último le daría más realismo a esa mentira y, por ende, un mayor poder de convicción, especialmente frente a los demás.

Ha habido casos de personas que se hicieron pasar por víctimas de los campos de concentración nazis. Durante años, fueron invitados a conferencias, ruedas de prensa, certámenes y homenajes, todos en torno a su vida en un campo de exterminio. Contaban sus experiencias, las penalidades que pasaron, anécdotas horribles, con pasión, con gran realismo y detalle. Nadie sospechaba que, en realidad, no habían pisado un campo de concentración en su vida, algo que se descubrió pasado el tiempo. ¿Fueron oportunistas y se aprovecharon de la credulidad de la gente para *vivir del cuento*? ¿O fue un autoconvencimiento no deliberado, derivado de situaciones poco definidas de su infancia y experiencias que les habían contado y asumieron como propias? Podemos traer aquí lo que en la segunda parte de este libro contaba sobre la creación de falsos recuerdos. Recordemos también que, una vez instaurados, son muy difíciles de erradicar.

Resulta muy curioso que, en ocasiones, algunos relatos se ponen de moda y crece el número de personas que los hacen suyos sin serlos realmente. Es como si algunos relatos fueran contagiosos. El caso de las falsas víctimas de los campos de concentración nazis podría ser un ejemplo, pero hay muchos más. En tiempos de Freud se puso de moda el de *los abusos sexuales reprimidos*, y proliferaron los casos de personas que habrían sufrido abusos en su infancia, muchos de los cuales cayeron en manos del autor del psicoanálisis. En realidad, la gran mayoría resultaron ser falsos. En este caso no queda claro si el falso relato se originó en la imaginación de las víctimas de manera espontánea o si, más bien, habría sido fruto del propio trabajo terapéutico, que forzó las condiciones para concebir dichas creencias. Es algo parecido a lo que ocurrió en la década de 1980 en el mundo anglosajón con el llamado *pánico satánico*, cuando miles de personas empezaron a referir recuerdos de haber sufrido abusos sexuales de pequeños por parte de sectas satánicas. El fenómeno se desató por la publicación de un libro en el que el psiquiatra canadiense Lawrence Pazder y una de sus pacientes, que acabaría siendo su esposa, contaban el supuesto caso de esta, una historia sórdida de abusos sexuales por parte de grupos organizados de una red mundial de adoradores de Satán. La historia, que ha sido desmentida, fue fruto, al parecer, de procedimientos terapéuticos inadecuados que indujeron falsos recuerdos.

En tiempos más actuales hemos podido ver algo similar en el movimiento Me Too, surgido en 2017 para denunciar la agresión y el acoso sexuales en general a partir de las acusaciones que se realizaron contra el productor de cine norteamericano Harvey Weinstein. El movimiento se hizo viral y el número de personas que decían haber sido víctimas de abusos o agresiones sexuales se multiplicó exponencialmente. Parece que un porcentaje reducido, aunque nada desdeñable, resultaron ser falsas acusaciones.

Los relatos nos hacen ser miembros de un grupo y se convierten en nuestra forma de contar nuestra propia vida. Pero, como sabemos, la verdad no es lo que más le importa al cerebro humano.

12

LA IDEA DE DIOS

Probablemente es el gran relato humano de todos los tiempos. Las religiones, más o menos estructuradas, han estado presentes en todas las sociedades humanas. Y, además, son un invento eminentemente humano, de ahí que también se haya acuñado el término de *Homo religiosus* para definir a nuestra especie. La religión es inherente a esta, es omnipresente. Las religiones que nos suelen venir a la cabeza con más rapidez son el cristianismo, el judaísmo, el islamismo, el hinduismo o el budismo, pero hay muchas más. En mayor o menor detalle, todas ellas presentan algunas diferencias. De hecho, las religiones no solo no son iguales, sino que tampoco lo han sido a lo largo de la historia. Cuando hablamos de religión, hablamos de algo efectivamente muy amplio y relativo.

A grandes rasgos, se suele decir que las creencias religiosas comenzaron por el animismo. Puede que antes incluso de que existiera nuestra especie. El animismo consiste en creer en espíritus, en seres sobrenaturales, no materiales. Normalmente, esos espíritus son la personificación de los muertos, de los seres queridos y conocidos que nos han abandonado y que nos observan, vigilan o cuidan desde otra realidad, desde otro mundo. El más allá. El animismo fue seguido de lo que se conoce como politeísmo, la creencia en diversos y diferentes dioses, cada uno normalmente especializado en una función (por ejemplo, para la lluvia, la fertilidad o la guerra). Serían entes superiores, tan sobrenaturales como los espíritus, pero, en general, con mayor poder para hacer y deshacer. Por último, más recientemente, llegaron las religiones monoteístas, las que creen en un solo dios omnipotente y lejano. Cristianismo, judaísmo e islam son ejemplos de este tipo de religiones. No obstante, cada escalón en la escala de ascendencia de las religiones a lo largo de nuestra historia no ha supuesto necesariamente que se abandonaran las creencias de tipo más primitivo o menos evolucionado. Un cristiano, por ejemplo, puede creer no solo en un dios único y superior a todas las cosas, sino también en muchos otros seres y entidades con mayores o menores grados de poder con relación al del dios superior. Así, tenemos a la Virgen María, a los arcángeles, a los santos e incluso a los espíritus de los muertos. Y también tenemos al diablo, con mucho poder —para hacer el mal, por supuesto—, en una especie de dualismo religioso que se incorporó en algún momento de la historia del cristianismo. Podríamos decir, pues, que monoteísmo, politeísmo y animismo coexisten en muchas religiones, incluyendo el cristianismo. Es lo que se llama sincretismo religioso.

A pesar de su variabilidad, o quizá precisamente por ella, existen múltiples definiciones de lo que es la religión. La mayoría de ellas, sin embargo, tienen algunos elementos en común. Uno de ellos es que las religiones son sistemas de creencias. Narrativas, podríamos decir, productos de la mentalidad mitológica de Pinker o la ficción de Harari. Estas creencias, además, son asumidas a pies juntillas y tomadas al pie de la letra como verdades por quienes tienen fe en ellas, que suelen considerar que está fuera de toda cuestión considerar si es cierto o falso que dios, las divinidades o los espíritus existen. Se suele destacar también en casi todas las definiciones que las creencias religiosas se conforman en sistemas o conjuntos de ellas. No es este un asunto menor, pues nos habla de la relativa complejidad de esas ideas; del hecho de que, dentro de cada religión, unas creencias se sustentan en otras y de que, si una cayera o no fuera admitida, podrían caer todas las demás. Las definiciones suelen coincidir también en que esas creencias giran, como es obvio, en torno a la divinidad o divinidades, la espiritualidad o un orden sobrehumano.

LA RELIGIÓN Y LA MORAL

Algunas definiciones de religión destacan su sentido moralista, el de establecer normas de conducta y de convivencia. Es más, moral y religión a veces se confunden: el sentido de la justicia, la diferencia entre el bien y el mal. De hecho, esta idea se ha solido esgrimir para otorgarle una utilidad adaptativa a la existencia de las religiones. La religión, en sí, no parecería tener la capacidad de mejorar la supervivencia de nuestra especie, pero la moral que promueven muchas religiones sí proporcionaría grandes ventajas, al facilitar la cohesión y la convivencia social. Mucha gente piensa que la moral no existiría sin las religiones.

Sin embargo, la moral es una característica de nuestro cerebro social que es absolutamente independiente de las creencias religiosas. En el mundo ha habido y hay sistemas morales sin religión y religiones que no establecen dogmas morales. La moral es un producto directo del cerebro, no de las religiones. Entre otras estructuras, de la corteza orbitofrontal, como comentábamos en el capítulo anterior. Para regular la convivencia ya tenemos sentimientos emocionales como la vergüenza o la culpa, suficientemente dolorosos como para regir nuestra conducta en grupo sin necesidad de divinidades a las que rendir cuentas. Rendimos cuentas frente a los demás miembros del grupo. Hay personas con un gran sentido moral y social que, no obstante, son ateos, e incluso declaradamente antirreligiosos. Los primates no humanos también tienen ideas sobre lo justo y lo injusto. Por ejemplo, los monos capuchinos, una especie altamente cooperativa, cuando observan que un congénere recibe una recompensa mejor que la suya por realizar exactamente el mismo trabajo que ellos, protestan enérgicamente. Incluso rechazan con violencia lo que se les ofrece, que, aunque sea poco, es algo.

La moral en las religiones parece algo de aparición relativamente reciente. La religión egipcia, por ejemplo, carecía de un sistema moral. Igualmente parece ser el caso de las religiones precolombinas de Mesoamérica y los Andes. Esta sería una prueba más de que religión y moral están lejos de ser sinónimos. Pero, con el tiempo, la mayoría de las religiones han asumido un discurso moralista, incorporándolo como propio. Se han convertido en mediadoras y valedoras, poniendo a dios, a los dioses o los espíritus como jueces de nuestra conducta y garantes de la justicia. Los dioses o los espíritus nos observan, por lo que incluso cuando estamos solos debemos comportarnos como si estuviéramos ante otros miembros del grupo. De esta manera, habrá justicia incluso cuando hagamos algo que desconozcan los demás. No necesitamos a los humanos para que se haga justicia. Quien se porta mal antes o después recibirá su castigo, y habrá premios para quien se comporte adecuadamente. Si no es en vida, será tras la muerte. El cielo y el infierno están ahí, y de lo que hagamos dependerá que acabemos en uno u otro sitio. Las religiones morales, de hecho, parecen haber aportado una ventaja respecto a las que carecen de sistemas morales en cuanto a la obtención de energía ambiental —medida en kilocalorías por día por persona—. Esto es consecuencia de que, al sentirnos observados en todo momento, tendemos a ser menos egoístas e injustos; se reparten mejor los recursos y se obtienen todas las ventajas del trabajo en equipo.

Pero las religiones, tengan o no ideas morales, parecen tener algunas otras ventajas para el grupo. Una de ellas es la de favorecer su cohesión, propiciando un cierto sentido de mutualismo, de solidaridad, de unión y unidad frente a la adversidad o frente a otros grupos. Y una de las formas mediante las que las religiones consiguen este objetivo son los rituales, inherentes a todas las religiones. Para muchos autores, los rituales religiosos colectivos son los actos sociales por excelencia. Son universales, y sus efectos para cohesionar el grupo duran más allá del propio ritual. Las danzas, los rezos, las misas, los cánticos realizados en grupo unifican las mentes y los cuerpos de quienes los practican. Producen una indescriptible sensación de *comunión* que deja huella. Algunos estudios han comprobado cómo durante la realización de rituales, las emociones de los miembros del grupo se sincronizan. Durante el ritual, cuando se acelera el pulso en uno de los miembros del grupo, podemos ver la misma respuesta en otros, casi con el mismo número de latidos por minuto y variando prácticamente al unísono. Como si fueran una sola persona, una sola entidad. Los rituales, pues, unifican, lo que fomentará la fraternidad, la concordia, la ayuda mutua, incluso entre personas que no tienen una relación de consanguineidad.

Aparte de la moral y la cohesión del grupo, algo que hacen las religiones y que es muy importante para los seres humanos es responder a algunas preguntas que las naciones o mitos de grupo suelen dejar sin responder. O al menos las completan y complementan. De hecho, algunas definiciones de religión insisten en este punto: las religiones aportan una visión del mundo, una *cosmovisión*. En mayor o menor medida, las religiones nos dicen cómo se creó el mundo y quién lo hizo, y nos aportan algunas narrativas quizá menos trascendentes pero igualmente importantes, como por qué ocurren los fenómenos naturales (terremotos, lluvias o inundaciones) o por qué los seres humanos somos especiales y diferentes de otros seres vivos y, entre otras cosas, hablamos o somos más inteligentes. Al haberse generado antes de que la ciencia atendiera a estas preguntas, las respuestas son de variado tipo y, por lo general, difíciles de aceptar desde nuestro conocimiento actual. Concepciones del mundo como la visión geocéntrica del universo —según la cual los demás planetas giran en torno al nuestro— o la de situar a nuestra especie por encima de todos los seres vivos del planeta, centro de todas las cosas y objetivo último y principal de la creación —también conocida como *antropocentrismo*— son solo algunos ejemplos. Estas narrativas no solo nos han acompañado desde muy atrás en el tiempo, sino que encajan muy bien con lo que le gusta al intérprete de nuestro cerebro: historias cerradas, causales, coherentes y que lo explican todo.

No menos importante es también el consuelo que nos dan las religiones ante tantas incongruencias de nuestro comportamiento, ante tantas contradicciones, tanta constatación de que, aunque parece que somos muy listos, muchas veces parecemos absolutamente tontos. O terriblemente malvados, por más que nos empeñemos en creer que ser humano es sinónimo de hacer el bien. La voluntad de dios —que muchas veces es un misterio, es inescrutable— o de los dioses, e incluso la posesión por parte de los espíritus, han sido respuestas muy comunes para entender comportamientos humanos que escapan a la lógica, a las normas o al más mínimo sentido común. De nuevo, una idea satisfactoria para el intérprete de nuestro cerebro, que se queda tranquilo y no necesita darle más vueltas. Ser tan listos nos ha servido con frecuencia para inventar, mantener y defender explicaciones como estas.

Las religiones han ayudado también a establecer y justificar las jerarquías sociales, indicando a quién someterse. Estado e Iglesia han permanecido inextricablemente unidos hasta nuestros días, y en Europa y otros lugares del mundo no había acto de coronación que no fuera avalado por la Iglesia, la cual, en definitiva, tenía la última palabra. Igual que existen una liturgia y unos rituales apropiados para convertir el pan en carne y el vino en sangre, hay otros para convertir a un miembro de nuestra especie en un ser superior a quien debemos obediencia «por la gracia de Dios». Abracadabra. Sin embargo, gracias a un movimiento cultural e intelectual nacido en el siglo XVIII, conocido como Ilustración, no solo se desarrolló y extendió el método científico, sino que se establecieron las bases para separar el poder religioso del secular. Los asuntos terrenales y los espirituales se tratan por separado en las sociedades más avanzadas.

¿Un dios *natural*?

¿Nuestro cerebro está hecho para que la idea de un dios, varios dioses o los espíritus arraiguen? Esto son en realidad varias preguntas, y también la podríamos plantear como: ¿es natural para nuestro cerebro creer en entidades sobrenaturales? La respuesta no es del todo sencilla. Algunos estudios indican que en niños pequeños la idea de un dios, o de varios dioses, con mayor o menor poder de influir en las vidas de los habitantes de la Tierra no surge espontáneamente. No es algo que se les ocurra por sí solos; alguien se lo tiene que decir. De ahí que podamos deducir que la idea de *dios* es fruto principalmente de una evolución cultural, una idea que se le ocurrió a alguien, arraigó y tuvo gran éxito. Una idea que existe desde hace mucho tiempo, hasta el punto de haber acompañado a todos los grupos humanos allá donde hayan viajado.

Por otra parte, sí parece natural y surge espontáneamente la creencia en el *dualismo*, la separación entre el cuerpo y un alma o espíritu inmaterial independiente del cuerpo. Que los niños lleguen espontáneamente a una idea dualista probablemente tenga su origen en las experiencias oníricas: sabemos que nuestro cuerpo está acostado, durmiendo, pero soñamos vívidamente multitud de experiencias. Corremos, hablamos con amigos o familiares, jugamos, viajamos, nos pasan muchas cosas. Pero a la mañana siguiente constatamos que todo ha sido un sueño, que nuestro cuerpo no ha salido de la habitación, ni tan siquiera de la cama. Pero nosotros sentimos haber hablado, jugado o viajado. Es lógico y esperable que, pensando un poco, y sin más evidencias, lleguemos naturalmente a la conclusión de que cuerpo y alma no son lo mismo. Esta podría ser una piedra fundamental para el inicio de las primeras creencias religiosas, las más primitivas y originales, las animistas. A los sueños se unirían otros tipos de experiencias que vendrían a *confirmar* (a los ojos de un cerebro dominado por el intérprete y el modo de pensar del sistema 1) ese dualismo. Por ejemplo, los estados alterados de consciencia o las conocidas como experiencias cercanas a la muerte. Todas ellas son fruto de la actividad cerebral, alterada en algunos casos por la ingesta de sustancias o por situaciones de estrés físico o mental. Como ya he comentado, la fatiga extrema puede ocasionar alucinaciones muy interesantes, como ver un doble de sí mismo. Una vez separados la mente y el cuerpo, parecería normal plantearse que, al morir, hay algo que sobrevive que no es el cuerpo, y de aquí habría surgido la idea de los espíritus de los muertos.

Los muertos suelen ser personas que nos han precedido, que son mayores que nosotros. Es la ley natural. De ahí que los espíritus a los que se empezaría a rendir veneración fueran, probable y más frecuentemente, los del padre, la madre o los abuelos. Seres que fueron sabios, que sabían más que nosotros, que nos enseñaron, nos aconsejaron, nos guiaron, que fueron autoridades para nosotros. Para el cerebro humano el concepto de autoridad es natural. Somos primates, y en los primates hay jerarquías. Además, tenemos un larguísimo periodo de crianza, por lo que debemos pasar muchos años bajo la supervisión y las restricciones impuestas por distintas autoridades, principalmente los padres. De ahí a que los espíritus de nuestros muertos estén más arriba en la jerarquía y tengan poder sobre nosotros hay solo un paso. Habrá por tanto que venerarlos, como hacemos con nuestros mayores vivos, así como tenerlos contentos, hacer las cosas como ellos esperarían de nosotros. Con el tiempo, con la evolución de las culturas, es fácil entender que esa idea se haya transformado en la existencia de diversos dioses con distintos poderes específicos, y en la de un único dios, por encima de todos, bajo el cual estarían todos los demás seres sobrenaturales. A medida que las sociedades fueron evolucionando social, política y culturalmente, haciéndose cada vez más grandes y complejas pero bajo un solo y único mando, las religiones monoteístas habrían ido haciendo su aparición. Las jerarquías que observamos en este tipo de religiones, donde además de un dios tenemos ángeles y santos, se parecen mucho a las que observamos en buena parte de los sistemas políticos más complejos. Las religiones son un invento humano, una narrativa que ha generado nuestra especie en gran parte a imagen y semejanza de sí misma, aunque en otro plano de realidad: el espiritual. Una realidad creada por nuestra mentalidad mitológica, una ficción.

LA VISIÓN JERÁRQUICA DEL MUNDO

Que las sociedades humanas se establezcan, generalmente, de manera jerárquica, y que estas jerarquías tengan un nivel de complejidad normalmente mayor que el que podemos observar en otros animales sociales es consecuencia de la extraordinaria capacidad de nuestro gran cerebro para organizar la realidad en distintos niveles que dependen unos de otros. Lo vemos en el lenguaje: la sintaxis permite introducir unas ideas dentro de otras, habiendo algunas que son más importantes y otras subordinadas a aquellas. En la oración «El zapatero, tras cerrar la tienda y dejar su mercancía en el almacén, se fue a su casa a descansar», hay una idea principal («el zapatero se fue a su casa) y otras secundarias o subordinadas, no tan importantes (que cerró la tienda, dejó su mercancía y que el objetivo de irse a su casa era descansar). Las jerarquías están tanto en el lenguaje como en las organizaciones sociales y políticas del ser humano porque esta forma de estructurar la realidad, sea mitológica —o ficticia— o no, es inherente a todo lo que hace su cerebro. De hecho, esta capacidad puede tener también mucho que ver con el origen de las creencias religiosas, que no serían posibles en cerebros primates no tan grandes como el nuestro, como el del chimpancé.

Para entender cómo la visión jerárquica del mundo que tiene nuestro cerebro pudo facilitar la existencia de las creencias religiosas, empezando por las más animistas, tenemos que hablar de una capacidad que en nuestra especie se muestra enormemente desarrollada, la teoría de la mente. Es un mal nombre, pues parece que se refiere a una teoría científica, pero en realidad se refiere a una virtud de nuestro cerebro. Ya la definí en un capítulo anterior como nuestra capacidad para deducir lo que otras personas tienen en su mente. Sus intenciones, deseos, planes, conocimientos o emociones, entre otras cosas. Es una capacidad que cobra un gran protagonismo, por ejemplo, durante una partida de ajedrez, aunque en realidad la estamos usando constantemente. Además, dije que se la conoce también por los nombres de empatía o intencionalidad.

Para algunos autores, como el psicólogo Robin Dunbar (ya mencionado en el capítulo 5) y sus colaboradores, esta capacidad de *leer la mente* de los demás puede tener varios niveles u órdenes jerárquicos según la cantidad de mentes *en bucle* que se puedan meter unas dentro de otras. Algunas especies tendrían teoría de la mente, especialmente dentro del orden de los primates, pero no llegarían a nuestros niveles. El nivel mínimo de teoría de la mente implicaría que uno mismo sabe que tiene mente —que tiene creencias, reconoce que las tiene—, pasándose a un segundo nivel cuando se es capaz de observar que otros seres pueden tener también mente y, con ella, creencias, y que estas podrían ser distintas a las nuestras. Muchos mamíferos y aves podrían llegar al primer nivel, pero al segundo solo lo harían los niños de nuestra especie de entre tres y cinco años, grandes simios como el chimpancé y, quizá, también otros seres, como algunas aves. El ser humano adulto podría alcanzar, sin embargo, niveles mucho más complejos, llegando a un quinto e incluso un sexto nivel. En el quinto se hallarían las situaciones en las que una persona tendría una creencia acerca de lo que otra persona cree que, a su vez, alguien piensa sobre lo que cree otra persona diferente, considerando a la vez la primera que la propia creencia es diferente de, al menos, alguna de las creencias que tienen el resto de esas personas. Parece complicado,

¿verdad?, pero es algo que ponemos en práctica con relativa frecuencia y, normalmente, sin demasiado esfuerzo. Una afirmación como la siguiente sería un ejemplo de teoría de la mente de quinto nivel: «Creo que tú piensas que yo pretendo que los dos convenzamos a Alberto de querer ir a Nueva York». Cada verbo indica un acto mental, cada uno con su sujeto, y unos se relacionarían con otros de manera jerárquica. Hay cinco verbos, cinco mentes, por lo que serían cinco niveles. Nótese por tanto que el nivel hace referencia al número de mentes o situaciones mentales que se pueden considerar a un tiempo en un mismo pensamiento. Hay una situación principal: yo tengo una creencia. De esta dependen otras situaciones mentales: mi creencia es acerca de lo que tú piensas, y esto que piensas es lo que yo puedo pretender, que a su vez se refiere a algo que podemos intentar, que a su vez se refiere a influir en el deseo de otra persona. Si el quinto nivel le ha parecido complicado, imagínese el sexto, al que, según Dunbar y sus colaboradores, solo llegarían algunos miembros privilegiados de nuestra especie, pero no todos.

Dominar los sucesivos niveles necesita del desarrollo del cerebro, que iría aumentando sus capacidades en este sentido. Así, aproximadamente a los seis años de edad empezaríamos a alcanzar el tercer nivel (el niño puede considerar los contenidos de tres mentes independientes a la vez, como cuando piensa lo que un amigo puede creer acerca de otro amigo); el cuarto nivel, en torno a los nueve y el quinto no llegaría antes de los once. Para estos autores habría una correlación entre la cantidad de corteza cerebral de una especie, en particular del lóbulo frontal, y el nivel alcanzable en teoría de la mente. De esta manera, incluso podríamos deducir qué niveles de teoría de la mente podrían haber logrado especies ya extintas. No habría duda, por ejemplo, de que *Homo heidelbergensis* podría haber alcanzado el cuarto nivel, y especies anteriores de nuestro linaje también habrían llegado a niveles superiores a los del chimpancé. Por ejemplo, *Homo erectus / ergaster* podría haber alcanzado el tercero. Los australopitecinos, sin embargo, no habrían pasado del segundo, como los chimpancés y nuestros niños de menos de cinco años. Dunbar y sus colaboradores no se atreven a otorgar al neandertal nuestra capacidad de alcanzar el quinto nivel, sin embargo, dejándolo en el cuarto junto al *heidelbergensis*.

Pues bien, para estos autores, ser capaces de dominar niveles complejos de teoría de la mente nos permitiría pensar sin gran esfuerzo en mundos imaginarios, donde tendrían cabida mentes de seres espirituales (antepasados, dioses, seres mitológicos) que interactuarían con otros seres (o con sus mentes) de este mundo. Y gracias a esto se habrían dado las condiciones necesarias para la existencia de las ideas religiosas. Para ello se necesitaría, al menos, del cuarto nivel, por lo que *Homo heidelbergensis* y neandertales podrían perfectamente haber tenido creencias religiosas sobre seres ancestrales interactuando con sus descendientes vivos. Podrían haber sido animistas. Pero solo nuestra especie, con su quinto nivel, habría sido capaz de llegar a crear narrativas sobre mundos imaginarios complejos y sus jerarquías de habitantes imaginarios. Nuestra teoría de la mente depende en gran medida de nuestra red por defecto. Esto encajaría con el hecho de que las personas con trastornos del espectro autista, que presentan una actividad alterada en diversos nodos importantes de esta red, tengan unos niveles de religiosidad escasos o nulos.

Esta cualidad del cerebro humano que le permite integrar y pensar en varias mentes de manera simultánea y con cierta facilidad lo lleva inexorablemente a buscar intenciones, diseño y propósito en todo lo que le rodea. Nuestro cerebro intenta encontrar todas estas características de la mente humana allá donde pueda. Incluso donde no se necesita o no se puede. De esta manera, no es difícil entender que el ser humano, a través de su historia, haya querido ver intenciones y propósitos detrás de fenómenos naturales, como tormentas, terremotos o sequías. Es lo que explicaría, asimismo, que haya pensado en la posibilidad de que detrás de multitud de infortunios o de venturas —incluso en el origen de todo, del universo entero, de la vida— haya *alguien*, y aquí se habrían situado los espíritus de los antepasados o los dioses. Seres sobrenaturales, pero curiosamente con características mentales muy similares a las nuestras. No solo tienen intenciones y propósitos, sino que se pueden enfadar o sentirse complacidos con nosotros dependiendo de nuestro comportamiento. Como las personas.

Menos parecidas a las personas serían las deidades supremas, únicas y lejanas, que las mentes con una capacidad para llegar al sexto nivel podrían concebir. Deidades más abstractas, más impersonales o simbólicas; más indefinidas en cuanto a su naturaleza y propiedades, al menos respecto al mundo como lo conocemos. Serían concepciones más propias de la teología y de perspectivas religiosas muy elaboradas y evolucionadas. Recordemos, no obstante, que la mayoría de los mortales no pasaríamos del quinto nivel. Por otra parte, y aunque Dunbar y colaboradores consideran que el neandertal, junto con *heidelbergensis*, no pasó del cuarto nivel, recordemos que las evidencias se encaminan cada vez más hacia la constatación de un gran parecido mental entre ellos y nosotros. De hecho, sus lóbulos frontales no eran muy diferentes de los nuestros, al menos en tamaño. No habrían pasado del animismo, sin embargo, como tampoco parece que lo hizo nuestra especie, por lo visto, hasta pasados muchos milenios desde su aparición y tras una larga evolución cultural.

La idea de dios, una anomalía que funciona

Las ideas religiosas no serían sino lo que el biólogo Richard Dawkins, el autor de *El gen egoísta*, bautizó como *memes*: ideas o unidades de información que se transmiten entre las personas, algunas de las cuales tienen gran éxito y se difunden extensa y rápidamente, pero que no necesitan evidencia empírica que las avale. Es lo que tiene que en nuestra forma de pensar predomine el sistema 1, y es totalmente conforme con la forma de ser del intérprete de nuestro cerebro. La idea de dios es una buena idea que ha calado profundamente.

Varias líneas de investigación intentan desde hace años descubrir qué es lo que hace a las ideas religiosas tan atractivas para nuestro cerebro. Buscan sesgos, patrones retóricos o elementos que expliquen el tremendo éxito y dispersión de estas narrativas, más allá de su posible utilidad para regular la convivencia y dar cohesión al grupo. Algunos hallazgos indican que el tipo de contenidos, su número y su distribución son factores relevantes. Que en una narrativa o texto religioso se hable de fenómenos sobrenaturales es, al parecer, fundamental. Si no, no nos llamarían la atención, no nos resultarían tan interesantes. En las narrativas que sustentan las creencias religiosas aparecen sistemáticamente violaciones de los principios físicos, biológicos o psicológicos. Como ejemplo de los primeros, se habla de entidades que pueden atravesar paredes o aparecer de la nada. Un ejemplo de violación de los principios biológicos sería que un difunto pueda resucitar, mientras que violaciones de los principios psicológicos los tenemos en que la materia inerte, como la piedra o la madera, tallada o no, pueda escuchar, pensar o tener voluntad.

Estos principios físicos, biológicos y psicológicos los aprendemos a lo largo de nuestra vida mediante la experiencia con el mundo tangible y humano. Los comenzamos a incorporar desde muy temprano. A un niño de corta edad, incluso antes de ser capaz de hablar, ya le sorprendería que se violaran muchos de ellos, especialmente los que pertenecen al mundo físico. Si dejamos caer un objeto, este va hacia abajo y no hacia arriba o hacia los lados. Si lanzamos algo contra la pared, no la atraviesa, sino que choca con ella y cae. Lo contrario sorprendería hasta a un niño con un mínimo de experiencias con su medio natural. Y es precisamente esta sorpresa lo que hace a las narrativas religiosas tan atractivas; nos hablan de mundos fantásticos, de sucesos fascinantes. Este tipo de anomalías que van en contra de nuestro conocimiento del mundo son muy atractivas y sobreestimulan nuestro cerebro. Nos encanta escucharlas. Pero una narrativa religiosa tampoco puede abusar de estas ideas imposibles. Si aparecen demasiadas en una historia, el sistema de atención del cerebro se satura y aquella deja de ser atractiva. Las contraintuiciones o hechos fantásticos deben dosificarse en su justa medida dentro de ella. Es lo mismo que ocurre en una novela, un cuento, una leyenda, una película o una obra de teatro. Abusar de lo fantástico mata el relato, impide su éxito. Varios estudios muestran cómo los relatos más populares tienen una dosis adecuada de contraintuiciones. El resto suelen mostrar un número menor o mayor de estas locas ideas.

Por otra parte, el tipo de violaciones o anomalías de los principios físicos, biológicos o psicológicos que se usan en las narrativas religiosas suelen ser de un tipo especial. No todas las locuras que se nos ocurren son igualmente válidas para fundamentar una religión. Hay anomalías que no valdrían para ser incorporadas a un texto religioso. En nuestro laboratorio realizamos hace tiempo un experimento en este sentido, intentando explorar hasta qué punto las anomalías de la realidad que se describen en textos religiosos de todo el mundo resultan inaceptables para el cerebro frente a otras, en principio igualmente inaceptables, pero que involucran elementos algo más cercanos y mundanos. Así, quisimos comprobar cómo reacciona el cerebro a una afirmación extraída de un texto religioso como «Embarcó en una balsa de serpientes» frente a una anomalía en principio comparable pero no religiosa como «Embarcó en una balsa de hormigón». Ambas generaban una reacción de desconcierto en el cerebro, sin duda. Pero la religiosa, la de la balsa de serpientes, no tanto como la del hormigón. Para el cerebro, las violaciones de los principios de la realidad que implican elementos naturales del mundo y del universo resultan inaceptables, y por eso son atractivas, pero parecen ser algo más aceptables que otras que hablan de elementos artificiales o más mundanos.

Casarse con el sol es menos inaceptable para nuestro cerebro que casarse con un carro. Que un hombre se convierta en halcón es un poco más aceptable que si se convierte en pierna. Y que de su barba salgan asteroides es algo más aceptable que si hubieran salido armarios. ¿Por qué es esto así? ¿Por qué anomalías en principio más imposibles (el sol es más inalcanzable que un carro) las digiere mejor nuestro cerebro? La razón, que constatamos en otro experimento, es que las anomalías que describen las narrativas religiosas son susceptibles de ser tomadas como metáforas, ese mecanismo de nuestro cerebro por el que hacemos comparables dos cosas a través de algunas de sus propiedades. Así, la ambigüedad, la apertura de múltiples posibilidades, parecen ser características del tipo de anomalías que se emplean en las historias religiosas. En definitiva, las anomalías que se cuentan en estas no solo no deben ser muy numerosas para que tengan éxito, sino que también inaceptables de una manera particular.

Hay muchos relatos que hablan de ideas fantásticas o

hechos imposibles pero en los que, sin embargo, no creemos. Los personajes de los dibujos animados pueden caer por un barranco, o bien puede explotarles un cartucho de dinamita en sus manos, y, sin embargo, no les pasa nada. A lo sumo, ven las estrellas o aparecen con la cara negra. Lo que hace a los relatos religiosos diferentes muy probablemente tenga que ver, una vez más, con los sesgos de nuestro cerebro. Mezclemos los sesgos de autoridad, confirmación, falso consenso y veracidad, por ejemplo, y no tendremos más remedio que admitir y asumir que una historia es verdadera, por increíble que parezca. Entre otras cosas, porque nos la han contado personas que ostentan la autoridad. Y ya sabemos que lo que dice una autoridad va a misa.

13

LA IMPORTANCIA DE LOS MUERTOS

Que alguien cercano y querido se muera nos causa una fuerte impresión, una gran conmoción. «¡¿Dónde está?! ¡Estaba aquí hace un momento y ya no existe! ¡Tiene que estar en alguna parte!» Para soportarlo, surge una narrativa alternativa a lo que ven nuestros ojos, alimentada por la magia, que a su vez se alimenta también de casualidades y de todo tipo de incidentes que interpretamos como señales de otro plano de realidad. Nuestro intérprete busca rápidamente una narrativa que lo reconforte.

En el capítulo precedente explicaba como la creencia en los espíritus de los muertos debió de estar presente en el origen de las creencias religiosas. Muy probablemente, estas creencias son tremendamente antiguas, anteriores incluso a nuestra especie. Se suele hablar de enterramientos, de posibles rituales de culto a los muertos ya en los neandertales. Esqueletos cuidadosamente preservados, incluso con ofrendas u objetos que el ser perdido pudiera usar en *la otra vida*, nos muestran que el neandertal pudo muy bien creer que tras la vida material existía una vida espiritual. También hemos visto como, según algunos autores, estas creencias podrían remontarse incluso mucho más atrás, a especies con un cerebro tan grande y evolucionado como el de *Homo heidelbergensis*. Y, efectivamente, hay evidencias de que este pudo ser el caso. En España, en la sierra de Atapuerca, en la provincia de Burgos, existen unos yacimientos increíbles que contienen restos de multitud de antepasados humanos, desde hace más de un millón de años hasta la actualidad, desde una especie aún por definir de hace 1,4 millones de años hasta el *Homo sapiens* en algunas de sus diversas culturas antiguas, como el Neolítico, la Edad del Bronce o el Imperio romano. *Homo antecessor* habitó aquella sierra hace unos 850.000 años. Un preneandertal coetáneo de *Homo heidelbergensis*, hace 500.000. Y hace 115.000 los neandertales anduvieron por allí. Todos ellos han dejado un gran número de vestigios que tenemos la suerte de poder estudiar para conocer nuestro más remoto pasado. Precisamente, uno de los yacimientos más importantes a nivel mundial, si no el que más, de la época de *Homo heidelbergensis* se encuentra en un rincón de aquella sierra conocido como la Sima de los Huesos, en el interior de la llamada Cueva Mayor.

La Sima de los Huesos es un descubrimiento de primer orden para conocer qué ocupaba la cabeza de nuestros ancestros más allá de sus preocupaciones por la caza y la recolección. Allí se han hallado miles de huesos correspondientes a casi una treintena de individuos de esa especie tan antigua. Las cicatrices de los mismos muestran sus duras condiciones de vida, sus enfermedades y, en algunos casos, la violencia que probablemente turbaba su convivencia en numerosas ocasiones. La distribución y el agrupamiento de los restos óseos también indican que allí fueron arrojados los cuerpos de esas personas al poco de morir. No fueron arrastrados hasta ese lugar fortuitamente por el agua u otros fenómenos físicos o geológicos del interior de la cavidad. Tampoco fueron llevados por animales que habitaran la cueva para comérselos, no hay huellas de este tipo de circunstancias. Los humanos que se han encontrado en la

Sima de los Huesos fueron depositados en ella por otros miembros del grupo. Hubo un interés en preservar aquellos cuerpos de la intemperie, de las alimañas y depredadores. Aquellos cadáveres fueron tratados con cuidado.

El yacimiento arrojó además una pieza clave, un objeto ritual. Un hacha bifaz, de un material extraño para aquella sierra, la cuarcita roja, y muy bella y cuidadosamente tallada. Su color es sorprendente, y cuando se moja adquiere un matiz rojo intenso, similar al de las vísceras, al de un corazón recién eviscerado. La herramienta no muestra señales de haber sido usada. Es, con una alta probabilidad, un objeto de ofrenda a los muertos allí depositados. El ser humano lleva rindiendo culto a sus muertos desde hace cientos de miles de años. Desde antes de que apareciera nuestra misma especie. La muerte es muy importante en nuestras vidas.

REACCIONES CUANDO LA MUERTE ACECHA

En la primera parte comentaba cómo la gran inteligencia de nuestra especie nos lleva a un descubrimiento terrible: que nosotros mismos también vamos a morir. Otros seres que nos han precedido han muerto; nadie ha sobrevivido a cierta edad, no queda nadie de las generaciones pasadas. Qué sucederá después de nuestra muerte, o qué ha pasado con nuestros seres queridos ya fallecidos, es todo un misterio dominado por la incertidumbre. Es una situación realmente incómoda. Terrible. Por eso, como dije en su momento, el ser humano se ha inventado narrativas que le permiten sobrellevar esta situación. El ejemplo por excelencia son las religiones.

Pero ¿qué ocurre cuando nuestra muerte no es algo de un futuro más o menos lejano e incierto, sino que está aquí mismo, que puede ser inminente? De hecho, normalmente, el miedo a la muerte no es algo que tengamos presente continuamente. Salvo en casos que podríamos calificar de patológicos, ese sentimiento solo aparece en su máxima expresión cuando creemos que la muerte está realmente cerca. Por ejemplo, ante una guerra o una pandemia por una enfermedad potencialmente mortal. Los psicólogos llevan décadas estudiando cómo el ser humano afronta la muerte en estas situaciones, cómo reacciona al miedo a la muerte en toda su intensidad. Hay una serie de conclusiones muy interesantes a este respecto, y, según parece, las reacciones ante una amenaza de muerte inminente son universales y siguen unos patrones relativamente definidos. La reciente pandemia del COVID-19, que ha situado en el primer plano de nuestra atención nuestra propia muerte y la de nuestros seres queridos, ha puesto a prueba estos modelos originados desde la psicología. Y la realidad parece haberse ajustado bastante bien a sus predicciones.

Cuando hay amenaza de muerte en nuestro entorno, se producen dos tipos de reacciones diferentes y, aparentemente al menos, sin relación entre ellas. La primera y más inmediata es la de sufrir ataques de pánico y ansiedad o entrar en una depresión grave. Es el miedo en su estado más puro. Abundan los sentimientos de desesperanza o de falta de sentido sobre la propia vida, cuyo final parece cercano. Efectivamente, la pandemia del COVID-19 disparó las tasas de trastornos por ansiedad y depresión; y no solo en los meses más difíciles, sino durante mucho tiempo después.

Pero, afrontados los primeros momentos de pánico, que muchas veces pueden llevar a una total inacción o parálisis de nuestro comportamiento, incluso de nuestro pensamiento, el instinto de conservación se abre paso con verdadero ímpetu. Es la fuerza de la vida. Hay que hacer lo posible y lo imposible por vivir; hay que seguir adelante. Comienza la acción. Pero ¿qué se puede hacer si aparentemente no controlamos la situación? No parece estar en nuestra mano evitar ese terrible destino. Es el turno de exaltar los relatos y de las acciones guiadas por estos. En esta fase es muy frecuente que la gente se identifique con fuerza con una concepción de la vida, normalmente la que porta su propio grupo social, político o cultural, con sus normas sociales, sus leyes, sus mandatos. Los hacen suyos y se convierten en acérrimos defensores de ellos. Es una forma de obtener seguridad y confianza en algo. Así, no ha sido extraño que, llevada al extremo, esta reacción haya conducido a abiertos enfrentamientos políticos y sociales, a veces muy descarnados y desmedidos. Es más, en estas circunstancias se tiende a despreciar a quienes no piensan igual que nosotros. No solo están equivocados, sino que su error es perjudicial para los demás, para quienes no comparten su punto de vista. Por contra, la solidaridad y gratitud hacia los miembros del propio grupo, de la familia, su unión y amistad con ellos, se hacen mucho más fuertes. Este tipo de situaciones, de hecho, exacerban los sentimientos nacionalistas y religiosos, incrementando notablemente la práctica de ceremonias y rituales relacionados. Si estas narrativas son o han sido útiles a la humanidad para soportar muchas de las incertidumbres, inseguridades y contradicciones de la vida, lo son aún más en momentos de verdadero peligro. Nos hacen sentirnos parte de algo importante, trascendente y extraordinario. Aumentan nuestra autoestima y nos hacen sentir que nuestra propia existencia es algo valioso, que contribuimos a algo más grande que nos sobrevivirá. Nos pueden hacer sentirnos inmortales. Es lo que más necesitamos en esos momentos.

Dadas las circunstancias, no es de extrañar que, en situaciones de máximo miedo a la muerte, y una vez superada la fase inicial de ansiedad o parálisis comportamental y mental, se muestren en todo su esplendor modos de pensamiento muy propios del sistema 1 y del intérprete del cerebro. Sesgos, justificaciones del sistema (o de lo contrario si el sistema no armoniza con nuestro grupo político o social) y grandes dosis de irracionalidad. Como hemos podido constatar durante la pandemia del COVID-19, cuando la muerte acecha afloran por doquier las teorías de la conspiración. También se conocen, de manera informal, como *conspiranoias*, y no puedo negar que este término me gusta, pues aúna la raíz de la palabra *conspiración* y la terminación de la palabra *paranoia*, pues muchas veces no son sino una visión un tanto paranoica de la realidad. Estas *teorías* son más bien narrativas que pretenden describir la realidad de manera alternativa a las oficialmente defendidas por las instituciones y que explicarían una serie de acontecimientos, generalmente de gran calado social, político o económico, como causados secretamente por grupos de personas con intenciones normalmente siniestras y malignas. Que hay y ha habido conspiraciones a lo largo de la historia es algo indudable, y está bien tener siempre una cierta actitud crítica ante lo que nos rodea. Pero, a veces, se sacan de quicio argumentos y situaciones, mucho más allá de lo razonable y objetivamente admisible. Se convierten en verdaderas paranoias.

Las teorías de la conspiración son muy comunes en gente con altos niveles de ansiedad. También, en personas que no solo no tienen ningún tipo de poder, sino que se sienten totalmente carentes de control sobre lo que ocurre a nivel social o político. Igualmente, son frecuentes en personas que se caracterizan por mostrar un estilo de afrontamiento evitativo. Este consiste en desplegar estrategias que permitan evitar afrontar situaciones angustiosas o problemáticas que están ahí, pero a las que preferimos no enfrentarnos para protegernos de un posible daño psicológico. Si, por ejemplo, nos resulta insoportable que nos rechacen en una relación, evitamos ese rechazo haciendo cualquier otra cosa, como leer, ir al cine o pintar un cuadro..., todo menos tener una relación. El miedo que produce la muerte puede, lógicamente, disparar este tipo de estrategias. De hecho, las teorías de la conspiración también tienen un gran éxito cuando en la gente dominan de manera desmedida el intérprete y el modo de pensar propio del sistema 1, y esto es algo que ocurre precisamente en situaciones de incertidumbre, como cuando la muerte acecha. Así, la tendencia a ver patrones, intencionalidad o significado donde no los hay, o a necesitar que todo tenga un final cerrado, se correlacionan muy bien con mayores niveles de creencia en las teorías de la conspiración. Bajos niveles de educación y de pensamiento analítico también pueden añadirse a la lista de factores que empeorarán la situación.

Cómo controlar el miedo a la muerte

Definitivamente, enfrentarnos a la realidad de la muerte puede llevarnos a auténticas locuras. A conclusiones que están muy lejos de basarse en la evidencia. ¿Es posible afrontar directamente la muerte de manera satisfactoria sin necesidad de caer en lo fácil, en narrativas fantásticas o de ficción que no se sostienen cuando ponemos a trabajar nuestro cerebro en todo su potencial? ¿Podemos asumir la propia muerte sin generar ansiedad o trastornos del ánimo y utilizando el sistema 2 del pensamiento? ¿Puede la ciencia ayudar al respecto sin concluir, como hizo el consejo de sabios gatunos de la fábula de Faulkner, que el problema no tiene solución? Por supuesto que sí. La ciencia tiene respuestas para todo, o al menos lo intenta, es lo que pretende. La ciencia es la mejor manera que tenemos de solucionar nuestros problemas sin caer en falacias. Si nuestra gran inteligencia nos conduce a constatar que algún día nos moriremos, la angustia que este descubrimiento nos ocasiona también puede ser mitigada, yendo un paso más allá, por esa misma gran inteligencia. Para esto, entre otras cosas, nos sirve ser tan listos. Y sin necesidad de caer en las trampas de la ficción o la mentalidad mitológica.

El tremendo malestar que nos ocasiona la realidad de la muerte viene mediatizado, de manera importante, por una estructura cerebral que se activa cuando estamos ante una situación de alarma o conflicto. Se trata del cíngulo anterior, que he mencionado en otras ocasiones por ser una parte importante del llamado cerebro social y emocional. También vimos que algunos autores lo considerarían parte integral del sistema 1 del pensamiento, aunque también llegamos a la conclusión de que los sistemas 1 y 2 no tienen por qué distribuirse en lugares distintos del cerebro, sino ser modos diferentes de utilizar eficazmente y con diferentes niveles de esfuerzo los mismos circuitos. Si queremos minimizar la angustia que la perspectiva de nuestra propia muerte nos provoca, un objetivo específico pasaría por disminuir la excesiva activación de aquellas partes del cíngulo anterior que se disparan ante esta tesitura. Según parece, estas se sitúan en sus porciones más superiores, que en neuroanatomía cerebral se conocen como las partes dorsales.

¿Cómo podemos rebajar la excitación de esas regiones del cíngulo anterior que se activan cuando pensamos en la muerte y que tan insoportable nos resulta? Por supuesto, una vía es la farmacológica. Los ansiolíticos o los antidepresivos pueden, de manera indirecta, conseguir esos efectos. No obstante, no dejaría de ser una solución quizá un tanto artificial, algo espuria y poco franca de solucionar el problema, aunque puede ser muy eficaz. El problema se podría solucionar basándose exclusivamente en un cambio de perspectiva. Ver la muerte de otra manera. No como algo necesariamente malo ni angustioso. Esta solución sería, obviamente, la que aporta la psicología, tal vez complementaria de la solución farmacológica. Ambas no son incompatibles, y pueden alternarse, o sustituirse la una a la otra, en función de las circunstancias y el curso de los acontecimientos.

Algunas de las claves que pueden ayudar a ver la muerte como algo no necesariamente tan angustioso las vimos en esencia al comentar lo que ocurre cuando la mente no funciona bien. Hablé entonces de estrategias cognitivas para reducir la intensidad de las emociones si estas nos resultan inoportunas o insoportables. Y vimos que controlar específicamente aquello a lo que atendemos de una situación, cómo lo interpretamos o qué comportamientos llevamos a cabo pueden ser modos muy eficaces de mantener bajo control las emociones que no deseamos o que nos están haciendo daño. En el caso de la angustia provocada por la realidad de la muerte, esto se puede llevar a cabo de diferentes maneras.

Para perder el miedo a la muerte, una buena estrategia es pensar en ella de manera específica, concreta. Cuando hablamos de miedo a la muerte, ¿exactamente a qué se lo tenemos? Hay que identificar con precisión qué es lo que nos da miedo. Por ejemplo, en muchos casos puede ser que pensemos que el proceso será doloroso. Es miedo al dolor, por tanto, a un dolor que muy probablemente llegará (o no). Si morimos de viejos, situación por otra parte mucho más deseable que cualquier otra, lo más probable es que lo hagamos como consecuencia de alguna de las numerosas enfermedades y padecimientos que aparecen en un cuerpo en el que las células hace tiempo que no se renuevan como cuando éramos jóvenes. Las enfermedades suelen conllevar dolor. Objetivar que esta es una de las razones por las que tenemos miedo a la muerte puede ayudar a disminuir la intensidad de esta emoción. Al fin y al cabo, hoy día disponemos de múltiples recursos para mitigar el dolor. Por otra parte, mucha gente puede llegar a la conclusión de que lo que teme es dejar sola a la familia, que tendrá que afrontar las dificultades de la vida sin su ayuda. Pensar y concretar estrategias para que esta posibilidad no sea tan trágica, hablando con los familiares que se verían afectados, puede ayudar también a minimizar el miedo a la muerte. Mucha gente contrata un seguro de vida como forma de afrontar eficazmente este temor específico.

También es posible minimizar o controlar el miedo a la muerte pensando en ella de manera concreta y, a la vez, adoptando una actitud relajada o incluso lúdica. Este tipo de afrontamiento es muy común en la terapia psicológica para todo tipo de miedos o fobias. Pensemos de manera progresiva en aquello que nos da miedo, poco a poco, mientras estamos en un estado relajado que hemos podido conseguir mediante alguna de las técnicas de relajación al uso. Así, estando relajados, vamos recreando mentalmente aquello que nos incomoda, y lo hacemos paulatinamente, despacio, sin prisa; repasando o reforzando la relajación cuando sea necesario. Si, por ejemplo, nos dan miedo las alturas, comencemos por relajarnos y, a continuación, imaginemos que vamos subiendo pisos en un edificio y asomándonos a sus balcones. Nos asomamos al primero, que no nos da mucho miedo; sigamos, pues, al segundo. Si esto nos incomoda de alguna manera, volveremos a estabilizar nuestro estado de relajación y, cuando volvamos a estar en calma, seguiremos hasta el tercer piso. Y así sucesivamente. En el caso de nuestra propia muerte, podemos pensar en todas las posibles escenas y situaciones que podrían rodearla. Pensemos en ello, pero estando relajados.

Podemos vernos, por ejemplo, en la cama de un hospital, rodeados de aparatos que monitorizan nuestras constantes vitales. Estos, de repente, dejan de mostrar toda señal. Y no pasa nada; relajémonos. O estamos en la situación que suele venir después, en la bolsa que contiene el cadáver, en un ataúd o en el propio nicho. Y debemos constatar que tampoco pasa nada, que lo vemos estando relajados. En algunas ocasiones esto mismo se puede conseguir pensando de manera lúdica en cómo será nuestra propia lápida, escribiendo nuestro epitafio o dibujando nuestro propio entierro. Asociar esas posibles futuras experiencias concretas relacionadas con nuestra propia muerte mientras nos encontramos en estados relajados del cuerpo suele ser de gran ayuda para minimizar e incluso evitar el miedo a la muerte. Lo cierto es que diversos estudios muestran que muchas personas que verdaderamente se encuentran muy cerca de su final sienten poco miedo a la muerte. La situación no es tan tremenda como se podía haber pensado; se atenúa la angustia, e incluso en muchos casos la gente se muestra buena y amable. Quizá la muerte no era para tanto.

EL SENTIDO DE LA VIDA

Parece que otra forma eficaz de afrontar la muerte, al margen de narrativas fantásticas o mitológicas, es, curiosamente, festejar la vida. La vida en sí es un auténtico milagro, algo que ha sucedido a pesar de ser tremendamente improbable. Pensar que el que hayamos nacido ha sido fruto de la casualidad, de que se conocieran nuestros abuelos, o nuestros padres, por ejemplo, nos debe hacer valorar la gran suerte que tenemos. Son situaciones objetivamente muy poco probables, casi imposibles, pero gracias a las cuales existimos. No todas las combinaciones del ADN que se producen durante los procesos que dan lugar a la reproducción son viables, y hay mucha gente que no ha podido nacer por esta razón. El origen mismo de nuestra especie, de nuestro linaje evolutivo, es todo un acontecimiento casual y muy improbable, y si rebobináramos la historia de la Tierra y la volviéramos a reproducir, probablemente no existiríamos. Si un asteroide no hubiera acabado con el dominio de los dinosaurios hace 65 millones de años, la evolución de los mamíferos habría sido muy distinta. Ya el origen de la vida en nuestro planeta se considera algo milagroso, algo que podría no haber existido nunca. Pero ocurrió, y debemos estar agradecidos. Porque gracias a eso existimos nosotros y, con nosotros, nuestros hijos y nuestros nietos, nuestros familiares y amigos. Si entendemos que la vida es un milagro, podemos minimizar el miedo a la muerte. Una frase célebre de Mark Twain creo que lo expresa muy bien: «No tengo miedo a la muerte. Estuve muerto durante billones y billones de años antes de nacer, y no sufrí el menor inconveniente por ello».

En el universo, la vida parece un evento muy raro e improbable. No tiene por qué ser un fenómeno exclusivo de nuestro planeta, por supuesto, y de hecho es posible que aquella llegara a este procedente de otros confines del espacio. Aunque las condiciones de nuestro planeta son ideales para el florecimiento y la existencia de la vida, el impulso vital puede ser tan fuerte que algunos seres son capaces de resistir las más adversas condiciones del espacio exterior. Es el caso, por ejemplo, de los *tardígrados*. También conocidos como ositos de agua, estos seres microscópicos son capaces de resistir el vacío del espacio, temperaturas extremas, tanto de frío como de calor, y son inmunes a las radiaciones. Lo mismo sucede con diversas bacterias y microorganismos. Son un ejemplo de la fuerza de la vida. Si esta se originó fuera de nuestro planeta, cómo ocurrió en aquel remoto lugar del que lo desconocemos todo es un auténtico misterio. Y si la vida se originó en nuestro planeta, tampoco sabemos cómo ocurrió, aunque empiezan a aparecer algunas posibles pistas. El origen de la vida sigue siendo hoy en día uno de los mayores retos de la ciencia.

Nuestra gran inteligencia nos puede llevar a temer a la muerte, pero también puede ayudar a superar esos miedos. Y a dar sentido a nuestras vidas. Sin necesidad de relatos fantásticos fruto de nuestra mentalidad mitológica. No necesitamos ni al intérprete ni al sistema 1 para llenar un aparente vacío que, en numerosas ocasiones, se ha colmado de figuras divinas o espirituales y de naciones supremas y sagradas. La ciencia puede perfectamente dar una respuesta válida y satisfactoria a la gran pregunta de por qué merece la pena vivir. Esto puede parecer contradictorio para mucha gente que piensa que la ciencia ha sido precisamente la que ha matado los mitos y, con ellos, el sentido de la vida para millones de personas. El polémico escritor norteamericano Henry Miller se hacía eco de este sentir cuando dijo: «Hay que darle un sentido a la vida por el hecho mismo de que la vida carece de sentido». Pero una vez que hemos tenido la extraordinaria suerte de nacer y estar vivos, una vez que hemos sido favorecidos por este prodigio increíble, no podemos caer en la sinrazón de que, sin dioses ni naciones, sin seres o entidades sobrenaturales e inventadas, nuestra vida carezca de sentido. Sería muy poco inteligente por nuestra parte.

Varios autores, desde diversos campos de la ciencia y la filosofía, y a la luz de los conocimientos actuales que la ciencia nos va aportando, se han preocupado y han meditado largamente sobre ello. En este grupo nos encontramos, entre otros, con el filósofo Daniel Dennett, el astrofísico Carl Sagan o el biólogo Richard Dawkins, el inventor del término *meme*. Sus conclusiones son muy similares, y podríamos decir que parecen dar la razón a parte de la afirmación de Henry Miller que hemos visto en el párrafo anterior. En concreto, la que asegura que hay que darle un sentido a la vida. No estarían de acuerdo, sin embargo, con la parte según la cual esta carece de sentido, porque, precisamente, la vida tiene sentido: aquel que decidamos darle. Parece un razonamiento simple y circular, pero está lleno de sabiduría y reflexión.

Si vamos a lo más básico y reduccionista, podríamos decir que el sentido de nuestra vida es sobrevivir y reproducirnos. Llevando a un extremo el proceso de la evolución, y considerando que puede que la unidad básica sobre la que actúa la selección natural sean los genes, podríamos decir que las personas, como en realidad todos los seres vivos, no somos sino el medio por el que los genes se replican. No seríamos sino un instrumento, una máquina al servicio de los genes que portamos. Esto, sin más, podría dar sentido a nuestra vida. Pero sería un sentido de la vida muy limitado, quizá muy triste y pobre, especialmente para una especie tan inteligente como la nuestra. Ser los más listos del planeta solamente para mantener la cadena de replicación de unos genes, gran parte de los cuales compartimos con prácticamente cualquier otro mamífero, sería muy poco seductor. Mucha inversión para tan pobre resultado.

Un punto de vista más inteligente, más sabio, y a la vista de nuestros conocimientos sobre el ser humano y su cerebro, nos lleva a concluir que tenemos la obligación de darle un sentido a la vida. Y que debemos usar nuestra gran inteligencia para encontrar ese sentido y seguirlo con pasión, con entrega; que nuestra vida se guíe de manera importante, plena y satisfactoria por ese sentido que le hemos dado. El universo parece no tener sentido ni propósito. Tampoco la evolución. Pero nosotros sí. Sabiendo lo que sabemos gracias a la ciencia y teniendo nuestro grande y costoso cerebro, nuestra vida será tan significativa, plena y con sentido como nosotros elijamos. Para esto nos serviría ser tan listos, y es algo en lo que sí estaríamos solos en el planeta Tierra: somos la única especie cuyos miembros pueden elegir el sentido que quieren darles a sus vidas.

Por lo tanto, estamos obligados, como miembros de nuestra especie, o de nuestra familia, a luchar por la vida en la Tierra. Por nuestros ancestros, por nuestros abuelos, por nuestra descendencia. Aquí estamos, y no ha sido fácil. Y a partir de ahí podemos añadir motivos para vivir plenamente y con sentido. Y con sabiduría. Sin necesidad de acudir a narrativas fantásticas y extravagantes, que no se sostienen en cuanto ponemos en marcha plenamente los mecanismos de la razón. Así, por ejemplo, podemos luchar por mejorar la convivencia y las condiciones de vida de quienes nos rodean, mejorar el bienestar de nuestra descendencia, su futuro, y también el del grupo. Y más allá: mejorar el mundo. Podemos apasionarnos por avanzar en nuestros conocimientos o por lograr que también otros lo consigan; por nuestro bien, por el de la humanidad. Son solo ejemplos. La vida es un misterio y a la vez un lujo, y nosotros los humanos tenemos la suerte de poder darle el sentido que queramos.

ESTADOS ALTERADOS DE CONSCIENCIA

Los muertos han sido de enorme importancia para el ser humano. El miedo a la muerte ha generado mil y una maneras de afrontarlo, y las religiones, antes de que la ciencia nos iluminara, han sido una solución universal a este problema. Entre los diversos caminos mediante los cuales las religiones han ayudado a aliviar el miedo a la muerte y otras angustias de nuestra existencia está la alteración de nuestros estados mentales, los estados alterados de consciencia. Gracias a estos podemos ver la realidad de otra manera, mitigar los miedos, y reforzar las creencias en otros mundos, en otros planos de realidad, que a su vez sirven de base a las religiones.

En multitud de ocasiones, los estados alterados de consciencia se han conseguido mediante la ingesta de sustancias extraídas de plantas cuyos productos químicos tienen cierta afinidad con algunos de los neurotransmisores de nuestro cerebro. Las sustancias alucinógenas, por ejemplo, producen potentes y asombrosos efectos en nuestra mente, y parece que su uso, probablemente en el ámbito de determinados ritos y por ciertas personas, como los chamanes, se remonta a tiempos antiquísimos. Incluso puede que los neandertales también las consumieran hace decenas de miles de años. Hay autores que aprecian el uso de estas sustancias en el origen de diversos hitos de la evolución humana. El arqueólogo sudafricano David Lewis-Williams, por ejemplo, ha propuesto que los motivos del arte rupestre de épocas paleolíticas se basan en las diversas fases de una intoxicación por alucinógenos, durante la cual se comenzaría percibiendo figuras geométricas de diverso tipo, se continuaría viendo animales y objetos y se acabaría por integrar las imágenes de ambos tipos. En otros casos, como el del antropólogo Peter T. Furst, se han querido detectar los efectos de los alucinógenos en el origen de numerosos ritos chamánicos y religiosos que se iniciaron en torno al Neolítico y se extendieron por todo el mundo. Muchos mitos de todos los rincones del planeta tendrían raíces comunes y se habrían creado bajo estados alterados de consciencia producidos por sustancias estupefacientes.

Para alterar la química de nuestro cerebro, sin embargo, no necesitamos introducir en él sustancias que vengan de fuera. Si hacen su efecto en el cerebro es precisamente porque este produce sustancias parecidas, los neurotransmisores, aunque normalmente en cantidades más equilibradas. Pero hay maneras de elevar o disminuir los niveles de determinados neurotransmisores y provocarnos estados alterados de consciencia sin necesidad de ingerir sustancias extraídas de las plantas. La humanidad también las ha conocido y utilizado desde tiempos remotos, habiéndose usado frecuentemente en el contexto de experiencias místicas ligadas a vivencias y creencias religiosas. Así, muchos místicos han utilizado las privaciones, la incomodidad y el dolor físico intenso para activar los mecanismos de protección contra el dolor, mediados precisamente por opiáceos endógenos o endorfinas. Como su nombre indica, estos opiáceos son muy parecidos químicamente a los derivados del opio, y que sean endógenos no es sino una forma de decir que los produce el propio cerebro. En otras ocasiones, las danzas repetitivas y prolongadas también activan estos mecanismos, ya que el cuerpo se agota y fatiga y los pone en marcha, con los consiguientes efectos sobre la mente. Las danzas colectivas en el ámbito de ritos religiosos, además, generan situaciones sociales de gran relevancia para la cohesión del grupo. La práctica del deporte puede llevar a situaciones parecidas, especialmente si sobrepasamos ciertos límites, poniendo en marcha también otros mecanismos neuronales que pueden dar lugar a sentimientos de euforia. Otras formas de conseguir estados alterados de consciencia son la privación de sueño y el ayuno.

Los humanos somos lo suficientemente listos como para que, a estas alturas de nuestro desarrollo cultural y científico, aprovechemos todo aquello que sea útil y beneficioso para nuestro bienestar, aunque se haya originado en contextos religiosos. Tan solo sería necesario desligar esos métodos de las interpretaciones ficticias y mitológicas que los han acompañado, de la parafernalia innecesaria. En realidad, no todo ha sido disparatado en nuestra evolución cultural antes de que llegara el método científico. Afirmar lo contrario sería de una enorme pedantería y prepotencia. La sabiduría humana ha estado siempre ahí, fruto de cientos, de miles de años de observación, conocimiento y reflexión. Muchos de estos conocimientos pueden sernos realmente útiles. Y no solo para mitigar los miedos derivados de pensar en la realidad de la muerte.

Algunas creencias religiosas han ideado formas de controlar los excesos emocionales dañinos de una manera muy saludable y, según parece, efectiva. Es el caso de las religiones orientales, que nos han dado técnicas de gran utilidad como la meditación o el yoga, cuyo origen se halla en países como la India o Nepal, donde llevan practicándolos miles de años. Con más o menos variantes, estas técnicas se han incorporado y adaptado desde hace años a la cultura occidental, y en algunos casos han estado, y aún están, muy de moda. Es el caso del *mindfulness*. Sobre estas técnicas heredadas en gran medida de las religiones orientales se están haciendo investigaciones de todo tipo, desde cómo afectan al cerebro hasta sus potenciales beneficios para la salud. Y, en general, parece que consiguen que seamos capaces de relajarnos incluso en situaciones difíciles, lo que puede sernos de enorme utilidad. Recordemos lo beneficioso que puede resultar pensar en la muerte mientras estamos relajados. Para conseguirlo, eso sí, es necesario practicar con relativa frecuencia, ejercitando con insistencia la autodisciplina y el autocontrol. En este sentido, por ejemplo, un procedimiento muy común es el de controlar voluntariamente la respiración. Si esta es normalmente un acto reflejo y del que no somos conscientes, mediante la meditación se pretende fijar la atención en esta; pausarla, enlentecerla, de manera voluntaria. Esto, aunque parezca trivial, redunda en diversos tipos de beneficio. Por ejemplo, acostumbrarnos a fijar la atención en la respiración es una forma de no atender a otras cosas, a otros pensamientos que podrían hacernos daño, estresarnos o preocuparnos. Sería lo que llaman la atención «al aquí y al ahora». Ya he hablado de la importancia que tiene controlar lo que atendemos para regular la intensidad de nuestras emociones. Por otra parte, una respiración pausada y profunda tiene efectos beneficiosos sobre el organismo, pues es una buena forma de relajarnos, de disminuir la tensión muscular. Y, con esto, mentalmente nos sentiremos mejor.

La investigación, no obstante, no está exenta de polémica. Hay mucha gente que piensa que utilizar estas técnicas no es sino parafernalia pseudocientífica. Por un lado, hay un gran número de trabajos científicos que encuentran beneficios sobre la salud en quienes practican el yoga o la meditación. Así, se ha visto que alivian la depresión, la ansiedad, la angustia y el dolor. También pueden reducir la hipertensión y los niveles de cortisol, una hormona dañina para el organismo y el cerebro y que se produce abundantemente cuando estamos bajo situaciones de estrés. Pueden incluso producir importantes mejoras a nivel cognitivo, como aumentar la capacidad de atención y concentración o el autocontrol. De hecho, uno de los logros más conocidos es el de incrementar el control de las emociones. Además, muchas de estas mejoras parecen acompañarse de modificaciones en el cerebro, cambios físicos que pueden ser observados mediante resonancia magnética. Así, es posible que estas técnicas tan ancestrales pudieran retrasar la neurodegeneración que se produce con la edad y, en este sentido, quienes las practican muestran mayores niveles de sustancia gris en determinadas partes del cerebro, como la amígdala, el cíngulo, la corteza prefrontal, el cerebelo o el hipocampo, entre otras.

Sin embargo, no todos los trabajos encuentran estos beneficios. En algunos casos no se observa ninguno, o los que se hallan son muy débiles e irrelevantes. Estamos en un momento en el que hay evidencia contradictoria al respecto. Es necesario aclarar por qué esto es así. Por ejemplo, qué situaciones control se utilizan en las investigaciones, qué cantidad mínima de práctica es necesaria para obtener resultados observables, si es el caso, o qué circunstancias vitales podrían hacer que la práctica del yoga o la meditación no sea eficaz. Si ponemos todos los trabajos en una balanza, no obstante, esta parece inclinarse en favor de que estas técnicas son una fuente de beneficios para nuestra salud física y mental. Estaremos atentos al curso de las investigaciones en esta materia. Por el momento, yo sí las veo recomendables. Esta es, al menos, mi experiencia personal.

14

NUESTRA RELACIÓN CON LOS DEMÁS

Todos nos sabemos parte del grupo humano, por más *perros verdes* que nos sintamos a veces. La especie humana es, por definición, social; está en su misma esencia. Somos lo que somos gracias a los demás, y sin los demás no seríamos nada. Nuestro cerebro, además, nos delata. Si observamos el cerebro de otras especies, veremos en algunas que su bulbo olfatorio es enorme con relación al resto del cerebro, señal de que el olfato es una parte crucial de su conocimiento del mundo. En otras, se aprecia una enorme representación de sus bigotes en su corteza cerebral, lo que indica que son esos órganos, las vibrisas, un medio de primer orden para conocer el mundo. En el caso de los roedores, ambas características están presentes. En el caso del humano, la corteza visual es muy grande, como lo es también la que representa las manos, lo que nos está indicando muchas cosas respecto a nuestro modo de vida, a cómo interactuamos los humanos con el mundo. Como sabemos también, en nuestra corteza cerebral se han extendido igualmente, de manera quizá desorbitada, las cortezas de asociación. Estas nos permiten alcanzar mayores niveles de abstracción y conocimiento profundo del mundo, hasta niveles sin precedentes en otras especies. Gran parte de esa corteza, sin embargo, parece que estuvo destinada en primer lugar a conocer los entresijos de las complejas sociedades humanas. Fruto de ello, entre otras características, mostramos una red por defecto muy desarrollada y con cualidades propias. Una red que, como ya sabemos también, tiene mucho que ver con lo social, incluida nuestra capacidad de teoría de la mente, tan única, tan compleja y sofisticada. Nuestro cerebro nos dice a voz en grito que está hecho para relacionarse con los demás; que nuestra vida es vivir en grupo.

Nuestro cerebro, tan social como es, tiene una gran capacidad para la empatía: poderse meter en la cabeza de los demás. Y lo hacemos con tremenda facilidad, incluso aunque no queramos. Por eso nos identificamos con los personajes de los relatos. La red por defecto, los mismos circuitos que nos sirven para intentar adivinar, en última instancia, qué tienen otros en su cabeza, también nos sirven para imaginar, para pensar en situaciones pasadas, presentes o futuras o que nunca han existido ni existirán jamás. Es la red con la que nos metemos en las historias que nos cuentan y las recreamos.

Nuestra red por defecto se alimenta, además, de lo que le dicen otras partes del cerebro que están continuamente indagando las señales que emiten los demás. El cerebro humano es como una *antena social*, continuamente escaneando lo que hacen, dicen y expresan los otros seres humanos con los que nos cruzamos. Además, realiza este análisis, como he dicho, de manera automática, inconsciente, sin que la voluntad sea necesaria. Sin esfuerzo. Parece que la evolución ha ido moldeando nuestro cerebro para ello, especializándolo para este cometido. Y, si bien en esto hay enormes diferencias individuales, normalmente lo hacemos con una gran efectividad. Aunque también es cierto que aquí nos pueden engañar; acordémonos del sesgo de transparencia, por el que solemos creer que las expresiones emocionales de los demás son siempre auténticas y sinceras. Curiosamente, no solo nuestro cerebro muestra estas adaptaciones, sino que nuestro propio cuerpo, particularmente nuestro rostro, muestra las huellas de nuestra evolución bajo los dictámenes de la vida social.

EL ROSTRO HUMANO

En la cara de nuestra especie se observan peculiaridades que nos delatan como animales sociales. Algunas las compartimos con otros primates, que igualmente son animales muy sociales. Pero otras son solo nuestras, demostrando de alguna manera que nosotros fuimos más allá en la carrera por enviar y recibir señales sociales. Por un lado, nuestro rostro muestra un número importante de músculos que no tienen otra utilidad que la de expresar afectos y situaciones emocionales que suceden en nuestro interior. Nada menos que 42. La gran mayoría no son necesarios para masticar, ni para hablar, ni para protegernos de elementos adversos. Solo están ahí para enviar señales. Diversos experimentos muestran que nuestro cerebro reacciona de manera automática e inmediata a las expresiones emocionales de los demás, incluso cuando no somos conscientes de estar viéndolas. Es una forma de interpretar rápidamente lo que les pasa a los otros, lo que pueden estar sintiendo. Cuando se analiza la actividad cerebral, se observa cómo circuitos implicados en el cerebro emocional, y que, por ello, también tienen una función social, se activan ante la presencia de caras con expresiones emocionales presentadas subliminalmente —es decir, por debajo del umbral de consciencia—. Curiosamente, en estas circunstancias también los músculos de nuestra propia cara reaccionan, y sutilmente adoptan la expresión percibida. Parece que estos mecanismos de respuesta facial y cerebral ayudan a entender más rápidamente lo que los otros pueden estar sintiendo. Experimentos en los que se paralizan artificialmente los músculos faciales de las personas —por ejemplo, mediante inyecciones de bótox— muestran cómo bajo esas condiciones es más difícil concluir qué emociones se están describiendo en un texto. Imitar a los demás nos ayuda a entenderlos. Y cuando recreamos situaciones, vemos una película o leemos una historia, nuestro cuerpo y nuestro cerebro reaccionan, aunque sea sutilmente, como si fuéramos los protagonistas.

La cantidad de músculos faciales de nuestra especie, sin embargo, no es muy diferente de la del chimpancé. Realmente, esta especie también es muy expresiva, y utiliza esta información de manera importante, especialmente a causa de su carencia de un lenguaje verbal como el nuestro. Es lógico, por tanto, pensar que todos nuestros ancestros del género *Homo* mostrarían esta característica tan desarrollada, al menos, como en los chimpancés. Sin embargo, nosotros, los *Homo sapiens*, mostraríamos algo que es único. Nuestros arcos superciliares, la parte del cráneo sobre la que se ubican nuestras cejas, son mucho más reducidos, tanto en comparación con el chimpancé como con los demás miembros del género *Homo*, incluido el neandertal. Esta peculiaridad de nuestra anatomía podría ser una adaptación social para hacernos más comunicativos, pues las cejas tendrían más libertad de movimientos y, por tanto, mayor capacidad para expresar emociones.

Por otra parte, nuestros ojos también son muy comunicativos. Así, algo que suele pasar desapercibido, al menos conscientemente, pero que sin embargo es enormemente informativo acerca de lo que ocurre en el interior de las mentes de otras personas, es el diámetro de las pupilas. Con independencia de la conocida regulación del tamaño de estas en función de la cantidad de luz ambiental y de la dis-

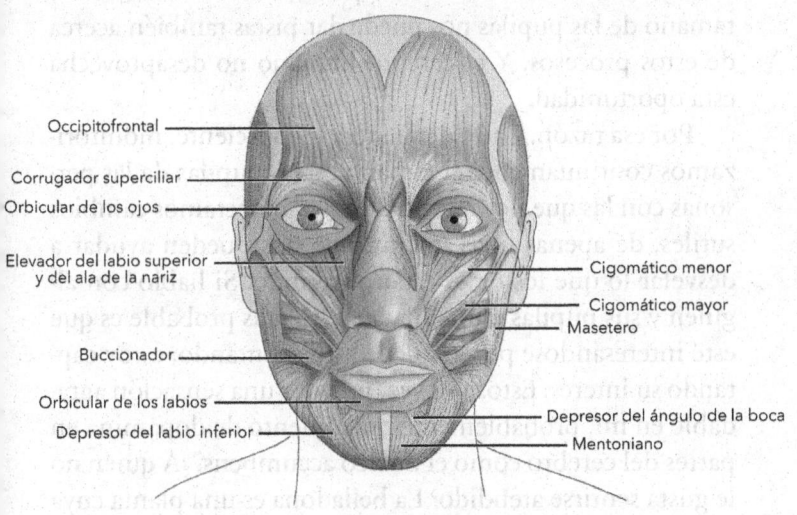

Occipitofrontal

Corrugador superciliar

Orbicular de los ojos

Elevador del labio superior
y del ala de la nariz

Buccionador

Orbicular de los labios

Depresor del labio inferior

Cigomático menor

Cigomático mayor

Masetero

Depresor del ángulo de la boca

Mentoniano

Algunos de los principales músculos de nuestro rostro.

tancia focal, este varía, asimismo, dependiendo de nuestro estado mental y emocional. Hay que tener en cuenta que el diámetro pupilar viene regulado por los sistemas nerviosos simpático y parasimpático del cerebro, que constituyen el llamado sistema nervioso autónomo y cuya principal misión es mantener el organismo en equilibrio en función de la situación y las demandas ambientales. No solo regulan el tamaño pupilar, sino los latidos del corazón, la intensidad y el ritmo de la respiración o la sudoración, entre otras muchas funciones orgánicas. En este sentido, es fácil entender su vinculación con las emociones, pues las vísceras son actores de primer orden durante nuestros estados afectivos. Los núcleos nerviosos que en última instancia modifican el diámetro pupilar están, a su vez, muy bien conectados con estructuras y circuitos del tronco cerebral y otras partes del cerebro que tienen que ver con la atención, los estados de alerta o los procesos ejecutivos —es decir, la monitorización y control de nuestro comportamiento—. Por eso el tamaño de las pupilas nos puede dar pistas también acerca de estos procesos. Y el cerebro humano no desaprovecha esta oportunidad.

Por esa razón, y aun de manera inconsciente, monitorizamos continuamente el tamaño de las pupilas de las personas con las que nos relacionamos, y detectamos cambios sutiles, de apenas unas micras, que nos pueden ayudar a desvelar lo que los otros están pensando. Si hablo con alguien y sus pupilas están dilatadas, lo más probable es que esté interesándose por lo que le estoy contando; estoy captando su interés. Esto, a su vez, provoca una sensación agradable en mí, probablemente un aumento de dopamina en partes del cerebro como el núcleo accumbens. ¿A quién no le gusta sentirse atendido? La belladona es una planta cuya infusión, aplicada a los ojos, produce dilatación de las pupilas, de ahí que se usara en la Edad Media europea como cosmético, y de ahí su nombre, pues hacía *bellas* a las *donas*. Una persona con las pupilas dilatadas nos parece atractiva por el simple hecho de que parece conmoverse con nuestra conversación. Sin que nos demos cuenta, ver personas con las pupilas dilatadas, frente a otras que no muestran esta reacción, activa zonas afectivas de nuestro cerebro, como la amígdala. Por el contrario, cuando detectamos que a nuestro interlocutor se le contraen las pupilas, lo más probable es que le estemos aburriendo, que esté fatigado o pensando en otra cosa, ajeno a nuestra conversación. Hablar con gente que está en estas condiciones no nos resulta agradable.

La reacción de nuestras pupilas es algo que compartimos con los chimpancés, como ocurre con otra peculiaridad: las expresiones faciales. Ambas especies imitamos a nuestros interlocutores, y nuestras pupilas adoptan el diámetro de las suyas. Estas reacciones, que probablemente sirvan también para entender con más facilidad lo que les pasa a los demás por la cabeza, solo se produce intraespecie. Es decir, los chimpancés no reaccionan a los cambios en las pupilas humanas ni nosotros a las suyas; cada uno reacciona solo ante las de su especie, lo que demostraría que se trata de una respuesta de naturaleza social, no de una mera reacción automática al tamaño de un círculo negro.

Otra adaptación de nuestro rostro para emitir señales que entiendan los demás la vemos en lo blanca que es nuestra esclerótica, el *blanco de los ojos*. No solo es blanca, sino que es bien visible, probablemente por tener un iris reducido. Si miramos a los ojos de otros primates, no reconoceremos nuestros mismos ojos, pues su esclerótica ni es tan visible ni es tan blanca. Algunos chimpancés sí muestran una esclerótica blanca, pero son una minoría. Nuestra peculiaridad hace que se vea más fácilmente y a distancia hacia dónde miramos. Y así los demás podrán saber hacia dónde queremos ir, qué queremos alcanzar o a qué estamos atendiendo. El blanco de los ojos también nos permite reforzar la información que emitimos respecto a las emociones que sentimos. La risa o el miedo, por ejemplo, conllevan una posición particular de nuestros párpados y, en consecuencia, una imagen determinada de nuestro blanco de los ojos. Cuando miramos hacia arriba podemos indicar que estamos hartos o que no soportamos algo. Que nuestra esclerótica sea tan blanca y bien visible es, de nuevo, una modificación de nuestra anatomía cuyo principal objetivo es la comunicación social, tan importante para nuestra evolución. No sabemos aún cómo tenían la esclerótica otras especies de nuestro género, y ojalá algún día podamos saberlo a partir del ADN, pues nos revelaría desde cuándo el mundo es contemplado por una mirada específicamente humana.

Que nuestro cerebro reaccione a las señales que emiten los demás de manera muchas veces inconsciente, automática, rápida e imitando esas señales no es algo que nos deje inmunes. Evidentemente, como ya he comentado, la función principal de que las imitemos es comprender mejor lo que les pasa a los demás. Sin embargo, curiosamente, nuestras reacciones a esas señales también modulan nuestros pensamientos e influyen en ellos, en nuestras decisiones y acciones. Así, por ejemplo, cuando hemos visto una cara de enfado sin ser conscientes, podemos reaccionar de forma contraria a lo que sería razonable, o al menos de una manera no ajustada a verdaderas razones. Por ejemplo, beber menos agua cuando estamos más sedientos o rechazar un producto que puede ser beneficioso para nosotros. Y si vemos una cara alegre, es probable que la imitemos y, a la par, nos relajemos y seamos más tolerantes con nuestros propios errores.

Tenemos una tendencia muy fuerte a imitar a los demás, a que nuestro cuerpo simule lo que hacen los otros. Si vemos a alguien levantando pesas en postura vertical, es más probable que bebamos más, pues los movimientos realizados al ingerir bebidas se parecen a los del levantador de pesas. Y si vamos a un restaurante con alguien y no sabemos qué pedir, es muy probable que acabemos pidiendo lo mismo que el otro. Sí, somos animales sociales por antonomasia. Hay muchos autores que piensan que esto se debe fundamentalmente a la presencia en nuestro cerebro de unas células nerviosas conocidas como *neuronas espejo*; estarían situadas en áreas de asociación de la corteza motora y somatosensorial, en los lóbulos frontal y parietal, respectivamente, y se activarían tanto cuando nosotros mismos realizamos acciones motoras (agarrar, lanzar, rasgar, etc.), como cuando las vemos realizar a los demás. Serían, así, unas neuronas que algunos han visto necesarias, fundamentales, para entender lo que hacen los demás, y por tanto el origen de la empatía, de la imitación, de la capacidad de teoría de la mente e incluso del lenguaje humano. Ahí es nada. Seríamos humanos gracias a las neuronas espejo. Además, estas neuronas han alcanzado la fama, las conoce todo el mundo; han sido muy aireadas en diversos libros y programas divulgativos, casi hasta la saciedad. No sería para menos, dada su aparente relevancia. Pero cuidado: no es oro todo lo que reluce. Poniendo las cosas en su sitio, es muy probable que el papel de las neuronas espejo en todo eso que se dice que nos han permitido alcanzar sea muy limitado, incluso nulo. Las neuronas espejo son una narrativa que se ha puesto de moda, una especie de *mito urbano* que, aunque puede contener parte de verdad, habría que pulir y matizar.

Por un lado, una cosa es que estas neuronas se activen cuando vemos a los demás hacer cosas como si nosotros mismos las hiciéramos y otra que esto sea fundamental para entender lo que los otros hacen y por qué lo hacen. Una cosa es que contribuyan o ayuden a comprender más rápidamente, o más fácilmente, esas acciones, y otra que sin su activación no seamos capaces de llegar a entenderlas. En realidad, lo más probable es que las neuronas espejo reciban información de otras áreas de la corteza y el cerebro que sean las que interpretan lo que otras personas están haciendo, a partir de lo cual nuestro cerebro se puede poner a imitarlas. Parece que un buen candidato para esta función es el surco temporal superior de la corteza cerebral, que mencionamos en la primera parte como una de las piezas del conocido como cerebro social y emocional. Es incluso parte del sistema lingüístico, pues también participa en tareas sintácticas. Este surco temporal, tan importante, está muy bien conectado con las neuronas espejo del lóbulo parietal, y, dada su posición privilegiada entre el sistema visual y el somatosensorial y motor, reacciona de manera específica a distintos tipos de acciones observadas en los demás. Igualmente, es muy posible que otras regiones cerebrales, en las áreas de asociación visual, estén también involucradas en la interpretación de lo que vemos hacer a otras personas. Diversos estudios muestran, de hecho, que anular el funcionamiento de las neuronas espejo no impide necesariamente entender las acciones de otras personas. Así, cuando las áreas que las contienen han sufrido una lesión o han sido paralizadas mediante estimulación eléctrica o magnética, tanto los monos como las personas en las que esto ha ocurrido han seguido siendo capaces de comprender las acciones e intenciones de los demás.

Por otra parte, limitar el carácter *espejo* a unas neuronas concretas que se encuentran en las áreas motoras y somatosensoriales del cerebro es quizá un tanto exiguo. En realidad, muchas más partes de nuestro cerebro son como *espejos* de lo que ven en el exterior, y se activan como si nosotros mismos fuéramos protagonistas de la situación observada. Ya he mencionado en otra ocasión, por ejemplo, cómo la amígdala y otras partes del cerebro emocional se activan en cuanto vemos a alguien expresando una emoción. Este es un hallazgo que se ha repetido consistentemente, y que probablemente tenga que ver con sentir lo mismo que sienten los demás, no con imitar sus acciones y movimientos. Es decir, estaría relacionado con la empatía o teoría de la mente. Pero se produce rápidamente y sin necesidad de pasar por la consciencia ni por las neuronas motoras. Lo mismo podríamos decir de las reacciones de nuestras pupilas a los cambios de diámetro de las de los demás. Igualmente, cuando vemos a alguien realizar una acción sobre un objeto, también se activan nuestras cortezas visuales de asociación. Ya he comentado que esto podría servir simplemente para interpretar la acción observada, y de hecho normalmente se produce en regiones de la corteza visual que procesan los movimientos. También cabe la posibilidad de que representen cómo veríamos esos movimientos si los hiciéramos nosotros mismos. En definitiva, muchas partes de nuestro cerebro, más allá de las tradicionales neuronas espejo, se activan cuando vemos a los demás realizar acciones. Casi podríamos decir que todo el cerebro humano es un espejo. Es lo que tiene ser tan social.

Nuestra singularidad

Se suele decir muchas veces que la sociedad actual, especialmente la de los llamados países occidentales, tiende al individualismo, a resaltar y defender nuestra unicidad. Todos somos iguales, sí, pero también diferentes. Somos perros verdes y nos gusta. Yo soy yo, con mi nombre y mis apellidos, que no coinciden con los de nadie más (salvo excepciones). Mi cara, que tantas señales emite para que los demás me comprendan o puedan tener una idea de lo que me pasa por la cabeza, también me hace único. Mi rostro es personal e intransferible, me identifica. En los documentos de identidad es precisamente la foto de este la que aparece; no la de un pie o una mano. Yo tengo mis gustos, mis experiencias, mis opiniones. Mi historia, mis historias, mis narrativas. Yo soy el protagonista de mi película, de mi novela, de mi canción. Qué duda cabe, lo mío es solo mío y de nadie más, y soy un ente distinto e independiente de cualquier grupo en el que se me pudiera encasillar. Sin embargo, esto último no es del todo verdad.

Por más únicos que nos creamos o sintamos, no somos

en realidad sino miembros de algún grupo. No existimos ni nos identificamos si no es a través de un grupo. Como escribió el filósofo José Ortega y Gasset en sus *Meditaciones del Quijote*, «Yo soy yo y mi circunstancia», entendiéndose por esta última mi medio, mi entorno, en el que se incluyen mi sociedad, mi cultura y mi grupo. O mis grupos. La idea es que no puedo separar mi circunstancia de mi yo. Yo y mi circunstancia somos una sola cosa. La frase completa de Ortega era «Yo soy yo y mi circunstancia, y si no la salvo a ella no me salvo yo». Lo que somos cada uno de nosotros siempre se lo debemos a nuestras circunstancias, en las que se incluyen los otros.

Existe un rasgo psicológico conocido como *necesidad de singularidad*. Es la necesidad de sentirse únicos, especiales, distintos. En mayor o menor medida, todos la sentimos, aunque se observan diferencias entre las personas. De hecho, existen escalas para medir su intensidad, pues en función de cuánto puntuemos en ellas se podrán predecir algunos de nuestros comportamientos. Por ejemplo, este rasgo es muy relevante en el mundo de las ventas y el marketing, pues quienes puntúan alto quieren comprar productos únicos, alejados de los más populares, adquiridos por la mayoría de la gente. Si queremos vender un producto a este sector tan *singular* de la población, que en realidad resulta ser muy numeroso, debemos tenerlo en cuenta a la hora de lanzar nuestros mensajes publicitarios. Así, aparecerán en ellos palabras como *único*, *exclusivo*, *nuevo* o *personal*. Se suele decir que, en general, los individuos de las sociedades orientales puntúan bajo en este rasgo, si bien parece que en los últimos tiempos esto está cambiando.

Nuestra necesidad de singularidad se puede expresar de muchas maneras. Una de ellas —muy frecuente, por cierto— es a través de la pertenencia a un grupo. Es decir, que por muy singulares que nos creamos, preferimos serlo por pertenecer a un grupo. Yo soy yo y mi circunstancia. El grupo será único, especial, formado por una *minoría*, una *élite*, un grupo superior. Los demás seres humanos serán la *masa*, unos *borregos*; yo tengo el privilegio de pertenecer a un grupo exclusivo. Esto ha ocurrido mucho con la pandemia del COVID-19, donde diversos grupos de negacionistas se arrogaron estar en posesión de *la verdad*. Sus acólitos eran diferentes al resto de la gente, de las masas; ellos no eran tan *tontos*. Eran quijotes luchando contra gigantes. Puntuar alto en una escala de necesidad de singularidad se correlaciona, efectivamente, con la tendencia a creer en teorías de la conspiración.

Así que, incluso cuando nos sentimos más singulares, únicos y exclusivos, esto se traduce en nuestra pertenencia a un grupo. Un grupo de personas singulares, únicas y exclusivas.

NUESTRA POLARIZACIÓN

Desde luego, si hay una forma universal de ver y organizar el mundo para el cerebro humano, esta es la división entre *ellos* y *nosotros*, basada probablemente en su evolución a lo largo de milenios en medios que han sido adversos y peligrosos, donde los recursos eran escasos y los miembros de otros grupos podían quitárnoslos y, por tanto, amenazar nuestra existencia. La gente o es de nuestro grupo o es del enemigo. Se trata, además, de un pensamiento dicotómico, binario, de *todo o nada* o, como se suele denominar también, de *blanco o negro*. Una forma rígida de pensar. Las cosas o son blancas o son negras; no caben escalas intermedias, no hay grises, no hay colores. Esto, por supuesto, es totalmente falso, la realidad no es así; pero la tendencia al pensamiento polarizado dicotómico es universal. Especialmente en los relatos mitológicos y fantásticos, que son precisamente los que mayor protagonismo tienen en la historia y el presente de la humanidad. Nuestra relación con los demás está en gran parte determinada y condicionada por el pensamiento binario o dicotómico.

Precisamente, este tipo de pensamiento se alimenta en y de los grupos. Dentro de un grupo, por ejemplo, se establece si algo es blanco o es negro. La idea no solo se mantiene, sino que se alimenta y cobra fuerza gracias a sus miembros, que se refuerzan unos a otros. Por ejemplo, magnificando los sesgos que sean necesarios para defender la decisión tomada respecto a posibles evidencias que la contradigan o respecto a lo que piensan *los otros*. Muchas veces, el propio grupo se montó precisamente alrededor de una idea, de una creencia que sería la razón de ser para su existencia.

Este pensamiento dicotómico tiene la culpa de la mayoría de los males de nuestro mundo. Somos muy inteligentes, sí, pero el pensamiento de todo o nada o de blanco o negro nos impide beneficiarnos de ello. No nos permite vivir en armonía, remando todos juntos en la misma dirección, por el bien de todos, por el bienestar de la especie humana. Siempre habrá un *ellos* que no somos *nosotros* y que impedirá, con su equivocada visión del mundo, que lleguemos todos juntos a buen puerto. A los otros hay que apartarlos, o neutralizarlos si es necesario. Pensar de manera binaria ha dado lugar a numerosos prejuicios a lo largo de la historia de la humanidad. El racismo o el machismo son algunos de sus principales ejemplos. Lo curioso es que, además, el pensamiento dicotómico se alimenta de los mismos males que ocasiona. La pobreza, la división social, la educación deficiente o la crispación social y el estrés son factores que parecen agravar y potenciar este tipo de pensamiento. Es como un pez que se muerde la cola. Las teorías de la conspiración son consecuencia de esta forma de pensar y, como hemos visto, se potencian durante situaciones de estrés, como cuando algo amenaza nuestras vidas. Hay autores que consideran que el pensamiento dicotómico está también en la base de diversos trastornos mentales. Así, los delirios y las paranoias propias de la psicosis, o la mala autoestima propia de los estados de depresión, no serían sino ejemplos de esta forma tan categórica de pensar.

Si, como parece, pensar de manera binaria o rígida está en el origen de muchos de los males de la humanidad —la mayoría de los cuales serían, por otra parte, evitables—, tenemos la obligación, como especie, de conocer de manera exhaustiva, analizar y controlar los factores que originan, mantienen y fomentan este tipo de pensamiento. Por el bien de todos. La ciencia está haciendo grandes esfuerzos al respecto, pero necesitaremos del interés y la participación de todos. Si lo conseguimos, lo que no parece fácil, realmente demostraríamos ser una especie muy inteligente.

De momento, la psicología social va encontrando algunas formas de controlar el pensamiento dicotómico. Por ejemplo, y según parece, si queremos desmontar una opinión radical, lo mejor que podemos hacer es empezar por validar esa opinión. Así, si a quien piensa de una manera extrema y radicalmente opuesta a nuestra visión de las cosas le decimos que lleva razón, que su postura es correcta, admisible, o que parece cierta, empezaremos a desarmarle ante lo que podamos decirle a continuación. Incluso aunque sea la idea contraria. Podemos, por ejemplo, admitir que la inmigración es un problema serio que ocasiona muchos conflictos de orden público y, a continuación, enumerar sus posibles beneficios y formas de controlar sus posibles inconvenientes. Un mensaje con dos caras opuestas es más efectivo que si solo tiene una, la contraria a la que queremos cambiar. Atacamos un pensamiento dicotómico con un pensamiento en el que los dos extremos son admisibles. La realidad sería negra y, a la vez, blanca; es decir, aparecerían los diversos tonos de gris que antes no éramos capaces de apreciar.

Pero aún queda mucho trabajo por hacer. Uno de los peores males del mundo occidental actual, según numerosos analistas —y que se debe al pensamiento dicotómico—, es la división política radical entre las izquierdas y las derechas o entre demócratas y republicanos en Estados Unidos; liberales y conservadores, en general. El panorama está actualmente muy polarizado entre ambas visiones del mundo. Es algo que viene sucediendo en los últimos años, y se ha convertido en protagonista del complicado momento político actual. Si en épocas pasadas ambas visiones podían coincidir en algunas opciones y decisiones, e incluso colaboraban cuando se consideraba necesario y pertinente, actualmente cualquier entendimiento parece perdido. Y lo peor de todo es que las orientaciones políticas han secuestrado el razonamiento, que queda ofuscado y retorcido, al servicio del grupo político de turno. Esto era antes más propio de las religiones o de las posturas racistas, por ejemplo; pero actualmente es la situación predominante en política.

En particular, diversos estudios muestran que la postura política ofusca el razonamiento con el objetivo de que este dé la razón a ideas previas propias del grupo al que pertenecemos. Así, por ejemplo, ante unos datos acerca de la cantidad de delitos ocurridos en varias ciudades y el número de inmigrantes existentes en las mismas, un conservador puede destacar que cuantos más inmigrantes hay, más delitos se producen, sin tener en cuenta que el número de habitantes no inmigrantes también es mayor. Por tanto, las conclusiones previas de su ideología política le han hecho analizar los datos de una manera específica que ratifica esas conclusiones. Y si modificamos los datos, de manera que el porcentaje de inmigrantes correlacione con el de delitos anuales, un liberal o progresista tenderá a destacar que hay más delitos simplemente donde hay más gente, ignorando esos porcentajes, esas cantidades relativas que podrían indicar cierta relación entre inmigración y delincuencia. Es algo parecido al sesgo de confirmación, aunque no lo es exactamente. Algunos autores lo denominan el *sesgo de mi lado*. Se trata de retorcer los datos para que se ajusten a lo que yo defiendo, a lo que mi grupo piensa. Y lo curioso es que en este tipo de errores incurren incluso personas con conocimientos de matemáticas y estadística. Cuando los datos numéricos son exactamente los mismos, pero no se refieren a ningún tema de relevancia política (por ejemplo, averías de lavadoras por marcas), los errores desaparecen en ambos bandos y la realidad se ve más clara. Los sesgos, una vez más, vuelven a contribuir a construir narrativas que no solo dejan mucho que desear, sino que pueden hacernos mucho daño.

Los grupos políticos ya no serían conjuntos que defienden unas ideologías coherentes, sino auténticas tribus socioculturales que se mantendrían por su fe en su propia superioridad moral y por su desprecio hacia los demás. Sería algo parecido a lo que hacen las sectas. Y lo peor es que estas actitudes calan en la sociedad, que se adscriben a una u otra ideología y, desde su ámbito y su circunstancia, se alinean en la batalla por llevar la razón sobre la base de argumentos y razonamientos distorsionados. Mal asunto para una especie tan lista. Dentro del marco político también se observa una curiosa aberración, que llaman *racionalidad perversa*, según la cual el razonamiento se retuerce con el principal objetivo de que los miembros de mi grupo me valoren. Ya no se trata de razonar para comprender la realidad, sea de forma sesgada o no, sino para potenciar nuestra imagen. Y cuanto más retorcido pero alineado con lo que son las visiones de mi grupo político, mucho mejor. De esta manera, las creencias más estrafalarias suelen ser las que otorgan más identidad. Si mi grupo piensa que el grupo contrario es el demonio, puedo llegar a asegurar que sus miembros son pederastas o adoradores satánicos a partir de información incompleta, ambigua e incluso —con frecuencia— manifiestamente falsa.

LAS DIFERENCIAS POR SEXO Y GRUPO ÉTNICO

Las ideologías políticas son relatos acerca de cómo vemos el mundo y la realidad que se originan en un pensamiento dicotómico y condicionan cómo nos relacionamos con los demás. Es lo mismo que ha ocurrido con las narrativas acerca de las diferencias raciales o por razón de género. Estas están cambiando, afortunadamente, aunque aún queda trabajo por hacer; y en algunos grupos y sociedades ese cambio aún no ha llegado. Las presuntas diferencias en inteligencia en función del sexo o la raza o grupo étnico han sido una constante a lo largo de la historia de la humanidad. No deja de ser un tema polémico cada vez que se trata públicamente, y esto muchas veces ha enturbiado el asunto, afectando incluso a la investigación científica en este campo. Así, hay una presión social muy fuerte en los momentos actuales por defender que ambos sexos son indistinguibles intelectualmente, y cualquier dato o conclusión que se salga de esta narrativa pueden ser mal recibidos. En tiempos, la narrativa fue la contraria.

Si dejamos hablar libremente a la ciencia, y resumiendo cientos de estudios, esta nos dirá que se aprecian algunas diferencias entre hombres y mujeres: las mujeres suelen mostrar mejores puntuaciones en algunas aptitudes o habilidades mentales, mientras que en otras tienden a puntuar más bajo que los hombres. Se trata, por supuesto, de tendencias de grupo, por lo que no hace falta insistir en que encontraremos individuos que, sean del sexo que sean, pueden ser muy superiores a muchos otros del sexo contrario en aptitudes en las que se supone que el suyo suele ser algo peor y viceversa.

Las mujeres suelen superar a los hombres en algunas pruebas de memoria; por ejemplo, parecen tener mejor memoria para las caras. También muestran una mayor fluidez verbal y mejores competencias en la escritura y la lectura. Los hombres, por su parte, suelen puntuar más que las mujeres en test que tienen que ver con competencias visuoespaciales, especialmente de rotación mental de objetos en 3D, y en algunas tareas matemáticas. A pesar de estas diferencias específicas, las mujeres suelen mostrar un rendimiento escolar y académico superior al de los hombres, incluso en áreas donde se necesitan aptitudes en las que los hombres suelen ser superiores. Esto nos demuestra hasta qué punto otros factores que no son estrictamente intelectuales, como la motivación o la personalidad, que pueden conllevar persistencia y tesón, son capaces de influir en los resultados finales. De hecho, muchas veces se ha dicho que las diferencias intelectuales entre sexos, como las que podemos ver entre distintos grupos étnicos, no serían sino fruto de lo que se conoce como *sesgo del estereotipo*. Este consiste en que, si normalmente se piensa que los de tu grupo son malos en algo, cuando te hagan la prueba la harás peor de lo que en realidad puedes, simplemente para confirmar ese estereotipo, porque es lo que se espera de ti.

Al margen de sesgos como el del estereotipo, las diferencias entre sexos que he mencionado parecen sistemáticas. Explicar su origen es más difícil. Determinar si se deben a factores ambientales, culturales o educativos o si son consecuencia de factores genéticos o biológicos es sumamente complicado, pues no son nunca independientes y se influyen mutuamente. Cuando observamos el cerebro, es cierto que el femenino es un poco más pequeño que el masculino, pero esto se corresponde muy bien con diferencias en el volumen corporal. Si nos adentramos en los detalles, apenas se encuentran diferencias entre los sexos. De hecho, las que existen suelen hallarse en zonas del cerebro relacionadas con la regulación de las funciones corporales orgánicas y hormonales, lo cual es lógico, pues son las diferencias más apreciables cuando comparamos ambos sexos.

Las narrativas también nos han acompañado a la hora de relacionarnos entre los distintos grupos étnicos o raciales. Sentimientos de superioridad y desprecio por otros grupos parecen haber sido la tónica general de muchas sociedades humanas a lo largo de la historia. Con el advenimiento de los test de inteligencia, muchos de estos prejuicios se quisieron poner a prueba y, efectivamente, algunos parecieron confirmarse. Cuando en Estados Unidos se comparaban muestras de individuos de color con individuos blancos, aquellos solían mostrar una diferencia de unos 15 puntos menos que estos. Es una distancia bastante grande, y para apreciarla debemos tener en cuenta que la puntuación media es 100 y la desviación típica precisamente 15, lo que quiere decir que la gran mayoría de la gente no puntúa por encima o por debajo de 15 puntos respecto al valor medio. Con el tiempo, estas diferencias se han ido reduciendo, generalmente hasta estar en torno a 9 u 11 puntos, pero siguen siendo muy grandes. La cosa se arregla un poco cuando los examinadores son de color, lo que minimizaría el sesgo del estereotipo, pero la mejora no es muy grande. Si de algo podemos estar seguros es de que estas diferencias no parecen de origen genético. Cientos de años de desigualdad en cuanto a oportunidades y acceso a todo tipo de recursos —alimenticios, sociales, familiares, económicos, educativos y un largo etcétera— podrían ser la principal razón de estos resultados. Además, hay multitud de diferencias culturales que explicarían igualmente las encontradas entre grupos étnicos de diferentes países, pues muchas veces los test de inteligencia que se suelen emplear se originaron en el ámbito académico del mundo occidental, muy alejado de la realidad de, pongamos por caso, un pescador de Senegal.

Por otro lado, hay una parte de la población mundial que porta algunos genes de origen neandertal. Esto ocurre en individuos de origen euroasiático, en cuyo caso en torno a un 2 por ciento de genes parecen provenir de cruzamientos entre nuestra especie y la neandertal. Como esta fue una especie euroasiática, las poblaciones de origen africano no se vieron expuestas a este intercambio genético. ¿Podría esto explicar al menos parte de las diferencias en cociente intelectual que se han encontrado al comparar distintos grupos étnicos? En absoluto. Los genes neandertales que portan varios miembros no africanos de nuestra especie no parecen tener nada que ver con la inteligencia. Se relacionan, más bien, con procesos metabólicos e inmunitarios, y poco más. Mezclarnos con los neandertales, por tanto, no parece que nos hiciera ni más ni menos inteligentes.

Personalmente, tengo pocas dudas de que la convivencia entre neandertales y *sapiens* en la región euroasiática debió de ser más de enfrentamiento que de convivencia, por más que hubiera cruzamientos e intercambios sexuales y, por qué no, culturales. Las evidencias arqueológicas y paleontológicas no parecen categóricas al respecto, aún son escasas. Pero viendo lo universal y extendido del pensamiento en blanco o negro o dicotómico, me temo que esta aproximación a la realidad debe de acompañarnos desde hace mucho tiempo. Creo que ya es hora de que la vayamos abandonando, de que sepamos ver toda la gama de grises y de colores que existen y sepamos sacar partido de lo bueno y eliminar lo malo de cada opción. La convivencia se vería enormemente favorecida. Somos perfectamente capaces de ello, y creo que los descubrimientos de la ciencia están ayudando mucho. Solo hace falta querer hacerlo.

15

LA MEMORIA EMOCIONAL

En el curso de algunas de sus operaciones, Wilder Penfield, el neurocirujano que descubrió los homúnculos sensorial y motor de nuestra corteza cerebral, obtuvo unos resultados muy curiosos. Estimular algunas partes del cerebro podía producir, por ejemplo, hormigueos en el brazo o en la lengua. O sensaciones de entumecimiento; o pequeños movimientos de cualquier parte del cuerpo. Es así como se reveló la existencia de los homúnculos. En otras ocasiones, el paciente percibía olores o sabores, o veía colores, texturas, patrones. Pero cuando se estimulaban algunas zonas, generalmente del lóbulo temporal, el paciente podía recrear escenas enteras de su vida pasada. Normalmente se trataba de situaciones cotidianas y que en su momento no tenía ninguna intención de memorizar. Un hombre paseando un perro por la calle, una conversación entre vecinos, una discusión familiar. Pero, con cierta frecuencia, se escuchaban melodías musicales. A veces cantadas, otras veces interpretadas al piano, otras, por una orquesta. La recuperación de esos recuerdos era más vívida e intensa que los recuerdos habituales; aparecían como más realistas. Era, en palabras de Penfield, «como si el electrodo hubiera tocado una cinta magnetofónica o el rollo de alguna película». En muchas ocasiones, esas experiencias se revivían junto con las sensaciones emocionales que las acompañaron en su día.

Que entre las experiencias que guarda el cerebro al cabo de los años se encuentren melodías enteras solo puede indicar que este las considera objetos valiosos. Ha empleado recursos energéticos y metabólicos para conservarlas. El arte, sea pictórico, musical o de cualquier otro tipo, es de la mayor relevancia para el cerebro humano. ¿Por qué? ¿Cómo es posible que un comportamiento que, en principio, no facilita la obtención de recursos —no produce comida— haya tenido y tenga tanto éxito en la especie más lista del planeta? ¿Es el arte una narrativa fruto del sistema 1 del pensamiento que nos hemos vendido a nosotros mismos como algo útil y necesario? El arte es universal; no hay ni ha habido cultura humana en el planeta en la que no haya habido, siquiera mínimamente, manifestaciones artísticas de algún tipo, al menos dentro de la especie *Homo sapiens*. Es posible que sí, que el arte se lo debamos al sistema 1. Y, con ello, hemos encontrado una fuente de entretenimiento, de placer, de la que parecen carecer otras especies.

El arte es también una manifestación social, un producto del cerebro de una especie tremendamente social. Con él nos contamos cosas. El arte es un gesto de comunicación entre personas, se trata de narrativas que nos contamos unos a otros, sean pictóricas, musicales, literarias o de cualquier tipo. Para captar la atención y el interés de los demás; para hacernos atractivos. De hecho, algo que también contamos a través del arte tiene que ver con nuestras propias capacidades. Sería como la cola del pavo real. En palabras de Richard Alexander, quien es un artista, particularmente si es bueno, está demostrando que tiene buenas capacidades para, al menos, la percepción, la observación, la apreciación, la imaginación, la anticipación y la comunicación.

El artista es capaz de crear una realidad en la que se ponen en juego la exageración, la manipulación, la contradicción, el contraste. El artista se fija en los detalles, ve cosas que los demás no ven. Quien hace arte demuestra tener una mente superior, ideal para afrontar las complejidades del mundo social. En la primera parte comentábamos, también, que quien produce obras artísticas demuestra tener destreza manual, una habilidad de gran valor para fabricar herramientas y otros útiles con los que obtener recursos del medio. En definitiva, el artista tiene buenos genes y, por tanto, es un buen partido con quien tener descendencia. Pero el arte es quizá mucho más que una forma de mostrar nuestras habilidades perceptivas y motoras. Es una forma de contarnos historias, de contarnos narrativas.

EL ORIGEN DEL ARTE

Dentro de este contexto social, los motivos que se representan en el arte son muy variados y complejos. En general, parece haber consenso en que lo que se representa suele tener que ver con inquietudes del ser humano. Así, muchas de las representaciones del arte rupestre prehistórico se han querido interpretar como manifestaciones de ritos religiosos, particularmente chamánicos. Algunas de las figuras geométricas y otros trazos realizados hace decenas de miles de años podrían representar lo que un chamán veía bajo estados alterados de consciencia. Por otra parte, ha habido autores que han propuesto que el arte prehistórico es fruto de pandillas de adolescentes que se internaban en los peligros de la cueva y dejaban allí su huella, su marca. Por eso, un motivo muy recurrente son las improntas de las manos. El arte del Paleolítico podría ser una especie de grafiti del pasado.

Cuando se ha indagado sobre qué hace atractiva una obra de arte pictórico, se han encontrado ciertos patrones que parecen universales. Así, un paisaje con cielo azul, un horizonte con hierba verde y algo de agua (un río o un lago) son muy atractivos para nuestro cerebro. El atractivo es aún mayor si aparecen animales comestibles y, también, si se representa algún ser humano. El gusto por este tipo de motivos artísticos se da en prácticamente todas las culturas estudiadas, y parece que tiene que ver con lo que nuestra especie necesita para una vida confortable: buen tiempo, alimento, agua y otros seres humanos. Nos encanta ver representado un buen lugar para vivir. Nos produce placer. Asimismo, por ser muy sociales, nos encanta ver otras personas. Esto también hace atractivos los retratos. Y los bodegones nos atraerían, igualmente —y entre otras cosas—, por contener alimentos.

Pero los motivos que aparecen representados en el arte no lo serían todo. Yo puedo dibujar un paisaje con todos los elementos necesarios para hacerlo atractivo, pero no dar con la *tecla* que haga que realmente mi obra sea valorada. Puedo dibujar un bodegón, o un retrato, y que no le guste a nadie. El arte necesita de algo más para tener éxito. Para varios autores, entre los que se encuentran los neurólogos Semir Zeki y Vilayanur S. Ramachandran, el arte tiene éxito y resulta atractivo en tanto explota y pone a prueba los principios perceptivos del cerebro, como la abstracción o la constancia (entender, por ejemplo, que una naranja no cambia de color, aunque lo parezca, cuando hay menos luz en la habitación). En esta línea, Ramachandran ha concretado varias leyes de la experiencia artística, especialmente aplicables al arte pictórico, que harían que este fuera una fuente de placer. Y lo cierto es que se adaptan muy bien a lo que ocurre cuando contemplamos una obra de arte.

Una de estas leyes dice que es muy atractivo exagerar determinados atributos de un objeto, y que esto nos haría reaccionar con más fuerza ante una representación así. Una caricatura estaría explotando esta ley, al igual que figuras desnudas en las que los atributos sexuales se representan exagerados, como en las venus prehistóricas. Lo curioso es que este tipo de reacciones más intensas a representaciones exageradas de ciertos atributos se han visto también en otros mamíferos, como las ratas. Otra ley dice que, si en la representación se destaca uno solo de los parámetros visuales, como la forma, el color o el movimiento, sentiremos más placer porque toda nuestra atención se puede concentrar en ese aspecto. Y es cierto que muchas obras de arte, ya desde el Paleolítico, son representaciones en las que se omiten ciertos parámetros, constituyéndose en meros esquemas o siluetas de los objetos pretendidamente representados.

También nos resultan atractivas las obras en las que la realidad no es tan evidente a primera vista, donde, por ejemplo, agrupando algunos elementos de la representación podemos descubrir una figura relativamente oculta. Esto sería parecido a lo que ocurriría cuando la vegetación cubre parcialmente a una presa o un predador, y descubrirlo nos produce un impacto importante. Forma parte de algunos de los mecanismos necesarios para nuestra supervivencia en un medio natural, nuestro medio ancestral, y parece ser que el arte pone a prueba muchos de estos mecanismos. De hecho, la resolución de problemas perceptivos es gratificante. Es decir, si la percepción implica cierto esfuerzo, un cierto problema que se debe resolver, también sentiremos placer. Es lo que explicaría que muchas obras de arte sean ambiguas en cuanto a su interpretación, es decir, que necesiten que nuestro cerebro ponga de su parte respecto a qué ocurre en la situación representada.

La *Mona Lisa* del maestro Da Vinci, ¿está sonriendo o sufriendo en silencio? Por otra parte, si nos fijamos, en el arte las representaciones suelen ser genéricas. No son necesariamente fotografías precisas de un objeto o paisaje, sino que con frecuencia se trata de figuras no del todo definidas, con contornos imprecisos o vistas desde una perspectiva que podríamos considerar general. Es raro ver un retrato de alguien representado exactamente de frente o totalmente de perfil. Muchas veces, la ambigüedad en el significado de lo que se quiere transmitir hace que sean muy atractivas las metáforas, algo que es muy frecuente en el arte literario. Estas sirven para destacar algunos aspectos de lo representado que no se ven a simple vista, obviando lo superficial y profundizando en características que remiten a realidades muchas veces ocultas.

Hay algunos patrones visuales que, sin duda, son universales; aparecen en infinidad de culturas y su expansión es una prueba de su éxito. Son atractivos porque hacen trabajar al sistema visual. Por ejemplo, los patrones repetitivos, ordenados, rítmicos son muy atrayentes. Es algo que constatamos en las filigranas ornamentales de multitud de objetos de numerosas sociedades humanas. Y lo vemos también, por ejemplo, en las alfombras y bordados de objetos textiles de todo el mundo, que muestran este tipo de patrones probablemente desde épocas prehistóricas. En la misma línea, otra propiedad de los estímulos visuales resulta tremendamente atractiva: la simetría. En la naturaleza, muchos objetos son simétricos: las hojas, los árboles, los frutos, los animales, las personas. Así, la simetría sería atractiva porque, por un lado, nos ayuda a detectar objetos en el ambiente. Por otro, también porque es un signo de belleza, dado que resulta un indicador de buena salud y constitución genética. Es algo que se pone a prueba especialmente a la hora de elegir pareja. Diversos estudios muestran cómo, entre los humanos, los más resistentes a infecciones por parásitos y que, por tanto, no las han sufrido durante su gestación, muestran caras y cuerpos más simétricos.

Todas estas leyes, principios y propiedades que hacen atractivo y placentero al arte creo que se podrían resumir en una idea: el arte nos atrae más cuanto más supere a la realidad. Esta en sí, tal cual es, puede que no sea tan atractiva, pero empieza a resultarlo en cuanto exageramos alguna parte de la misma, cuando descubrimos y destacamos elementos y rasgos sutiles. Esta sería una de las razones por las que nos atraen tanto las narrativas artísticas. Hay que entender también que esto es así porque el arte estaría explotando principios perceptivos que son necesarios para nuestra supervivencia; para detectar predadores, presas, frutos, alimentos, compañeros, parejas.

QUÉ PASA EN EL CEREBRO CUANDO SE ENFRENTA AL ARTE

Cuando observamos al cerebro contemplando obras de arte, comprobamos cómo este genera placer, provoca afectos, emociones. No hace falta mirar al cerebro para saber esto, pero sí para entender qué mecanismos utiliza el arte para impactar en él. Por una parte, el sistema visual está muy bien conectado con la amígdala y otras estructuras afectivas del cerebro, en conexiones directas e inmediatas que serían muy efectivas. La corteza visual, por otra parte, contiene muchos receptores para los llamados mu-opioides, neurotransmisores liberados cuando sentimos placer. Esto explicaría que poner a prueba nuestro sistema visual, hacerlo funcionar con cierta intensidad, sea capaz de generar placer y diversos estados afectivos. Pero más allá del sistema visual, el arte, del tipo que sea, suele activar zonas del cerebro que ya conocemos por su implicación directa en los estados afectivos y la cognición social. Entre estas destacan tanto el cíngulo anterior, nuestro detector de que estamos ante algo de relevancia, ante un conflicto, como también, y especialmente, la corteza orbitofrontal. De esta ya dije que participa en la determinación de lo que está bien y lo que está mal, de lo que nos apetece o nos parece correcto en un momento determinado; y esto afecta tanto a lo que podemos comer y beber como a una obra de arte que contemplamos. El ya mencionado Semir Zeki determinó que una parte de la corteza orbitofrontal podría ser incluso el elemento que la neurología podría aportar para responder a la gran pregunta filosófica de todos los tiempos: ¿qué es la belleza? Así, la belleza podría definirse como aquello que es capaz de activar con más intensidad las zonas mediales de la corteza orbitofrontal; más concretamente, la denominada subregión o campo A1 dentro de ella. No obstante, algunos trabajos, entre los que se hallan los obtenidos en nuestro laboratorio, encuentran que la corteza orbitofrontal medial se activa cuando estamos tanto en presencia de algo que nos resulta muy bello como ante algo que consideramos tremendamente feo. Muy probablemente esas activaciones tengan que ver con el grado en que un estímulo nos impresiona.

Otra parte del cerebro de cierta importancia en el arte es el núcleo accumbens, que también conocemos porque su estimulación, a través del neurotransmisor dopamina, produce una agradable sensación de querer hacer cosas. Y también está implicada la ínsula, que, entre otras cosas, monitoriza el estado de nuestro organismo, de nuestras vísceras. En general podemos decir, viendo qué zonas del cerebro participan en el arte, que este parece relacionarse con la regulación de nuestra homeostasis, del equilibrio de nuestro organismo, en línea con lo que proponen algunos autores: que el arte y, particularmente, la estética son tratados por el cerebro como cualquier otro objeto natural esencial para la supervivencia; como la comida o el sexo.

Teniendo en cuenta todo esto, podría parecer extraño que otros primates no tengan arte. Al fin y al cabo, su sistema visual no es muy diferente del nuestro, y podrían sentir placer al contemplar las mismas cosas que a nosotros nos fascinan. La respuesta a por qué no vemos a los chimpancés pintando paisajes o bodegones con bananas no es fácil. El caso es que cuando se les ha dado la oportunidad de dibujar o pintar, han producido patrones poco consistentes, sin representación alguna de la realidad, y pueden llegar a aburrirse con relativa facilidad. Ya comenté que sus manos y la regulación motora de las mismas son muy diferentes de las nuestras, y esto podría explicar al menos parte de estas diferencias. Por otro lado, quizá a los chimpancés, como a otros primates y otros animales, les falte el grado de importancia que lo social tiene para el cerebro humano, que podría estar en la base de su existencia y, al menos en parte, de su éxito. ¿Y qué podemos decir del arte de otros miembros del género *Homo* que nos precedieron? ¿El arte apareció de repente, con nuestra especie, o fue llegando poco a poco, a medida que nuestros ancestros desarrollaban sus capacidades perceptivas, manuales y sociales? Aunque no todo el mundo estaría de acuerdo —pues, como dije en su momento, sigue habiendo autores que abogan por un Rubicón entre nuestra mente y la del resto del reino animal, incluyendo otros miembros no *sapiens* del género *Homo*—, la respuesta correcta parece ser la segunda opción, la de la aparición gradual del arte.

Así, una muestra de gusto por lo estético en especies muy antiguas de nuestro linaje evolutivo la tenemos en una pequeña piedra redondeada de unos siete centímetros encontrada en la cueva sudafricana de Makapansgat, en un yacimiento de *Australopithecus africanus* datado entre 2,5 y 2,9 millones de años. Tiempo antes, por tanto, de que surgiera incluso nuestro propio género. El caso es que esta piedra no muestra signos de haber sido trabajada, pero sí que fue traída de otro lugar, probablemente por la curiosidad que despertaba entre los pobladores de aquella cueva en aquel remoto tiempo. La razón no es otra sino que parece representar un tosco retrato, la cara de un homínido. Pero hay más ejemplos de inquietudes artísticas o estéticas previas a nuestra especie. Por ejemplo, algunas hachas bifaces de estilo achelense producidas por *Homo heidelbergensis* fueron talladas conteniendo restos fósiles que aparecerían incrustados en su centro, como una concha o un erizo marino, que realzarían el aspecto estético de estas herramientas. Producidas por *Homo erectus* o por *Homo heidelbergensis* son también algunas figuritas pétreas que parecen representar venus, quizá un tanto toscas, como la venus de Tan-Tan, encontrada en Marruecos, o la venus de Berejat Ram, de los Altos del Golán. En principio, parecen ser tallas naturales que han sido retocadas en algunos puntos de manera específica y con propósito.

Los ejemplos se multiplican cuando consideramos los restos dejados por el neandertal, bastante más cercano a nosotros. Conchas decoradas, incisiones en objetos y en cuevas o muestras simples de arte pictórico, como líneas, patrones complejos de puntos realizados con los dedos, círculos o escalariformes (algo parecido al esquema de una escalera de mano) son algunos de los productos neandertales que surgieron incluso tiempo antes de que ellos y nosotros nos encontráramos cara a cara. No podemos saber cómo era el homúnculo sensorial y motor del neandertal, por lo que desconocemos hasta qué punto las manos estaban tan representadas en su cerebro como las nuestras, has-

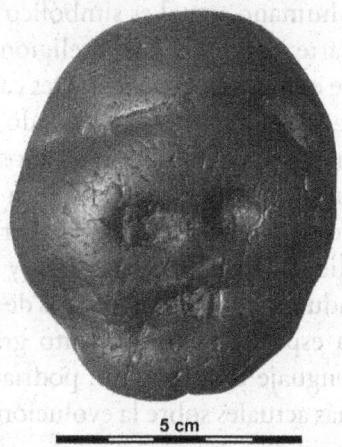

El rostro en piedra de Makapansgat, que nos mira desde hace más de dos millones de años.

ta qué punto eran tan destacables. No sabemos, por tanto, cómo era su capacidad manual más fina. El caso es que su producción artística es algo limitada y tosca en comparación con la nuestra; nosotros demostramos una agilidad y capacidad para el trabajo manual fino que no parecen mostrar los neandertales.

LA COGNICIÓN CORPÓREA

Otra respuesta a por qué los chimpancés no tienen arte, o por qué los neandertales no producían arte con la complejidad de los *Homo sapiens*, es que nosotros tenemos un tipo de mente radicalmente diferente. Como ya he mencionado anteriormente, la idea es que entre nosotros y todos los demás seres vivos, incluidos los neandertales, habría un Rubicón mental. A esta mente *sapiens* algunos la llaman *mente simbólica*, y ya he hablado de ella. Especialmente desde la tradición arqueológica académica, se ha dicho que el cerebro humano actual es simbólico y que gracias a ello existen el arte, el lenguaje y la religión. En la versión más extrema de esta perspectiva, esas tres características de nuestra especie podrían haber eclosionado, todas juntas y a la vez, hace incluso menos de 50.000 años. Sin embargo, lo cierto es que hay evidencia que indica que el arte, el lenguaje y las ideas religiosas podrían haber aparecido más bien independientemente unas de otras, y haberlo hecho paulatina y gradualmente ya desde antes de la aparición de nuestra propia especie. El surgimiento gradual del arte, como el del lenguaje o la religión, podría encajar mejor con visiones más actuales sobre la evolución y la cognición humanas.

En el momento actual habría dos visiones acerca de cómo podríamos definir la cognición humana: o es simbólica o es corpórea. La primera viene a decir que nuestro conocimiento se representa de una forma *amodal*, es decir, muy alejada de lo que podemos ver, oír, tocar, oler o gustar. Sería un formato arbitrario, sin relación ni semejanza alguna con el mundo exterior. Esta sería una representación simbólica. Según esta visión, los sistemas de interacción con la realidad (con los que percibimos y nos movemos) contactarían en última instancia con estas representaciones simbólicas, con las cuales también conectaría nuestro lenguaje. Es decir, que cuando oigo la palabra *barco* entiendo lo que significa porque accedo a esa representación amodal, que sería la misma a la que accedería cuando veo un barco o cuando escucho su característico silbato. No queda claro, sin embargo, por qué almacenar el conocimiento de esta manera tuvo que llevarnos necesariamente a generar arte, religiones o a tener lenguaje, y mucho menos todo de una vez.

La de la cognición corpórea es quizá una visión más parsimoniosa, más de acuerdo con un ser natural que evoluciona de manera gradual a partir de diseños que compartimos con otros seres vivos. Dice esta perspectiva que nuestro conocimiento se asienta directamente en los sistemas con los que interactuamos con la realidad del mundo. No necesitamos nada más. Nuestras experiencias sensoriomotoras, visuales, auditivas, olfativas y gustativas serían todo lo que tenemos en cuanto a conocimiento, y el nuevo conocimiento se formaría a partir de combinar o reconsiderar el adquirido directamente mediante nuestras experiencias con el mundo exterior. No se necesitan formatos extraños o amodales. El lenguaje accedería directamente a estas representaciones basadas en nuestras experiencias sin necesidad de intermediarios. Aquí nos viene bien refrescar dos cosas que ya sabemos. Por un lado, que el cerebro, fundamentalmente la corteza, se puede dividir, de manera simplificada, en dos grandes mundos: el de la acción, en los lóbulos frontales, y el de la percepción, en los lóbulos parietal, occipital y temporal. Es como si el cerebro ya se organizara sin necesidad de un tercer formato extraño, lo simbólico; lo que hay está ahí precisamente para interactuar con el mundo. Por otro, que en cada uno de estos dos mundos cerebrales hay diferentes niveles de abstracción. Es decir, y esto es algo que ocurre en las áreas de asociación, la información se almacena de manera cada vez más abstracta y alejada de lo concreto a medida que nos alejamos de las áreas primarias. Es verdad que esto podría parecerse al formato amodal de la perspectiva simbólica, pero no necesariamente. En esta perspectiva corpórea lo que se quiere destacar es que, por muy abstracta que sea la información que maneja nuestro pensamiento, siempre estará relacionada con cómo integramos, organizamos y coordinamos el conocimiento tal cual lo obtenemos de la relación de nuestro cuerpo con el mundo. Dicho de una forma un tanto figurada, pero en gran parte realista, podríamos decir que *pensamos con el cuerpo*.

En realidad, para tener arte no necesitamos mente simbólica. Ya hemos visto que este puede existir simplemente por el placer que nos produce contemplarlo. Un placer similar se produce cuando dibujamos, pues los movimientos que efectuamos pueden ser muy placenteros. Basta con ver algo que hacemos con frecuencia cuando nos aburrimos: dibujitos o filigranas, garabatos. Esto es así porque hacerlos nos produce algún tipo de satisfacción. Si otras especies de primates no muestran este comportamiento es probablemente porque sus sistemas perceptivos no son exactamente iguales, aunque sean muy parecidos, y porque sus sistemas motores muestran significativas diferencias. De hecho, el sistema para la motricidad fina, el llamado sistema corticoespinal, está hiperdesarrollado en nuestro sistema nervioso.

No obstante, en páginas anteriores ya comenté que podemos entender por mente simbólica aquella que es proclive a la creación de realidades cuya existencia no es real: la mente mitológica y creadora de realidades fabulosas a las que da carta de naturaleza y alrededor de la cuales rige su vida. Entonces sí es admisible que podamos decir que la mente humana es simbólica, pues esa realidad se suele representar mediante símbolos, como banderas, nombres o himnos. Las religiones, de hecho, formarían parte de este tipo de pensamiento de manera intrínseca. Pero estas serían independientes del arte, que podría haber surgido por otras razones, por más que eventualmente se haya puesto al servicio de la mitología y el pensamiento fabuloso. El lenguaje, por su parte, no tiene nada que ver ni con el arte ni con las creencias religiosas, aunque se pueda utilizar para hacer aquel o para transmitir y definir estas. Pero esta visión de la mente simbólica no tiene por qué asumir que esta es radical y cualitativamente diferente de la de los homininos que nos precedieron, o de la de aquellos con los que convivimos un tiempo, como los neandertales. Podría ser incluso fruto de una evolución cultural. La idea tradicional de la *mente simbólica* como algo de aparición reciente, totalmente sin precedentes y sin parangón en el reino animal, y que además ha dado origen al arte, la religión y el lenguaje, es algo que no solo no encaja con lo que sabemos acerca de los mecanismos de la evolución, sino que probablemente sea una narrativa que nos hemos contado para sentirnos superiores y distintos de todo. Unos seres únicos para los que parece que la selección natural no ha funcionado como para los demás. Una narrativa un tanto egocéntrica, probablemente derivada de tiempos pasados en los que estábamos convencidos de haber sido creados a imagen y semejanza de Dios.

Esta narrativa, sin embargo, aún tiene muchos adeptos en el mundo académico, aunque sea de manera velada. Es, de hecho, una de las razones por las que a diversos autores les cuesta admitir muchas de las similitudes que el neandertal parece tener con nosotros. A medida que pasa el tiempo, sin embargo, las evidencias arqueológicas en este sentido son cada vez más numerosas. A pesar de ello, no es fácil bajarnos del pedestal de especie más lista del planeta al que nos hemos aupado; no parece que queramos compartir el primer premio con nadie.

NUESTRO SEGUNDO CEREBRO

Hace unas líneas he dicho que la visión corpórea de nuestra cognición nos permite aseverar que pensamos con el cuerpo, siquiera sea como una metáfora —y en gran parte podría decirse que es así—. Pensamos con áreas de la corteza cerebral que están fundamentalmente destinadas a regir las interacciones de nuestro cuerpo con el mundo exterior. En otras partes de este libro he comentado, también, cómo nuestras sensaciones viscerales tienen mucho que ver con nuestras decisiones. La información que nos llega del cuerpo es tenida en cuenta para decidir si algo lo queremos o, por el contrario, lo despreciamos.

Pero la importancia del cuerpo en lo que ocurre en nuestro cerebro va mucho más allá de recibir una serie de mensajes sobre su estado. Fuera de nuestra cabeza contamos con todo un sistema nervioso, relativamente independiente, y al que se ha llegado a denominar como nuestro *segundo cerebro*. Es el conocido como sistema nervioso entérico, un conjunto de neuronas y ganglios nerviosos que se sitúa en nuestro sistema digestivo. Consta de unos 500 millones de neuronas, cinco veces más de las que tenemos en nuestra médula espinal, aunque quizá algo lejos de los 86.000 millones del cerebro. En cualquier caso, es un número muy respetable, y algunos expertos se han planteado si será capaz de tener o generar experiencias conscientes propias.

Es curiosa la importancia del sistema digestivo, del sistema gastrointestinal, visto que tenemos todo un *cerebro* destinado a regular su motilidad y sus secreciones, a estar siempre alerta para que todo funcione bien y no falte ningún ingrediente relevante. De unos años a esta parte, esta relevancia se va desvelando poco a poco, muchas veces con gran sorpresa. Precisamente, una de las grandes revelaciones de la ciencia más reciente es el papel de la flora intestinal en nuestra salud, tanto física como mental. La flora intestinal o *microbiota* son microorganismos, principalmente bacterias, de los que cada persona tenemos unos cien billones, aunque repartidos en mil especies. Su cantidad es tal que en conjunto pesa unos dos kilos. Ahí es nada. De todos esos microorganismos, un tercio es compartido por todos los seres humanos; pero el resto es individual, procedente de nuestro entorno particular y nuestra dieta. De nuestra familia, de nuestra sociedad, de nuestro lugar de origen, de donde vivimos. Sería como nuestra huella de identidad, personal e intransferible. La importancia de esta microbiota es tal que su equilibrio y composición afecta a diversos procesos cognitivos, como la memoria y el aprendizaje, o a la sociabilidad, ya que aparece muy alterada en el autismo. Su alteración, de hecho, parece tener consecuencias para diversas patologías como el párkinson, la enfermedad de Alzheimer, la obesidad, las adicciones o la depresión. En esta última su impacto es importante, porque, entre otras cosas, afecta a la producción de serotonina cerebral, cuyos niveles suelen estar disminuidos en la depresión. En general, las bacterias intestinales contribuyen a la síntesis de este y otros neurotransmisores, como la noradrenalina, la dopamina y la acetilcolina. De ahí la influencia tan decisiva de la microbiota en el cerebro. Su correcto equilibrio, además, ayuda a prevenir inflamaciones del sistema nervioso, pues supone una primera barrera del sistema inmunitario y ayuda a mejorar la función de este. No es de extrañar, por tanto, que haya todo un sistema nervioso dedicado a monitorizar lo que ocurre en nuestro sistema digestivo.

Este sistema nervioso entérico es bastante autónomo e independiente, pues puede cumplir muchas de sus funciones por sí solo. Pero no está aislado. La influencia de la flora intestinal en el cerebro se produce precisamente porque el sistema entérico se comunica con este a través del denominado sistema nervioso autónomo, que ya conocemos, pues entre otras cosas regula el tamaño de las pupilas y el trabajo de nuestros órganos y vísceras. Y es que, junto a estos, y no solo en el sistema digestivo, podemos ver conjuntos de neuronas que regulan su funcionamiento y que también informan al cerebro en todo momento de su estado. Realmente, tenemos muchas neuronas por nuestro cuerpo. Si las sensaciones que vienen de este, de nuestras vísceras, son determinantes para definir nuestros estados emocionales y tomar nuestras decisiones, lo son precisamente gracias a la mediación del sistema nervioso autónomo. En la medida en que la mente depende de la actividad de las neuronas, está claro que el cuerpo tiene un papel fundamental. Y es que en él podemos hallar también buena parte de nuestra memoria emocional.

16

LOS AVANCES CIENTÍFICOS

Con independencia de las narrativas que la humanidad se ha contado y se sigue contando a sí misma, la ciencia sigue su curso, inexorable, sin mirar atrás, aparentemente ajena a las vicisitudes y avatares propios de la humanidad. Uno de sus más impresionantes logros ha sido poder vernos a nosotros mismos como materia, integrados en el planeta de una forma natural. Nuestra propia alma está ahora mismo expuesta al escrutinio científico, incluso al público, a todo aquel que desee acercarse y mirar. Cuando sentimos algo, pensamos algo o nos emocionamos con algo, hay partes del cerebro que se *encienden*. Y así podemos explicar, por ejemplo, nuestras propias emociones: de una forma muy materialista, viendo qué le pasa a la materia de nuestro cerebro cuando sentimos algo. Cuando lo recordamos o lo deseamos o cuando lo tememos. Y es que, muy probablemente, si sentimos, pensamos o nos emocionamos con algo es porque se encienden esas partes del cerebro; es su activación la que determina lo que pasa por nuestra mente y no a la inversa. Y esto lo puede ver cualquiera, lo podemos ver todos con nuestros propios ojos. Podemos observar a nuestra mente en acción. Nunca antes habíamos llegado tan lejos en nuestras aspiraciones por conocernos a nosotros mismos.

Cuando vemos la típica imagen de un cerebro con algunas de sus partes iluminadas, generalmente de rojo o amarillo brillante, esta suele haberse obtenido con una técnica que solo existe desde principios de la década de 1980, la *resonancia magnética funcional*. Mediante el uso de campos magnéticos y ondas de radiofrecuencia, esta técnica nos permite ver dónde se acumula más sangre en el cerebro en un momento determinado. Como las neuronas que más se esfuerzan en cada momento necesitan más glucosa, se produce un aumento del flujo sanguíneo para que reciban esa glucosa. Es ese flujo sanguíneo, y no la actividad de las neuronas en sí, lo que vemos con esta técnica.

La resonancia magnética funcional ha ido mejorando considerablemente con el tiempo, tanto en su resolución espacial como en los métodos de análisis. Hoy día no es nada difícil alcanzar una resolución espacial de un milímetro; es decir, que podemos parcelar el cerebro en trocitos tridimensionales, pequeños cubos, de un milímetro de ancho. Esto es todo un logro para lo que éramos capaces de ver en un cerebro humano vivo antes de la llegada de esta técnica, pero aun así quizá es una extensión todavía un poco grande como para entrar en algunos detalles de la intrincada y delicada estructura del cerebro. En los últimos años, sin embargo, esto está cambiando, y ya podemos llegar a niveles de varias micras (una micra es una milésima parte de un milímetro) gracias al uso de escáneres cada vez más potentes. Aunque la disponibilidad de esta opción es aún bastante limitada, esperamos que en un futuro, como ha ocurrido siempre, sea más asequible. Con una resolución tan buena, por ejemplo, podemos distinguir si las activaciones que estamos viendo corresponden a capas superiores o inferiores de la corteza cerebral. Esto nos daría una pista acerca de si esa zona está recibiendo o enviando información y de qué tipo. La resonancia magnética funcional tiene aún un gran recorrido y mucho futuro, aunque todavía estemos lejos de poder conocer lo que hace cada una de los 86.000 millones de neuronas del cerebro humano.

De unos años a esta parte, la técnica base en la que se fundamenta la resonancia magnética funcional, es decir, la resonancia magnética estructural, también está mejorando de manera admirable. Estas mejoras no solo están permitiendo tomar *fotografías* cada vez más precisas del interior del cerebro de una persona sin abrir su cabeza, sino también desenmarañar la incalculable cantidad de conexiones que contiene, que se cuentan por billones. Esto nos está permitiendo entender cómo son y cómo se desarrollan los diferentes fascículos de nuestro cerebro, esos conjuntos de axones que unen unas partes con otras, algunos de los cuales, como el fascículo fronto-occipital inferior o el fascículo arqueado —de los que hablé en la primera parte de este libro—, muestran características específicas en nuestra especie.

¿PODREMOS LEER EL PENSAMIENTO?

La resonancia magnética, funcional o no, no es la única técnica disponible para materializar nuestra mente. Afortunadamente, ya que, si bien es muy buena en cuanto a su resolución espacial, deja un poco que desear respecto a la temporal. El flujo sanguíneo tarda algunos segundos en aumentar en aquellas zonas donde se necesita, y aun unos cuantos más en volver al estado de reposo. Sin embargo, muchos procesos mentales ocurren en apenas unas decenas de milisegundos. Técnicas como la *magnetoencefalografía* o la *electroencefalografía* vienen a ayudarnos en esto, ya que su resolución puede ser de un milisegundo, lo que es hilar más fino de lo que normalmente necesitamos. Ambas están recogiendo el mismo tipo de actividad: los campos magnetoeléctricos que se producen en las neuronas cada vez que reciben una sinapsis. El único problema de estas técnicas es que no son tan precisas espacialmente como la resonancia magnética, de ahí que lo lógico sea que unas se complementen con otras para conocer en profundidad lo que hace nuestro cerebro cuando sentimos, pensamos o nos emocionamos.

Aún hay más técnicas que nos permiten ver al cerebro en acción sin necesidad de abrir la cabeza de nadie. Por ejemplo, la *espectroscopía óptica*, en la que una luz a frecuencia cercana al infrarrojo puede atravesar el cráneo limpiamente y llegar a la superficie del cerebro, cuyo reflejo será recogido externamente. Lo que se refleja variará en función del flujo sanguíneo del lugar en un momento dado. Otras técnicas, como la *tomografía por emisión de positrones*, miden también el flujo sanguíneo cerebral, pero son más costosas y menos asequibles que la resonancia magnética. La lista no es mucho mayor, y, en realidad, si hoy queremos ir más allá ya tendríamos que meternos dentro del cerebro; con unos electrodos, por ejemplo. En el humano, esto es algo que se usa solo en casos muy contados, lógicamente; cuando existen patologías neurológicas o psiquiátricas que así lo indican.

Con tantas técnicas para estudiar la actividad cerebral a nuestro alcance, ¿podemos leer el pensamiento? ¿Es posible introducir a una persona en un aparato de resonancia magnética, o adherir unos electrodos a su cuero cabelludo, y saber en qué está pensando? Lo cierto es que, para bien o para mal, los neurocientíficos llevan años persiguiendo esta utopía. Y algo se va consiguiendo, aunque de manera un tanto limitada, al menos de momento. Así, por ejemplo, a partir de la actividad eléctrica de las neuronas recogida en el cuero cabelludo se puede saber qué palabras se está diciendo a sí mismo una persona; somos capaces, de alguna forma, de traducir su *habla interior* a un *habla exterior* para que la oigamos todos. De la misma manera, se puede también averiguar qué imágenes visuales está percibiendo o imaginando. Podemos ver en qué piensa, qué letras está viendo o imaginando, o si en su cabeza aparece el rostro de una mujer, un coche o un paisaje.

No obstante, las posibilidades parecen más prometedoras utilizando la electroencefalografía, sobre todo si queremos saber qué pasa en el cerebro en tiempo real, aunque con la resonancia magnética funcional también se ha indagado en esta cuestión de leer la mente de la gente. Y se han obtenido algunos resultados notables, como averiguar en qué tema se está pensando, qué tipo de situaciones se están manejando mentalmente. Por ejemplo, si se trata de un viaje o de un ejercicio de gimnasia. Es decir, no qué imágenes está recreando nuestra mente exactamente, sino todo el complejo mundo conceptual y de conocimiento que está en juego en ese momento. Y es que no siempre pensamos con imágenes nítidas, sean visuales o auditivas. De ahí que no se trate meramente de averiguar qué estamos viendo o escuchando para que alguien, desde fuera, con estas técnicas, determine qué estamos pensando o sintiendo. Muchas veces, el pensamiento se basa en imágenes con un cierto grado de abstracción, carentes de nitidez o estructura visual definida e identificable. Lo mismo ocurre con el habla interior, que es poco definida. De hecho, se ha llamado *mentalés* al lenguaje que utilizamos cuando pensamos mientras nos escuchamos a nosotros mismos, pues sería como un idioma aparte. Se definiría por no completar las frases o las palabras, o por saltarse enteramente algunas de ellas, aparte de pronunciarlas vagamente. Esto se sabe por introspección, un método no muy científico; pero creo que quien más o quien menos puede reconocer que es así como pensamos.

Si se están consiguiendo muchas de estas cosas, tan increíbles y de ciencia ficción, es en gran parte gracias a la IA, la inteligencia artificial. Esta es capaz de analizar una inmensa cantidad de datos de una señal tan compleja y llena de información como es la producida por las neuronas en su funcionamiento. El sistema de *lectura del pensamiento* aprende según se le van proporcionando más y más datos reales y experiencias humanas. Por supuesto, es un aprendizaje guiado; se necesita que los humanos seleccionen la información que el sistema recibe y que informen a este de lo que están viendo o sintiendo en cada momento. Pero pronto obtiene resultados, y puede leer las mentes en tiempo real, prácticamente al instante, según se van sucediendo las distintas imágenes o los sonidos que pasan por la cabeza de alguien. Si no existiera la IA, que es capaz de aprender por sí sola, de manera dinámica, a partir de millones de datos, mucho de esto no sería posible. Requeriríamos meses, si no años, para alcanzar lo que la IA obtiene en horas, y muy posiblemente esto vaya mejorando en un futuro cercano.

PERO LEER LA MENTE... ¿PARA QUÉ?

Muchos de estos avances se están consiguiendo no porque a los científicos les interese realmente inmiscuirse en nuestros pensamientos, sino porque pueden ser de enorme utilidad para muchas personas con algún tipo de limitación. Si desarrollamos sistemas que sean capaces de interpretar la actividad de las neuronas cuando estamos intentando alcanzar un objeto, por ejemplo, esos sistemas podrán mover un brazo y una mano robóticos para que realicen esos movimientos intencionados. Para alguien con una lesión medular y que no pueda mover sus propios brazos esto sería un logro de incalculable valor. Lo mismo podemos decir respecto a sus piernas. De hecho, se están desarrollando exoesqueletos que se mueven al son de lo que las ondas cerebrales dictan, y que permiten a gente con parálisis levantarse y realizar un número de actividades imposibles de otra manera. Esto era impensable hace solo unos pocos años.

Por supuesto, a la par que conseguimos mejorar la vida de las personas que tienen limitaciones, también podemos usar estos mismos avances en la vida cotidiana y profesional del resto de los seres humanos. Los sistemas de lectura de la mente, de lo que *pasa dentro*, podrían usarse, por ejemplo, para dictar conferencias o novelas según las vamos pensando sin el esfuerzo de escribirlo; solo tendríamos que centrar nuestra atención en la trama, en la situación, en lo que queremos contar, sin distracciones. Y podemos hacerlo tumbados, andando o cómodamente en el sofá. Algo parecido se puede hacer ya con los sistemas que transcriben la voz y que están al alcance de cualquiera; se trataría simplemente de no tener que externalizar con voz lo que pensamos, sino pasarlo directamente a una versión escrita. Pero concibamos esto mismo con imágenes: podríamos visualizar mentalmente toda una historia, una película entera, y verla filmada en el acto. Y todo esto se puede conseguir, se está consiguiendo, sin necesidad de meter nada físicamente en el interior de la cabeza de la gente. Si metiéramos dentro unos electrodos o unos microchips, la precisión sería mucho mayor, y las posibilidades de lectura del pensamiento mucho mejores y libres de error. Pero este proceder sería muy invasivo, agresivo y susceptible de riesgos para nuestro cerebro. De ahí que se estén destinando grandes recursos y esfuerzos a leer la mente sin tocar el cerebro, de la piel hacia afuera.

Bien, todo este desarrollo puede conllevar indudables ventajas para mejorar el bienestar de miles de personas con limitaciones o para proporcionar instrumentos que faciliten la productividad o la calidad del trabajo de nuestro cerebro. Pero... ¿existe el peligro de que lean nuestra mente sin consentimiento? Hasta ahora, todo se ha hecho con la autorización de las personas implicadas en estos estudios. ¿Podrán leer la mente contra nuestra voluntad o sin que nosotros mismos lo sepamos? Yo de momento no me asustaría ante esta posibilidad; aún estamos algo lejos. Aunque la tecnología avanza que es una barbaridad y haya que estar atentos.

Por un lado, hay que decir que para poder registrar la actividad del cerebro necesitamos unos dispositivos bastante llamativos y, a veces, muy aparatosos. No es posible por tanto que nos estén leyendo el cerebro sin que lo sepamos. Algo, algún aparato, algún sensor, nos tiene que estar tocando la cabeza o estar muy próximo o dentro de ella. Sería imposible que su colocación o implantación pasaran desapercibidas. Así que, al menos actualmente, no podrían recoger esa actividad cerebral sin que lo supiéramos. Pero, aunque lo sepamos, ¿podrían recoger nuestros pensamientos forzándonos? Bueno, aquí la respuesta depende de si somos capaces de pensar en otra cosa distinta de la que quisieran extraer. No es difícil. Si, por ejemplo, nos quieren robar una fórmula secreta, basta con no pensar en ella. En estas circunstancias, realmente sí parece que estamos aún muy lejos de poder extraer del cerebro conocimiento que no esté activo en este momento, sobre el que no se esté pensando. Ahora bien, también puede ocurrirnos lo que en psicología se conocen como *procesos irónicos*, según los cuales basta que nos digan que no pensemos en algo —por ejemplo, un elefante rosa— para que lo veamos nítidamente, incluso contra nuestra voluntad, y no podamos dejar de pensar en ello. Cosas de la mente humana. El psicólogo Daniel Wegner, que estudió este fenómeno, se dio cuenta de que esto se puede agravar en situaciones de estrés.

Otro motivo para tranquilizarnos, al menos por el momento, es que el alcance de lo que se puede hacer hoy día para leer la mente a través de la actividad cerebral es aún muy limitado. Bastante más de lo que he pretendido hacer ver en párrafos anteriores. He dicho que se puede saber lo que vemos, lo que nos decimos o en qué estamos pensando, y es totalmente cierto. Ahora bien, esto solo es posible para estímulos preseleccionados. Los experimentos suelen consistir en que a una persona le presentamos un conjunto más o menos extenso de estímulos. Por ejemplo, letras y números o escenas visuales de variado tipo, como retratos, escenas de caza, paisajes, carreras automovilísticas y un largo etcétera. A la par que presentamos esos estímulos, registramos su actividad cerebral y la analizamos mediante la IA, para que esta intente sacar un patrón distintivo. De esta manera, cuando volvamos a presentar alguna de esas imágenes y registremos la actividad cerebral del mismo individuo, podremos adivinar, solo con analizarla, qué está viendo sin que nadie nos lo diga. Solo en estas condiciones los sistemas actuales para leer la mente a través de lo que hace el cerebro son capaces de acertar. Y lo hacen bastante bien, hay que reconocerlo. Pero si seleccionáramos a una persona nueva, cuya actividad cerebral no hemos recogido previamente, y le pidiéramos que visualizara algo de lo que habíamos presentado a las otras personas, la capacidad de acierto de los algoritmos sería prácticamente nula. Igualmente, el sistema se mostraría incapaz de adivinar en qué piensa una de esas personas cuya actividad cerebral ya conocemos si está visualizando o imaginando algo completamente nuevo.

INTERVENCIONES EN EL PENSAMIENTO

Vale, es posible que no nos puedan leer el pensamiento a partir de la actividad cerebral, al menos no por ahora; pero ¿podrían implantarnos recuerdos, pensamientos, ideas? Me refiero a implantárnoslos a través de la intervención física en el cerebro, pues, como ya sabemos, se pueden inducir falsos recuerdos mediante entrevistas o usando la persuasión. Bueno, aquí la respuesta es que la implantación de ideas o recuerdos específicos no parece posible todavía. Sí sería posible, sin embargo, que nos hagan pensar de determinada manera o valorar las cosas desde una perspectiva diferente. Incluso provocar ciertos estados emocionales. No obstante, conviene que maticemos todas estas afirmaciones.

Intervenir físicamente en un cerebro es posible de diversas maneras. Una de ellas es mediante la administración de sustancias químicas como los psicofármacos, algo habitual en la práctica clínica psiquiátrica y de gran utilidad terapéutica. Recordemos aquello que decía Sagan de que la mente no es más que química y electricidad. Sí, mediante psicofármacos podemos cambiar nuestra forma de percibir el mundo. En realidad, es lo que se busca, pues muchas veces una errónea e inadecuada percepción de este es causa de gran sufrimiento. Pero mediante sustancias químicas es imposible implantar una idea o un recuerdo específicos, ya que su modo de acción suele ser relativamente difuso, afectando a cientos de miles o millones de neuronas de manera global, sin intervenir por tanto en conformar circuitos específicos que sustenten ideas concretas. Mediante el uso de tecnología también existe la posibilidad de intervenir en la electricidad del cerebro sin necesidad de abrir la cabeza de nadie. De nuevo, podremos afectar a la manera de pensar, alterar tendencias o impulsos, valoraciones, pero no implantar ideas concretas.

La técnica más actual y efectiva para intervenir en la electricidad de nuestro cerebro sin abrir la cabeza consiste en la aplicación de intensos y puntuales campos magnéticos en localizaciones muy precisas del cerebro. En general, de la superficie de este, pues los campos magnéticos aplicados desde fuera de la cabeza de un individuo rara vez van a llegar más allá de la corteza cerebral. Se trata de la técnica conocida como *estimulación magnética transcraneal*. Afectando a los campos magnéticos afectamos a los eléctricos, a la propia actividad de las neuronas. Y, además, según las frecuencias utilizadas, un mismo pulso mediante esta técnica puede tanto excitar como inhibir la actividad neuronal de un lugar muy concreto. Pero con la estimulación magnética transcraneal no seremos capaces de implantar recuerdos o ideas. Podremos estimular determinadas áreas, como por ejemplo las zonas motoras del cerebro, con fines terapéuticos, para una rehabilitación motora. Sin embargo, para generar un recuerdo necesitamos alterar las conexiones de cientos de miles de neuronas distribuidas por diversas partes del cerebro, por lo que esta técnica tiene poco que hacer aquí. Sí se podría, no obstante, cambiar la opinión de las personas respecto a su valoración de las cosas. Estimulando, por ejemplo, la corteza orbitofrontal, que ya conocemos por su contribución a determinar qué nos parece bueno o malo, podríamos lograr que lo que antes nos parecía correcto nos parezca ahora aberrante y viceversa. No implantaríamos ideas, pero sí quizá modos de interpretar el mundo. De hecho, este tipo de procedimiento se puede utilizar en la terapéutica clínica, quizá con más especificidad y eficacia que el uso de psicofármacos. Aunque habría que ver hasta qué punto sus efectos se mantienen más allá del momento de aplicación del pulso magnético.

En realidad, más allá de la sugestión, la persuasión o las conversaciones directas, la implantación de recuerdos específicos no parece muy posible hoy en día. Podríamos pensar que quizá la situación sea diferente si superamos la barrera que nos separa físicamente del cerebro, interviniendo directamente en su interior. Hay alguna investigación al respecto, pero los resultados siguen siendo muy limitados. Si tenemos en cuenta que un recuerdo implica conexiones neuronales distribuidas por diversas partes del cerebro, necesitaríamos introducir cientos, más bien miles o cientos de miles de electrodos por múltiples lugares de su superficie. Aún no lo veo del todo asequible. Se ha conseguido, sin embargo, implantar recuerdos específicos en ratones mediante la estimulación intracerebral sin usar muchos electrodos. ¿Cómo es esto posible? Bueno, la cosa tiene su truco, pues se trata de un tipo muy específico de recuerdo. Mientras que en humanos el hipocampo subyace a todo tipo de recuerdos, en roedores este parece fundamentalmente un dispositivo para almacenar posiciones espaciales, lugares concretos. Si, durante el sueño, que es cuando con más intensidad se consolidan los recuerdos, estimulamos un punto específico del hipocampo de un ratón, ese punto corresponderá a un lugar del habitáculo por donde se mueve, y a este irá a la mañana siguiente pensando que ahí le espera algo interesante.

La introducción de electrodos o dispositivos de estimulación en el interior del cerebro se emplea hoy día para tratar ciertos trastornos mentales. Ya lo comenté en la segunda parte. De nuevo, se consigue alterar la visión y la valoración de las cosas, lo que es enormemente útil en muchos casos. Pero más allá de esto no vamos a poder ir. Implantar recuerdos e ideas a *la población* mediante tecnología, como defienden algunos creyentes en teorías de la conspiración, es hoy día poco menos que imposible. Introducir tecnología en el cerebro implica una operación quirúrgica un tanto sofisticada, así que la manipulación, en caso de lograrse, no sería sin nuestro conocimiento.

Por otra parte, la posibilidad de introducir dispositivos de estimulación intracerebral es muy atractiva y está llena de posibles aplicaciones, más allá de aliviar o tratar trastornos mentales. Así, cabe que mejoren la función normal de un cerebro en principio sano. Podrían otorgar *superpoderes*, como una memoria extraordinaria, una capacidad de concentración impresionante o una increíble resistencia a la fatiga. Si no se está llevando a cabo esta opción es probablemente porque introducir algo en el cerebro no está exento de riesgos quirúrgicos, como infección o sangrado. No obstante, la inversión en el desarrollo de este tipo de tecnología es tal que cabe la posibilidad de que muchos de sus inconvenientes se disipen muy pronto.

Un ejemplo es el dispositivo desarrollado recientemente por la empresa del controvertido magnate norteamericano Elon Musk, Neuralink. La pieza principal no es más grande que una moneda —un tanto gruesa, eso sí— que se insertaría en el cráneo, cubriéndose con el cuero cabelludo. De esta manera, sería invisible. Su batería se recargaría a distancia, y sus sistemas de programación y procesado de información podrían también manipularse sin cables, mediante bluetooth. Esto es algo que también es posible con otros dispositivos, pero aún hay más. En general, muchos dispositivos solo pueden estimular una pequeña y limitada zona del cerebro. Es por esto por lo que he insistido en que no podrán implantar ideas concretas, sino, a lo sumo, modular algunas de nuestras opiniones. Sin embargo, el dispositivo de Neuralink cuenta con más de tres mil electrodos, que se pueden distribuir en diferentes partes del cerebro, aunque de momento no muy alejadas unas de otras. Y quizá sean aún insuficientes para implantar una idea concreta. Pero está claro que reducir estas limitaciones es uno de los objetivos de su desarrollo próximo. Por otra parte, los riesgos asociados a toda intervención quirúrgica, incluidos los posibles errores humanos en la localización precisa de los electrodos, se pretenden minimizar mediante una implantación robotizada tanto de estos como del dispositivo de administración asociado. Así es como están las cosas en el momento de escribir estas líneas. ¿Cuál será la situación dentro de diez años? Que haya gente sana llevando estos dispositivos en su cabeza para mejorar su rendimiento intelectual y mental, para realizar *retoques*, como en la cirugía estética, será posiblemente algo normal. Incluso para reducir ciertos miedos o provocarse determinadas emociones. Ojalá se pueda saber para entonces dónde exactamente hay que estimular para deshacernos de los sesgos y falacias del pensamiento. El desarrollo y expansión de esta tecnología en el futuro, sin embargo, resulta susceptible a ciertos peligros: a la manipulación de la voluntad, a la implantación de sentimientos, puntos de vista o emociones; incluso, en un futuro, de ideas y recuerdos que nunca fueron nuestros, que nunca existieron. Todo ello sin nuestro consentimiento. De ahí que algunos gobiernos estén empezando a pensar en lo que se conoce como *neuroderechos*, un marco jurídico necesario que nos permitirá protegernos de las posibles manipulaciones malintencionadas de nuestro cerebro.

Mucha de la tecnología para estudiar el cerebro de la que estoy hablando en este capítulo nos está permitiendo conocer la mente humana como nunca antes lo habíamos hecho. Sin duda, las técnicas actuales para estudiar el cerebro han supuesto una gran revolución en el conocimiento científico, nos han permitido vernos y conocernos a nosotros mismos en el momento de pensar, de sentir, de crear, de disfrutar o de sufrir. Estos avances repercuten en lo que sabemos sobre el ser humano, sobre su naturaleza, sobre su origen; sobre sus peculiaridades. Las modernas técnicas de imagen cerebral nos están ayudando a reconocer y a entender qué nos hace humanos. De ahí que estos conocimientos puedan —y, de hecho, deban— utilizarse para indagar en nuestro pasado, en la evolución de nuestro linaje, en cómo llegamos a ser humanos.

En los últimos años del siglo xx se empezó a desarrollar una rama de la ciencia conocida como *arqueología cognitiva*, que consiste en la aplicación de nuestros conocimientos actuales sobre el sistema cognitivo humano para intentar averiguar cómo era este en tiempos pasados. Lo hace a partir de hallazgos materiales, incluidos tanto utensilios y herramientas como restos óseos. La forma y el tamaño del cerebro de una especie tienen mucho que decirnos al respecto. La complejidad y secuencia de las acciones necesarias para construir una herramienta de piedra, también. Son enormemente informativas respecto a lo que sus propietarios tenían en su mente: lo que podían pensar, hasta dónde podían llegar y hasta dónde no. La arqueología cognitiva reconoce que el pensamiento y la inteligencia humanos hunden sus raíces en nuestra experiencia directa con el mundo material, y que por tanto pueden ser investigados a través de esta interacción. Más allá del estudio de lo simbólico, de qué mitos, leyendas o fantasías ocupaban la mente humana, la arqueología cognitiva aplica en gran parte la visión corpórea de nuestra cognición para entender de dónde proceden las facetas de nuestro comportamiento que consideramos únicamente humanas. Cuáles son sus mecanismos y cómo pudieron haber surgido. Todo ello sin perder de vista que somos seres naturales; animales, mamíferos, primates. Que hemos sufrido el devenir de la evolución bajo los mecanismos de la selección natural, como todos. En esto no somos especiales.

A lo largo de este libro, aunque sin mencionarlo explícitamente, he practicado la arqueología cognitiva en numerosas ocasiones. He tratado algunas de las principales características de nuestro comportamiento bajo una perspectiva propia de esta disciplina. Así ha sido, por ejemplo, para el lenguaje, la religión y el arte. De todos ellos he hablado a su debido tiempo, y desarrollado sus posibles orígenes. Y de manera independiente, no como un todo. Recordemos que hasta no hace mucho había una visión imperante en ciencia que decía que estos tres fenómenos surgieron juntos, gracias a una *mente simbólica* que habría aparecido, casi por arte de magia, no hace mucho tiempo. Visiones más actuales de la cognición humana, sin embargo, nos permiten entender que el lenguaje pudo surgir a partir del uso de auténticos símbolos, las palabras. Con ellas podíamos dar entidad y comenzar a pensar en cosas en las que nunca habíamos reparado. Esto podría haber empezado a ocurrir mucho antes de la existencia del primer *Homo sapiens*. Quizá con *erectus / ergaster*, a partir del cual el vocabulario habría ido aumentando, incorporando significados y, por tanto, funciones sintácticas más complejas, hasta llegar a nuestro lenguaje actual. También vimos cómo ya *Homo heidelbergensis*, hace cerca de 600.000 años, podría haber tenido creencias en otros mundos y haber rendido un culto especial a sus muertos. Su capacidad craneal y yacimientos coetáneos como el de la Sima de los Huesos apoyarían estas afirmaciones. Por último, que especies humanas previas a la nuestra, o contemporáneas, como el neandertal, muestren comportamientos que podríamos calificar de artísticos nos indica que el arte no es algo de origen reciente. Otros individuos, con una mente que no es exactamente la nuestra, pudieron disfrutar ya de él. Sin embargo, aunque no fuera nuestra mente, tampoco era cualitativamente diferente. Quizá fuera menos capaz, menos inteligente; pero no menos humana. No habría habido un Rubicón entre ellos y nosotros.

Esta visión de la arqueología cognitiva no es sino una narrativa que nos contamos a nosotros mismos para entender y saciar nuestra curiosidad acerca de cuáles son nuestros orígenes. Es una narrativa basada en la ciencia, en la evidencia científica, es verdad, pero no deja de ser una narrativa como tantas otras. Como la que decía que la mente humana actual es completa y cualitativamente distinta de la de otras especies, sean actuales o extintas. Esta también era, y es, una narrativa científica. La ciencia no tiene problema en ser humilde, en aceptar que sus narrativas son provisionales, que cambian o pueden cambiar en función de la aparición de nuevas evidencias o de modelos y teorías que expliquen mejor los datos disponibles. Es su trabajo, su misma esencia. Es parte de lo que diferencia las narrativas científicas de las que no lo son.

Los avances científicos nos permiten generar narrativas mejores, que tratan activamente de evitar sesgos y falacias del pensamiento, que se basan en evidencias sólidas y no en intuiciones y primeras impresiones. La genética, la biología, la paleontología, la arqueología, la anatomía, la neurociencia, la psicología, la psiquiatría, la sociología, la historia y tantas otras disciplinas y subdisciplinas científicas nos están permitiendo conocernos en profundidad. Nunca hemos sabido tanto de nosotros mismos. Incluso disciplinas aparentemente alejadas del estudio del ser humano, como la astronomía, la geología o la física, tienen mucho que contarnos sobre nuestro lugar en el mundo y el universo: sobre quiénes somos, de dónde venimos —incluso sobre a dónde vamos—. La ciencia responde, o intenta responder, a las grandes preguntas de manera satisfactoria, creíble, y sin ocultar ni exagerar nada.

No estoy totalmente de acuerdo con Pinker cuando dice que la ciencia no es compatible con nuestra manera natural de pensar, que forma parte de nuestra esencia no aceptar las creencias científicas. Sin embargo, hay que ser realistas; es verdad que mucha gente no quiere escuchar a la ciencia. No quiere admitir la realidad tal y como aparece cuando la estudiamos desprovistos de sesgos y prejuicios. No le gusta lo que la ciencia dice de nosotros mismos, del mundo y del universo. Y lo puedo entender, aunque no lo comparta. Si los seres humanos tenemos el poder de construir historias a nuestro antojo acerca de cómo es el mundo, ¿para qué creer en otras historias, quizá menos atractivas?

Pero sí somos capaces de usar nuestra flexibilidad cognitiva, nuestra capacidad para saltar de una realidad a otra. Este es precisamente un signo de inteligencia. Mediante esta flexibilidad sabremos distinguir fantasía de realidad, ir de una a otra y disfrutar de ello. Podremos ver películas, leer novelas o contemplar arte dejándonos llevar y sumergiéndonos en estas realidades inventadas como si fueran de verdad. Disfrutándolas, así, intensamente. Pero, a la vez, siendo conscientes de que no son más que ficción, reconociéndolas como tal. Al menos, cuando no estemos inmersos en esas ficciones. El caso es que normalmente esto ya lo hacemos. Nadie cree que una película nos está mostrando una realidad que está teniendo lugar en ese momento, y sin embargo reímos o lloramos con lo que en ella sucede como si fuera de verdad. Se trataría de extender esta flexibilidad a todas las narrativas. Incluso a las científicas.

CONCLUSIÓN

Y entonces, ¿de qué nos sirve ser tan listos?

Ser tan listos no puede ser en balde. No es posible que tengamos un órgano, el cerebro, que es una maravilla de la evolución, que consume tanta energía y que es tan grande que nos fuerza a nacer antes de tiempo (o no cabríamos por el canal del parto) para nada: para cometer errores, para creer en mentiras, para sufrir innecesariamente viviendo guerras que él mismo ha provocado. Algo no cuadra. O sí. La verdad hay que asumirla, nos guste o no. Los hechos no tienen por qué ser como a nosotros nos gustaría.

Pero la verdad no tiene por qué ser tan tozuda, ni inamovible, ni inadmisible. Conocer una verdad que no nos gusta es el primer paso para cambiarla. Creo que por aquí podemos empezar a entender que ser tan listos puede sernos de gran utilidad. Nos sirve, entre otras cosas, para entendernos a nosotros mismos; a toda la humanidad. Y no es poco, pues no hay muchas cosas tan complejas e impredecibles como el comportamiento humano. Ser tan listos nos puede servir para conocer las verdaderas razones de nuestras contradicciones como especie y como individuos. Nuestras miserias; pero también nuestras glorias. Conocernos mejor nos hará ser mejores si así lo queremos.

La ciencia es en esto nuestro mejor valor, nuestro mayor aliado. Aunque no nos guste lo que tienen que decirnos sobre nosotros mismos, las narrativas científicas tienen la ventaja de señalar las que posiblemente sean las verdaderas causas de un problema y, por tanto, dar una ventaja considerable a la hora de corregirlo. Identificando los factores que rigen nuestro comportamiento, y descubriendo que todos ellos pertenecen a este mundo, será en nuestra naturaleza y en lo que nos rodea donde podremos encontrar lo que necesitamos para conseguir alcanzar el bienestar. El de todos. De nuevo, si así lo queremos.

Contra las narrativas tradicionales, la ciencia ha ido poniendo en su sitio a nuestra especie, hasta hace poco convencida de su papel preponderante en el planeta y en el universo, y, por tanto, poderosa y dueña de todo lo que la rodea. En este sentido, se suele decir que ha habido tres revoluciones científicas destacables que han llevado a comprender, y a admitir, nuestro verdadero lugar en el mundo y en la naturaleza. La primera de ellas la provocó el astrónomo Nicolás Copérnico, quien a principios del siglo xvi dio a conocer su modelo heliocéntrico. Contra la idea clásica de que el universo entero gira alrededor de nuestro planeta, es decir, de nosotros, Copérnico descubrió, mediante cálculos matemáticos precisos, que las observaciones del movimiento de los astros que nos rodean se explicaban mejor si poníamos al Sol en el centro. Con ello, el sistema solar y, con él, nuestro planeta, se conformaban como los conocemos ahora. Esta visión ya tuvo precedentes en la Grecia Antigua, de la mano de Aristarco de Samos. Efectivamente, la historia de la humanidad ha conllevado avances y pasos hacia atrás. El esplendor de la Grecia Antigua se perdió en la oscuridad de un largo periodo que no terminó hasta pasados muchos siglos. Esperemos que la situación actual sea muy diferente. No solo por el tremendo volumen de conocimientos científicos ya alcanzados, sino por la fácil accesibilidad de estos para todo el mundo y por los altos niveles de educación y alfabetización de la población mundial, sin precedentes en toda la historia de la humanidad. No obstante, nunca hay que dar nada por hecho. La especie humana, recordemos, es muy impredecible.

La segunda revolución científica que afectó de lleno a la concepción de nosotros mismos vino de la mano del naturalista inglés Charles Darwin, quien en 1859 publicó *El origen de las especies*. Con este libro dio a conocer al mundo su teoría respecto a cómo la naturaleza y el contexto seleccionan aquellos rasgos que permiten a sus portadores sobrevivir y, especialmente, reproducirse. De hecho, esto último es muy importante, pues si vives cien años, pero no te reproduces, tus genes no irán a ninguna parte. A este mecanismo lo llamó selección natural, algo parecido a lo que han hecho intencionadamente los criadores de perros durante siglos, pero producido de manera natural y sin intenciones por el medio que nos rodea. Por si cabían dudas acerca de si este mecanismo se aplica también a nuestra especie, Darwin publicó en 1871 *El origen del hombre*, donde estudia diversos mecanismos evolutivos que nos atañen específicamente a nosotros. Con la aportación de Darwin quedó en evidencia que no somos una especie originada aparte, sino que somos fruto de los mismos principios que han dado lugar a las demás especies. Dejamos de ser seres divinos para convertirnos en seres naturales. Unos primates con un alto grado de socialización.

La tercera revolución es la que está teniendo lugar en nuestros días, ante nuestros propios ojos. Tiene que ver con el hecho de que somos listos, muy listos; los más listos del planeta. Pero, también, con el de que esta afirmación tiene sus matices. Que no siempre somos tan listos o que no siempre lo parecemos ni sabemos demostrarlo. Que no sacamos todo el provecho que podríamos a tanta potencial inteligencia. Y no lo hacemos porque nos es más cómodo trabajar al ralentí, a medio gas. Si con eso vamos sobreviviendo la mayoría de las veces, para qué queremos esforzarnos más. A este modo de proceder lo llaman pensar con el sistema 1. Es esta una situación en la que somos proclives a muchos de los mayores y más sonados fallos de nuestro razonamiento. Aparecerán un sinnúmero de sesgos o falacias del razonamiento, de manera que creeremos estar razonando adecuadamente y, sin embargo, estaremos cometiendo serios errores. Prejuicios, asociaciones libres, idealizaciones, ceguera a ciertas evidencias, exageración del valor de otras o exceso de confianza —en nosotros mismos o en los demás— son solo algunos de esos errores de los que ni tan siquiera nos solemos percatar. En general, nuestra inteligencia no muestra todo su potencial porque en nuestro cerebro domina lo que se conoce como *el intérprete*: buscamos explicarlo todo, sí, pero nos conformamos con explicaciones apenas suficientes, parciales e incompletas, muchas veces manifiestamente falsas. Basta con que parezcan aceptables, y lo serán especialmente si son compartidas por los demás miembros del grupo, por muy mágicas y contraintuitivas que puedan parecer.

Cuando el intérprete, o el cerebro —tanto da—, encuentra una explicación aparentemente satisfactoria, sin comprobar si es cierta o no, se da un premio, una sensación de triunfo, una impresión agradable. Y es que los afectos, las emociones, están ahí, inexorablemente omnipresentes. Para muchos, inseparables de todo proceso de razonamiento. Las emociones son una buena compañía, pero hay que saber extraer sus posibles ventajas sin dejarse llevar por sus inconvenientes. Como animales que somos, estamos presos de un sino inapelable: queremos experimentar sensaciones agradables y evitar las desagradables. A toda costa. Nuestra gran inteligencia es esclava de nuestras emociones. He aquí un posible peligro: si mediante atajos y con menos esfuerzos podemos obtener sentimientos agradables, ya estará el trabajo hecho. Frente a esto, la verdad estará siempre en un segundo plano. Con las emociones tenemos además una vía de entrada al ruido, a la variabilidad en los procesos de razonamiento y toma de decisiones debida a circunstancias normalmente espurias. A que tomemos decisiones, a veces muy importantes, dependiendo de con qué pie nos levantemos ese día.

La tercera revolución científica sobre nuestra naturaleza nos indica además que somos proclives a vivir en mundos y circunstancias que no son sino realidades inventadas, fruto de nuestra imaginación y creatividad. Mundos imaginarios, a veces mágicos. Son consecuencia de nuestra mentalidad mitológica, de nuestra tendencia a vivir en la ficción, en el *como si*. Como si fuera verdad. Pero no lo es; o lo es, pero no como pretendemos que lo sea. Una corporación no está *ahí fuera*, sino tan solo *aquí dentro*; dentro de nuestras cabezas. Estas realidades irreales existen probablemente gracias a que por lo general pensamos en el modo del sistema 1. Solo un sistema como este, una forma de pensar un tanto superficial e incompleta, admitiría realidades inventadas y permitiría la tremenda influencia que estas tienen en nuestras vidas. Si solo existiera el sistema 2, tan crítico y exhaustivo, habríamos visto con claridad meridiana las contradicciones e inconsistencias de estas mitologías y ficciones; no las hubiéramos permitido ni aceptado. Lo curioso, lo paradójico del ser humano, es que, si bien prefiere pensar de una manera incompleta y un tanto superficial porque se ahorra mucho trabajo y esfuerzo, una vez que llega a una determinación la defenderá con uñas y dientes. Es decir, no escatimará esfuerzos por defenderla. Esto será así especialmente si la idea es compartida con otros miembros del grupo, si es parte de lo que nos proporciona una identidad grupal. Los esfuerzos incluirán, si es necesario, pensar en modo sistema 2. En numerosas ocasiones, sin embargo, esos esfuerzos no serán mentales, sino físicos. Por increíble que parezca, puede haber lucha, batallas, incluso muerte. Esa es la historia de nuestra especie.

Como destaca el neurocientífico David Eagleman, parte de esa tercera revolución también nos está indicando que todo esto ocurre en gran medida fuera de nuestra consciencia. La consciencia no tiene la capacidad de decisión y el libre albedrío que siempre hemos creído tener. La consciencia, además, ni tan siquiera es exclusiva de nuestra especie; la compartimos con infinidad de animales, a los que ahora se considera seres *sintientes*. La consciencia no sería sino el lugar al que llegan nuestras decisiones, previamente tomadas en privado por un cerebro que es capaz de manejar una gran cantidad de información en muy poco tiempo. Las prisas, a la orden del día en un mundo como el social, son precisamente las que hacen que esas decisiones se tomen la mayor parte del tiempo con el sistema 1. Solo cuando usamos el sistema 2, cuando nos esforzamos realmente en nuestros razonamientos, pueden llegar más datos y resultados a nuestra consciencia. Esta, en fin, no sería sino sinónimo de intensidad y esfuerzo en el uso de nuestro cerebro.

Ser tan listos nos sirve también para entender a los demás, algo fundamental para sobrevivir con relativo éxito en una especie tan social como la nuestra. De hecho, así nació todo: el cerebro humano se hizo grande para poder entender, adivinar, lo que a los demás les pasa por la cabeza. Lo que ocurre es que nos lo ponemos muy difícil, porque cada uno ha construido su propio relato, cuyas claves ni siquiera nosotros mismos conocemos del todo. Y desde ese relato actuamos. Esto nos hace tremendamente impredecibles. Y somos impredecibles no solo como consecuencia de la gran complejidad de nuestro cerebro, sino, como sostienen algunos autores, como mecanismo para evitar que nuestros rivales se anticipen a nosotros. El que es capaz de generar las mejores predicciones de algo que por naturaleza es altamente impredecible gana la batalla.

Pero entender a los demás no solo es necesario para conseguir cosas de ellos. Existe placer simplemente en la percepción, y mucho más aún en la comprensión, en el conocimiento. En la sabiduría. Esto también es consecuencia de nuestra naturaleza social. Así, los más sabios son normalmente muy apreciados por los demás miembros del grupo. Son una referencia, una ayuda inestimable, un tesoro de gran valor. Lo bueno que tiene todo esto es que los mismos mecanismos cerebrales que surgieron para intentar predecir el comportamiento de una especie altamente impredecible los podemos usar también para entender las cosas del mundo. La naturaleza, el universo o la realidad cuántica se presentan así, ante nosotros, susceptibles de que los estudiemos, los comprendamos y los dominemos. La mayoría de esos elementos son incluso más predecibles que nosotros. De esta manera, la propia ciencia que nos ha puesto en nuestro sitio nos está permitiendo conocer mejor y en profundidad el mundo que nos rodea.

Un cerebro conformado de esta manera, como el nuestro, es un cerebro que busca, que se interesa por las cosas. Nuestra curiosidad resulta, así, insaciable y, además, es la clave de nuestra propia alegría, de nuestras ganas de vivir y de hacer cosas. Es lo que tiene poseer un cerebro que se caracteriza por abundar en dopamina; en esto destacamos sobre otras especies. Muy probablemente sea algo que fue llegando gradualmente, a lo largo de nuestra evolución. No hay más que ver el desarrollo tecnológico, tan complejo y elaborado, de especies humanas incluso muy anteriores a la nuestra. *Heidelbergensis* o, incluso, el propio *erec-*

tus / ergaster mostraban una tecnología sin parangón en el reino animal. Y esto es sin duda consecuencia de que ya sentían curiosidad: exploraban, investigaban, experimentaban. Y muy probablemente sentirían satisfacción al hacer estas cosas.

¿Por qué has leído este libro? Por interés, curiosidad y visión de futuro, como Armstrong en la Luna. Y por saber. El afán de saber se alimenta a sí mismo. Nos hace humanos, y también nos da alegría, nos abre a emociones positivas, a la satisfacción. Ojalá nos abriera también a la bondad. Aunque a saber qué pueda ser eso: somos humanos, no simples. Pero sería bueno que, al menos, sintiéramos lo que yo entiendo por bondad con el que es distinto, con el que no piensa como nosotros ni se parece a nosotros, pues todos somos miembros del mismo grupo, la especie humana. La más lista del planeta a pesar de sus meteduras de pata. Ahora que nos vamos conociendo, creo que podremos conseguirlo. Si así lo queremos.

AGRADECIMIENTOS

Este libro no habría salido a la luz sin la inestimable ayuda de muchas personas. A mis editoras, Anna Soldevila y Martina Torrades, de Ediciones Destino, les debo haber creído en este proyecto y haber puesto todas las facilidades para que vea la luz. Gracias a Mónica Martín, mi agente literario, que vio que podía haber algo de valor en mis escritos. Y si esta obra es mínimamente atractiva es gracias a la gran escritora Eva Cruz, que ha sabido canalizar y ordenar muchas de las ideas que este científico quería plasmar pero que no sabía muy bien cómo hacerlo. No puedo dejar de agradecer a todo mi equipo en la Sección de Neurociencia Cognitiva del Centro UCM-ISCIII de Evolución y Comportamiento Humanos, que me enseñan día a día cómo son los entresijos de la mente y el cerebro humanos y con los que discuto abiertamente acerca de cómo podemos, mediante el trabajo experimental, profundizar aún más en esos entresijos. También tengo que estar muy agradecido a mis tres hijos, Diego, Juan Manuel y Jaime, que son el principal motor para todo en mi vida. Durante la gestación de este libro han tenido que sufrir que su padre no estuviera al cien por cien con ellos, y aguantar los cambios de humor que la realización de una obra como esta provoca de vez en cuando en un ser humano. Algo parecido le ha tocado soportar a mi madre, a quien tanto debo y a la que tengo que pedir perdón por las muchas ausencias. Mi padre nos dejó hace poco, pero si soy persistente y perseverante, meticuloso y cuidadoso, honesto y humilde, es gracias a él. Estas son características muy deseables en el quehacer de un científico, y me siento muy orgulloso de ello. Por último, no puedo acabar sin agradecer a Cony sus muchas sugerencias y discusiones en torno a lo que aquí nos ocupa. No solo ha supuesto una bocanada de aire fresco e ilusiones en mi vida, sino que también ha ayudado a que este libro se entienda mejor y sea más atractivo. Un libro sobre cómo es la retorcida mente del ser humano, ¡nada menos!

REFERENCIAS

Este libro es el resultado de conocimientos y reflexiones sedimentados durante décadas a partir de la lectura de cientos de artículos y decenas de libros científicos, conversaciones con otros científicos, discusiones en congresos y seminarios y otras muchas fuentes de información. Enumerarlas todas sería una misión casi imposible. Por esta razón he optado por exponer aquí solo una breve selección de fuentes bibliográficas que me han parecido relevantes para que el lector, si así lo desea, pueda ampliar algunos de los contenidos tratados en este libro.

PARTE I

Arsuaga, J. L., y Martín-Loeches, M., *El sello indeleble. Pasado, presente y futuro del ser humano*, Debate, 2013.

Bar-On, R., «The Bar-On model of emotional-social intelligence (ESI)», *Psichotema*, 18 (2006), pp. 13-25.

Bekoff, M., y Pierce, J., *Justicia salvaje. La vida moral de los animales*, Turner Noema, 2010.

Bickerton, D., *Adam's Tongue. How Humans Made Language, How Language Made Humans*, Hill and Wang, 2009.

Bolhuis, J. J., Tattersall, I., Chomsky, N., y Berwick, R. C., «How could language have evolved?», *PLoS Biol*, 12 (8) (2014), e101934.

Coolidge, F. L., y Wynn, T., *The Rise of* Homo sapiens. *The Evolution of Modern Thinking*, Wiley-Blackwell, 2009.

Darwin, C., *El origen del hombre y la selección en relación al sexo*, Edaf, 1966.

Denton, D., *El despertar de la consciencia. La neurociencia de las emociones primarias*, Paidós, 2009.

Dunbar, R., *Friends: Understanding the Power of Our Most Important Relationships*, Little, Brown Book Group, 2021.

Fuster, J. M., *Memory in the Cerebral Cortex: An Empirical Approach to Neural Networks in the Human and Nonhuman Primate*, Bradford Books, 1999.

Godfrey-Smith, P., *Otras mentes. El pulpo, el mar y los orígenes profundos de la consciencia*, Taurus, 2017.

Goleman, D., *Inteligencia social*, Kairós, 2006.

Hauser, M. D., Chomsky, N., y Fitch, W. T., «The faculty of language: what is it, who has it, and how did it evolve?», *Science*, 298 (5598) (2002), pp. 1569-1579.

Heine, B., y Kuteva, T., *The Genesis of Grammar. A Reconstruction*, Oxford Linguistics, 2007.

Hinchcliffe, C., Jiménez-Ortega, L., Muñoz, F., Hernández-Gutiérrez, D., Casado, P., Sánchez-García, J., y Martín-Loeches, M., «Language comprehension in the social brain: electrophysiological brain signals of social presence effects during syntactic and semantic sentence processing», *Cortex*, 130 (2020), pp. 413-425.

Jackendoff, R., *Foundations of Language: Brain, Meaning, Grammar, Evolution*, Oxford University Press, 2003.

MacCabe, J. H., Sariaslan, A., Almqvist, C., Lichtenstein, P., Larsson, H., y Kyaga, S., «Artistic creativity and risk for schizophrenia, bipolar disorder and unipolar depression: a Swedish population-based case-control study and sib-pair analysis», *The British Journal of Psychiatry*, 2018, doi: 10.1192/bjp.2018.23.

Päävo, S., *El hombre de neandertal: En busca de genomas perdidos*, Alianza editorial, 2015.

Passingham, R., *What Is Special About the Human Brain?*, Oxford University Press, 2008.

Pessoa, L., *The Entangled Brain. How Perception, Cognition, and Emotion Are Woven Together*, MIT Press, 2022.

Progovac, L., *Evolutionary Syntax*, Oxford Linguistics, 2015.

Radman, Z. (ed.), *The Hand, an Organ of the Mind. What the Manual Tells the Mental*, MIT Press, 2013.

Safina, C., *Mentes maravillosas: lo que piensan y sienten los animales*, Galaxia Gutenberg, 2017.

Smallwood, J., Bernhardt, B. C., Leech, R., Bzdok, D., Jefferies, E., y Margulies, D. S., «The default mode network in cognition: a topographical perspective», *Nature Reviews Neuroscience*, 22 (2021), pp. 503-513.

Sternberg, R. J., *Human Intelligence. An Introduction*, Cambridge University Press, 2019.

Sykes, R. W., *Kindred: Neanderthal Life, Love, Death and Art*, Bloomsbury Sigma, 2020.

Tattersall, I., *Understanding Human Evolution*, nueva edición, Cambridge University Press, 2022.

Zilhão, J., «Tar adhesives, Neandertals, and the tyranny of the discontinuous mind», *Proceedings of the National Academy of Sciences*, 116 (2019), pp. 21966-21968.

Parte II

Ariely, D., *Por qué mentimos... en especial a nosotros mismos*, Planeta, 2012.

Arnold, W., Eysenck, H. J., y Meili, R., *Diccionario de psicología*, Ediciones Rioduero, 1972.

Bargh, J., *¿Por qué hacemos lo que hacemos? El poder del inconsciente*, Penguin Random House, 2018.

Barrett, L. F., *La vida secreta del cerebro. Cómo se construyen las emociones*, Paidós, 2018.

Belloch, A., Sandín, B., y Ramos, F., *Manual de psicopatología*, 3.ª ed., McGraw Hill, 2020.

Damasio, A., *Y el cerebro creó al hombre*, Destino, 2010.

Dunning, D., «The Dunning-Kruger effect: on being ignorant of one's own ignorance», *Advances in Experimental Social Psychology*, 44 (2011), pp. 247-296.

Ekman, P., *¿Qué dice ese gesto? Descubre las emociones ocultas tras las expresiones faciales*, RBA, 2003.

Frith, C., *Making Up the Mind. How the Brain Creates Our Mental World*, Blackwell Publishing, 2007.

Fuster, J. M., *Cerebro y libertad. Los cimientos cerebrales de nuestra capacidad para elegir*, Ariel, 2014.

Gazzaniga, M. S., *¿Quién manda aquí? El libre albedrío y la ciencia del cerebro*, Paidós, 2012.

Gigerenzer, G., *Decisiones instintivas. La inteligencia inconsciente*, Ariel, 2008.

Kahneman, D., *Pensar rápido, pensar despacio*, Random House Mondadori, 2012.

Kahneman, D., Sibony, O., y Sunstein, C. S., *Ruido: Un fallo en el juicio humano*, Debate, 2021.

Koch, C., *Consciousness. Confessions of a Romantic Reductionist*, MIT Press, 2012.

Marcus, G., *Kluge. La azarosa construcción de la mente humana*, Ariel, 2010.

Pennycook, G., *The New Reflectionism in Cognitive Psychology: Why Reason Matters*, Routledge, 2018.

Popper, K., *La lógica de la investigación científica*, Routledge, 2002.

Sapolsky, R., *Compórtate. La biología que hay detrás de nuestros mejores y peores comportamientos*, Capitán Swing, 2018.

Spence, S. A., *The Actor's Brain. Exploring the Cognitive Neuroscience of Free Will*, Oxford University Press, 2009.

Workman, L., y Reader, W., *Evolutionary Psychology. An Introduction*, 4.ª ed., Oxford University Press, 2021.

Zipf, G. K., *Human Behavior and the Principle of Least Effort. An Introduction to Human Ecology*, Addison-Wesley Press, 1949.

Parte III

Alexander, R., «Evolutionary selection and the nature of humanity», en V. Hosle y Ch. Illies (eds.), *Darwinism and Philosophy*, South Bend, University of Notre Dame Press, 2003, pp. 301-348.

Chatterjee, A., *The Aesthetic Brain. How We Evolved to Desire Beauty and Enjoy Art*, Oxford University Press, 2014.

Dawkins, R., *El espejismo de Dios*, Espasa, 2007.

De Vega, M., Glenberg, A. M., y Graesser, A. C. (eds.), *Symbols and Embodiment. Debates on Meaning and Cognition*, Oxford University Press, 2008.

Dennett, D. C., *Breaking the Spell. Religion as a Natural Phenomenon*, Viking, 2006. Versión castellana: *Romper el hechizo. La religión como fenómeno natural*, Katz, 2007.

Fondevila, S., Aristei, S., Sommer, W., Jiménez-Ortega, L., Casado, P., y Martín-Loeches, M., «Counterintuitive religious ideas and

metaphoric thinking: an event-related brain potential study»,
Cognitive Science, 40 (2016), pp. 972-991.

Furst, P. T., *Alucinógenos y cultura*, Fondo de Cultura Económica,
2002.

Gamble, C., Gowlett, J., y Dunbar, R., *Thinking Big. How the Evolution of Social Life Shaped the Human Mind*, Thames & Hud-
son, 2014.

Harari, Y. N., *Sapiens. De animales a dioses: Breve historia de la humanidad*, Debate, 2015.

Hickok, G., «Eight problems for the mirror neuron theory of ac-
tion understanding in monkeys and humans», *Journal of Cognitive Neuroscience*, 21 (2009), pp. 1229-1243.

Lewis-Williams, D., *La mente en la caverna. La conciencia y los orígenes del arte*, Akal, 2005.

Lieberman, D. Z., y Long, M. E., *The Molecule of More: How a Sin-
gle Chemical in Your Brain Drives Love, Sex, and Creativity —and
Will Determine the Fate of the Human Race*, BenBella Books,
2019.

Martín-Loeches, M., «Art without symbolic mind: embodied cog-
nition and the origins of visual artistic behavior», en Wynn y
Coolidge (eds.), *Cognitive Models in Palaeolithic Archaeology*,
Oxford Academic, 2016.

Martín-Loeches, M., Hernández-Tamames, J. A., Martín, A., y
Urrutia, M., «Beauty and ugliness in the bodies and faces of
others: an fMRI study of person esthetic judgement», *Neuroscience*, 277 (2014), pp. 486-497.

Menzies, R. E., y Menzies, R., *Mortals: How the Fear of Death Shaped Human Society*, Allen & Unwin, 2021.

Overmann, K. A., y Coolidge, F. L., «Introduction: cognitive archaeology at the crossroads», en Overmann y Coolidge (eds.),
*Squeezing Minds From Stones: Cognitive Archaeology and the Evo-
lution of the Human Mind*, Oxford Academic, 2019.

Penfield, W., y Perot, P., «The brain's record of auditory and visual experience», *Brain*, 86 (1963), pp. 596-693.

Pinker, S., *Racionalidad. Qué es, por qué escasea y cómo promoverla*,
Paidós, 2021.

Pyszczynski, T., Solomon, S., y Greenberg, J., «Thirty years of terror management theory: from genesis to revelation», *Advances
in Experimental Social Psychology*, 52 (2015), pp. 1-70.

Pyysiäinen, I., *How Religion Works. Towards a New Cognitive Science
of Religion*, Brill, 2003.

Ramachandran, V. S., *Lo que el cerebro nos dice. Los misterios de la mente humana al descubierto*, Paidós, 2011.

Scheffer, M., Borsboomb, D., Nieuwenhuisc, S., y Westley, F., «Belief traps: tackling the inertia of harmful beliefs», *Proceedings of the National Academy of Sciences*, 119 (32) (2022), e2203149119.

Stanovich, K. E., *The Bias that Divides Us: The Science and Politics of Myside Thinking*, MIT Press, 2021.

Zeki, S., *Splendours and Miseries of the Brain. Love, Creativity and the Quest for Human Happiness*, Wiley-Blackwell, 2009.

CONCLUSIÓN

Dennett, D., *Bombas de intuición y otras herramientas de pensamiento*, Fondo de Cultura Económica, 2015.

Eagleman, D., *Incógnito. Las vidas secretas del cerebro*, Anagrama, 2013.

booket